TURING 图灵程序设计丛书

垃圾回收的算法与实现

[日] 中村成洋 相川光◎著

[日] 竹内郁雄◎审校

丁灵◎译

U0277525

Garbage Collection

人民邮电出版社

北 京

图书在版编目（CIP）数据

垃圾回收的算法与实现 ／（日）中村成洋，（日）相
川光著；丁灵译. -- 北京 ：人民邮电出版社，2016.7（2023.3重印）
（图灵程序设计丛书）
ISBN 978-7-115-42747-2

Ⅰ．①垃… Ⅱ．①中… ②相… ③丁… Ⅲ．①计算机
算法 Ⅳ．①TP301.6

中国版本图书馆CIP数据核字(2016)第132397号

内 容 提 要

　　本书分为"算法篇"和"实现篇"两大部分。算法篇介绍了标记 – 清除算法、引用计数法、复制算法、标记 – 压缩算法、保守式 GC、分代垃圾回收、增量式垃圾回收、RC Immix 算法等几种重要的算法；实现篇介绍了垃圾回收在 Python、DalvikVM、Rubinius、V8 等几种语言处理程序中的具体实现。
　　本书适合各领域程序员阅读。

◆ 著　　　　[日]中村成洋　相川光(著)　竹内郁雄(审校)

　　译　　　　丁 灵

　　责任编辑　乐 馨

　　执行编辑　杜晓静

　　责任印制　彭志环

◆ 人民邮电出版社出版发行　　北京市丰台区成寿寺路 11 号
　　邮编 100164　　电子邮件 315@ptpress.com.cn
　　网址 http://www.ptpress.com.cn
　　固安县铭成印刷有限公司印刷

◆ 开本：800×1000　1/16

　　印张：28.5　　　　　　　　2016 年 7 月第 1 版

　　字数：620 千字　　　　　　2023 年 3 月河北第 9 次印刷

　　著作权合同登记号　图字：01-2014-5626 号

定价：99.00元

读者服务热线：(010)84084456-6009　　印装质量热线：(010)81055316
反盗版热线：(010)81055315
广告经营许可证：京东市监广登字 20170147 号

审校者前言

计算机的进步，特别是硬件的发展之快总是让我们感到惊讶。在这波不断向前涌动的洪流中，技术领域的浮沉也愈发激烈。本书涉及的垃圾回收（Garbage Collection，GC）与其说是理论，其实更偏向技术层面，然而它却有着令人吃惊的漫长历史。GC 在计算机发展的激流中没有浮起，也没有沉下。直到 1995 年 Java 发布，因为其内藏 GC，人们才开始意识到 GC 的作用。

追溯 Lisp 语言的秘史我们会发现，GC 这种让已经无法利用的内存实现自动再利用（可能称为"内存资源回收"更恰当）的技术，是于 Lisp 的设计开始约 1 年后，也就是 1959 年的夏天首次出现的。实现 GC 的是一个叫 D. Edwards 的人。至今已经经过了 50 多年的漫长岁月。

这期间人们进行了海量的研究和开发，与其相关的论文也堆积如山。这么说来，我也写过几篇关于 GC 的论文。然而让我吃惊的是，这么久以来竟然没有一本关于 GC 的教科书或专业书籍。英语界曾于 1996 年首次针对 GC 出版了一本 *Garbage Collection*（Richard E. Jones、Rafael D. Lins 著），这是 37 年来在 GC 领域的一次破天荒的壮举，本书也将其作为了参考文献。然而在日本，本书可以说是第一本用日语写的 GC 专业图书，可谓五十年磨一剑，在此也对年轻有为的二位作者致以深深的敬意。

如果看看某本教科书中的一节或者读读几篇论文就能明白 GC 是什么东西，那么或许就不需要这本书了，但 GC 并没有那么简单。在学习或工作中不得不使用 GC 的人，首先就必须看两三篇有名的论文，之后还要去研究那些可能与其有关的原著。也就是说，从某种意义上而言，最后还是需要自己去想很多东西。

尽管如此，还是有许多真心喜欢编程的人士，他们之中有一大群叫作 GCLover 的人。因为 GC 基本上没有什么教科书，所以这群人之间似乎有着一种地下组织般的团队意识。总而言之，对他们来说，GC 是个非常有意思、充满乐趣的程序。你读过本书后就会明白，GC 算法会根据自动内存回收所需的环境（机器、语言、应用等）的不同而不同。到具体的程序层面，GC 则为程序员提供了一个最佳的游乐场所，令其尽情地发挥编程技巧，大展身手。事实上我也属于长年乐在其中的一份子。GC 这东西很麻烦，但却是必需的。它就像一个幕后英雄，默默地做着贡献，用户并不会期待它变得显眼。但因为它进行的是幕后工作，所以编程老手们或许会为之心动。

如上所述，因为 Java 的出现，人们开始普遍认识到 GC 的可贵，自此多数的脚本语言都具备了 GC。看到这种情形，我这个跟 GC 拉拉扯扯了近 40 年的人真是感慨万千。虽然没有什么切实的根据，但是我一直认为，具备 GC 的语言要比不具备 GC 的同等语言生产效率高百分之三十。

　　既然话说到这里了，我就再介绍一下我的个人看法吧。实际上，GC 相当于虚拟内存。一般的虚拟内存技术是在较小的物理内存的基础上，利用辅助存储创造一片看上去很大的"虚拟"地址空间。也就是说，GC 是扩大内存空间的技术，因此我称其为空间性虚拟存储。这样一来，GC 就成了永久提供一次性存储空间的时间轴方向的时间性虚拟存储。神奇的是，比起称为"垃圾回收"，把 GC 称为"虚拟内存"令人感觉其重要了许多。当初人们根据计算机体系结构开发了许多关于空间性虚拟存储的支持，所以大部分的计算机都标配了空间性虚拟存储。只要硬件支持，GC 性能就能稳步提升，然而现实情况是几乎没有支持 GC 的硬件，这不能不令人感到遗憾。

　　要说本书与涵盖面较广的 *Garbage Collection* 有什么不同，那就是本书涉及的面不那么广，但"算法篇"中对 GC 的基础内容进行了详实的讲解。另外，"实现篇"是本书的一大特色，其中解读了实际的 GC 代码。总体而言，本书作为一本教科书有着教育和现实意义。我作为本书审校者，全方位检查、琢磨了书中的内容，担保这是一本通俗易懂的书。我深信，本书作为一本 GC 专业图书，能让读者了解到 GC 是何物，体味到它的有趣之处以及它的重要性。

　　如果能让更多读者了解到 GC 的重要性，那么由硬件和 OS 支持 GC 的真的时间性虚拟存储总有一天会实现吧。这就是我发自肺腑想说的话。开拓新技术的原石正在滚滚前进哦！

东京大学情报理工学系研究科教授　竹内郁雄

2010 年 2 月

前言

净是拿比自己弱的人当对手，不可能有意思。

没有人能一看到谜题就瞬间解出答案。

读到一半就知道犯人的推理小说真是无聊透顶。

将自身能力发挥至极限去解开问题，这时才能把知识变成自己的东西。

——青木峰郎《Ruby 源代码完全解读》[①]

本书中涉及以下两个主题。

1. GC 的算法（算法篇）
2. GC 的实现（实现篇）

在"算法篇"中，我们从众多的 GC 算法中严格挑选了一些重要的算法来介绍，包括传统算法和基本算法，以及稍微难一些的算法。"算法篇"最大的目的是让你了解 GC 独特的思维方式和各算法的特性。

在"实现篇"中，你需要逐步阅读我们选择的语言处理程序的 GC 算法。因为我们在"算法篇"中扎实地学习了理论，所以需要在"实现篇"中检验一下能把理论运用到什么程度。

特地设计"实现篇"还有一个目的，就是想让你亲身感受"理论和实现的不同"。要成功实现，不仅要使用 GC 算法，还要在细节上下很多功夫，以与硬件环境和语言功能相协调。通过学习更有实践性意义的知识，希望能进一步加你对 GC 的理解。

此外，随着深入阅读 GC，你会有另一种惊喜，即加深了对语言处理程序的认识。语言处理程序是由数万行代码群构成的巨大程序。在阅读这样巨大的程序时，如果没有一个明确的目标，那么就很难继续往下读。这就好比挖坑，如果往深处挖，坑的直径就会自然而然地扩大。同理，如果我们去深入理解某一点，那么也就会逐渐理解其整体。"实现篇"就是在持续挖掘 GC 这个深坑。我们深信，这项工作有助于加深我们对语言处理程序的整体理解。

中村成洋、相川光

2010 年 1 月

---

① 原书名为『Ruby ソースコード完全解説』（*Ruby Hacking Guide*），目前尚无中文版。——译者注

谢辞

来自二位笔者的谢辞

首先要感谢本书中参考的论文和图书的作者，以及本书中引用的源代码的编写者。

感谢以下阅读本书原稿，给出众多评论的人士：

齐藤 tadashi、中川真宏、三浦英树、k.inaba、mokehehe（按五十音和字母顺序排列）。

上述人士也在"本书评论"中有所赠言。

感谢来自东京大学（2010 年 2 月）的本书审校者竹内郁雄教授。竹内教授痛快地接下了本书审校的工作，还给予了我们很多意见。感谢 Ruby 的设计者松本行弘先生为本书所做的推荐。此外，还要感谢秀和 SYSTEM 株式会社第二出版编辑部的各位，特别是本书的编辑 K。

来自中村成洋的谢辞

感谢在笔者写作第 12 章时，通过邮件列表热心回答笔者问题的 Evan Phoenix。

感谢在我小时候给我买了昂贵的 PC 的妈妈。感谢喜欢新事物但已故去的爸爸。感谢同爸爸一样喜欢新事物的哥哥。感谢与我一起成长的伙伴们。

来自相川光的谢辞

在此向京都大学的汤浅太一老师致以谢意，是您令我邂逅了 GC。

在此对东京大学的本位田真一教授和本位田研究室的各位致以诚挚的感谢。感谢各位在本书执笔期间给予的全面支持。

从心底感谢远在滋贺县、一直温柔守护我的爸爸妈妈以及妹妹。

本书评论

在这里，我们请阅读过本书原稿的人士发表了一下他们对本书的看法，如下所示（姓名按五十音顺序和字母顺序排列，敬称略去）。

齐藤Tadashi

我是个门外汉，所以刚开始还挺担心自己能不能理解呢！不过书中的讲解十分细致，作者把每个知识点都掰开嚼碎了，让我非常享受这个学习过程。非常期待中村和相川两位老师的下一部作品。

中川真宏

大都都管我叫D语言传教士，我每天都在想着怎么改变一下D语言。就在这时，我遇见了这本书。这本书肯定能教会每个人创建自己的GC。大家也不妨试试做出自己的GC，享受精彩的编程生活吧！

三浦英树

我是一名喜欢Lisp和Ruby的水管工，喜欢写语言处理程序，在学生时代就写过GC标记 – 清除算法和GC复制算法。不过太迟了，非常遗憾当年没有出现这本书，没能知道其中介绍的各种各样的技巧！通过本书我学到了非常多的东西！

k.inaba

我喜欢Code Golf[①]和编程竞赛，是一个代码玩家。关于GC，我只知道一些基本理论，于是就战战兢兢地凭着对GC的一点了解阅读了本书原稿。然后我发现，通过基本算法知识的积累，慢慢就能理解一般语言处理程序中使用的具有一定规模的GC源代码了。体会到这一点的时候别提有多开心了！

mokehehe

刚开始我半信半疑地试着用了下GC，然后就交到了女朋友！我已经没法想象没有GC的日子了！我要把这份喜悦分享给大家！

---

① 代码高尔夫，计算机编程竞赛的一种，参加者要尽可能用最短的源代码描述给出的算法。——译者注

目录

附录

序 章

在序章中，我们将对什么是 GC、GC 的历史、学习 GC 的目的进行简要说明。此外还将说明阅读本书时的注意事项。

GC 的定义

GC 是 Garbage Collection 的简称，中文称为"垃圾回收"。

垃圾的回收

Garbage Collection 的 Garbage，也就是"垃圾"，具体指的是什么呢？

在现实世界中，说到垃圾，指的就是那些不读的书、不穿的衣服等。这种情况下的"垃圾"指的是"自己不用的东西"。

在 GC 中，"垃圾"的定义也是如此。**GC 把程序不用的内存空间视为垃圾**。关于"垃圾"的详细介绍，我们会在 1.5 节进行阐述。

GC 要做两件事

GC 要做的有两件事。

1. 找到内存空间里的垃圾
2. 回收垃圾，让程序能再次利用这部分空间

满足这两项功能的程序就是 GC。

GC 的好处

GC 到底会给程序员带来怎样的好处呢？

没有 GC 的世界

在没有 GC 的世界里，程序员必须自己手动进行内存管理，必须清楚地确保必要的内存空间，释放不要的内存空间。

程序员在手动进行内存管理时，申请内存尚不存在什么问题，但在释放不要的内存空间时，就必须一个不漏地释放。这非常地麻烦。

如果忘记释放内存空间，该内存空间就会发生内存泄露[①]，即无法被使用，但它又会持续存在下去。如果将发生内存泄露的程序放着不管，总有一刻内存会被占满，甚至还可能导致系统崩溃。

另外，在释放内存空间时，如果忘记初始化指向释放对象的内存空间的指针，这个指针就会一直指向释放完毕的内存空间。因为这个指针没有指向有效的内存空间，处于一种悬挂的状态，所以我们称其为"悬垂指针"（dangling pointer）。如果在程序中错误地引用了悬垂指针，就会产生无法预期的 BUG。此外，悬垂指针也会导致严重的安全漏洞[②]。

更有甚者，还可能会出现错误释放了使用中的内存空间的情况。一旦错误释放了使用中的内存空间，下一次程序使用此空间时就会发生故障。大多数情况下会发生段错误，运气不好的话还可能引发恶性 BUG。

上述这样与内存相关的 BUG，其共通之处在于"难以确定 BUG 的原因"。我们都知道，与内存相关的 BUG 的潜在场所和 BUG 出现的场所在位置上（或者是时间上）不一致，所以很难确定 BUG 的原因。

---

① 内存泄露：内存空间在使用完毕后未释放。

② 2009 年 IE6/7 的零日漏洞曾轰动一时。——译者注

有 GC 的世界

为了省去上述手动内存管理的麻烦，人们钻研开发出了 GC。如果把内存管理交给计算机，程序员就不用去想着释放内存了。

在手动内存管理中，程序员要判断哪些是不用的内存空间（垃圾），留意内存空间的寿命。但只要有 GC 在，这一切都可以交给 GC 来做。

有了 GC，程序员就不用再去担心因为忘了释放内存等而导致 BUG，从而大大减轻了负担。也不用再去头疼费事的内存管理。GC 能让程序员告别恼人的内存管理，把精力集中在更本质的编程工作上。

GC 的历史

GC 是一门古老的技术

据笔者所知，GC 因为 Java 的发布而一举成名，所以很多人可能会认为 GC 是最近才有的技术。不过 GC 有着非常久远的历史，最初的 GC 算法是 John McCarthy 在 1960 年发布的。

GC 标记 – 清除算法

John McCarthy 身为 Lisp 之父和人工智能之父，是一名非常有名的黑客，事实上他同时也是 GC 之父（多么伟大的黑客啊）。

1960 年，McCarthy 在其论文[1]中首次发布了 GC 算法。

当然，当时还没有 Garbage Collection 这个词。证据就在这篇论文的脚注之中，如下所示。

> 我们把这个功能称为 Garbage Collection。
>
> 但是我们没有在这篇论文中用到这个名称。
>
> 要是我想用，恐怕咬文嚼字研究所的女士们都会过来阻拦我吧。

给人感觉很青涩呢。

在这篇论文中发布的算法，就是现在我们所说的 GC 标记 – 清除算法。

引用计数法

1960 年，George E. Collins 在论文 [6] 中发布了叫作引用计数的 GC 算法。

当时 Collins 可能没有注意到，引用计数法有个缺点，就是它不能回收"循环引用"[①]。Harold McBeth [26] 在 1963 年指出了这个缺点。

GC 复制算法

1963 年，也有"人工智能之父"之称的 Marvin L. Minsky 在论文 [7] 中发布了复制算法。

GC 复制算法把内存分成了两部分，这篇论文中将第二部分称为磁带存储空间。不得不说带有浓烈的时代色彩。

50 年来，GC 的根本都没有改变

从 50 年前 GC 算法首次发布以来，众多研究者对其进行了各种各样的研究，因此许多 GC 算法也得以发布。

但事实上，这些算法只不过是把前文中提到的三种算法进行组合或应用。也可以这么说，1963 年 GC 复制算法诞生时，GC 的根本性内容就已经完成了。

未知的第四种算法

现在为世人所知的 GC 算法，不过是从之前介绍的三种基本算法中衍生出来的产物。

本书中除了细致介绍这些基本的 GC 算法，还会介绍应用到它们的 GC 算法。把这些算法全看完后，请跟笔者一起，就 GC 的课题进行思考。

也许发现全新的第四种基本算法的人，就是你。

为什么我们现在要学 GC

为什么我们现在有必要学习 GC 的原理？有以下几个原因。

GC —— 存在即合理

现在我们使用的多数编程语言都搭载有 GC。以下是几个具体的例子。

- Lisp
- Python
- Java
- Perl
- Ruby
- Haskell

---

① 循环引用：两个及两个以上对象循环互相引用。详细内容请参考第 3 章。

大家有没有使用过其中的某种编程语言呢？如果使用过，当时应该也在不知不觉中获得了 GC 带来的好处。

对编程语言来说，GC 就是一个无名英雄，默默地做着贡献。打个比方，天鹅在水面优雅地游动时，实际上脚蹼却在水下拼命地划着水。GC 也是如此。在由编程语言构造的美丽的源代码这片水下，GC 在拼命地将垃圾回收再利用。

如上所述，GC 是语言处理程序中非常重要的一部分，相当于树荫。应该有很多人感觉"GC 帮忙回收垃圾是理所当然"的吧？

GC 基本上是高负载处理，需要花费一定的时间。打个比方，当编写像动作游戏这样追求即时性的程序时，就必须尽量压低 GC 导致的最大暂停时间。如果因为 GC 导致玩家频繁卡顿，相信谁都会想摔手柄。碰到这种应用，我们就需要选择最大暂停时间较短的 GC 算法了。

再打个比方，对音乐和动画这样类似于编码应用的程序来说，GC 的最大暂停时间就不那么重要了。更为重要的是，我们必须选择一个整体处理时间更短的算法。

笔者深信，事先知道"这个 GC 算法有这样的特征，所以它适合这个应用"对程序员来说很有价值。

如果我们不理所当然地去利用 GC，而是去了解其内部情况，自己来评价 GC 算法，那么自身的编程水平就一定会得到提高吧。

多种多样的处理程序的实现

近年来，随着编程语言的发展，燃起了一股发布语言处理程序的势头，这些语言处理程序都搭载有不同的 GC 算法。作为语言处理程序的关键功能，很多人将采用了优秀的 GC 算法作为一大卖点。

GC 性能在语言处理程序的性能评价中也是一大要素。为了正确评价 GC 的性能，对 GC 算法的理解是不可或缺的。

留意内存空间的用法

应该有不少人是通过使用搭载 GC 的编程语言来学习编程的吧。本书的作者之一中村也是如此，他最初接触的编程语言是 Java。

可以说在用 Java 语言编写程序时完全不用留意内存空间的用法。当然这也是多亏了 GC，这是好事，但太不留心也会招致麻烦。

例如，有时会出现无意中把内存空间挥霍一空的情况。比如在循环中生成一些没用的对象等。

这是因为没有把握好编程语言背后的内存管理的概念。

本书中以具体的编程语言为例，来说明编程语言中所使用的内存空间的结构，以及 GC 的运行。通过阅读本书，我们就能在编程中留意内存空间的用法了。

不会过时的技术

GC 自 1960 年发布以来，一直在吸引着顶尖工程师们的目光。笔者确信，只要计算机构造不发生根本性的改变，GC 就是一门不会过时的技术。对程序员来说，比起学习日新月异的最新技术，学习 GC 这样的古典技术不是更幸福吗？

更何况，GC 很有趣

说实话，其实笔者自己学习 GC 的时候，并没有想过上述这些略复杂的事情。现在回过头觉得学了 GC 真好，也只是因为它具备前面那些优点而已。

为什么当初要学 GC 呢？对笔者而言，之所以会学习 GC 的算法和实现，纯粹是觉得有趣。

笔者小时候就喜欢拆点什么东西，看看里面是怎样的。电视机、收音机、红白机什么的都拆了个遍。平时也喜欢研究那些看似理所当然地在运转的机器，看看它们的内部如何。笔者至今都还记得看到其内部时的快感，以及了解其构造时的感动。

或许学习 GC 也差不多是这样。对笔者来说，研究 GC 这种理所当然存在的东西，看看它的内部，这是一件非常刺激的事。

本书中饱含了笔者在看到 GC 的内部时生出的"感动"。读完本书后，相信你心中的疑问 ——"为什么要学 GC？"也一定会转化成感动，发自内心地认为"GC 真有趣！"。

读者对象

本书由两部分构成。

1. 算法篇
2. 实现篇

在"算法篇"中，我们没有必要去详细了解特定的编程语言，你只要能用任何一种语言编程，就能往下读"算法篇"。

阅读"实现篇"需要具备 C 和 C++ 的知识。只要会用 C 的函数指针、C++ 的模板，阅读"实现篇"就没有什么障碍。关于 GC 算法的知识，读完本书的"算法篇"就相当够用了。

另一方面，对于"实现篇"中涉及的各种编程语言，最好有一定程度的了解，那样阅读起来会比较轻松。关于本书涉及的编程语言，在本书的"附录"部分中略有介绍。

本书中的符号

图中的箭头

本书的插图中会出现各种各样的箭头。关于本书中主要使用的箭头，请参考图 1。

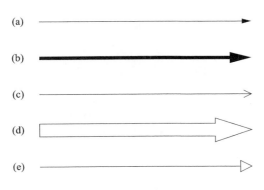

图1　箭头的样式

箭头 (a) 表示引用关系，用于从根到对象的引用等。

箭头 (b) 表示赋值操作和转移操作，用于给变量赋值、复制对象、转移对象等。

箭头 (c) 表示处理流程，用于流程图和函数调用等。

箭头 (d) 表示时间的经过。

箭头 (e) 表示继承关系，主要会在"实现篇"的类图中出现。

伪代码

为了帮助读者理解 GC 算法，本书采用伪代码进行解说。关于用到的伪代码，本书后文中会对其表示法进行说明。

本书用到的伪代码，其基本语法跟一般编程语言很像。因此读者可以直观地理解本书中出现的众多伪代码。

命名规则

变量以及函数都用小写字母表示（例：obj）。常量都用大写字母表示（例：COPIED）。另外，本书采用下划线连接两个及两个以上的单词（例：free_list、update_ptr()、HEAP_SIZE）。

空指针和真假值

设真值为 TRUE，假值为 FALSE。拥有真假值的变量 var 的否定为 !var。

除此之外，本书用 NULL 表示没有指向任何地址的指针。

函数

本书采用与一般编程语言相同的描述方法来定义函数。例如，我们将以 arg1、arg2 为参数的函数 func() 定义如下。

```
1  func(arg1, arg2){
2    ...
3  }
```

当我们以整数 100 和 200 为实参调用该函数时，即为 func(100,200)。

缩进

我们将缩进也算作语法的一部分。例如像下面这样，用缩进表示 if 语句的作用域。

```
1  if(test == TRUE)
2    a = 1
3    b = 2
4    c = 3
5  d = 4
```

在上面的例子中，只有当 test 为真的时候，才会执行第 2 行到第 4 行。第 5 行与 test 的值没有关系，所以一定会被执行。此外，我们把缩进长度设为两个空格。

指针

在 GC 算法中，指针是不可或缺的。我们用星号(*)访问指针所引用的内存空间。例如我们把指针 ptr 指向的对象表示为 *ptr。

域

我们可以用 obj.field 访问对象 obj 的域 field。例如，我们要想在对象 girl 的各个域 name、age、job 中分别代入值，可按如下书写。

```
1  girl.name = "Hanako"
2  girl.age = 30
3  girl.job = "lawyer"
```

for 循环

我们在给整数增量的时候使用 for 循环。例如用变量 sum 求 1 到 10 的和时，代码如下所示。

```
1  sum = 0
2  for(i : 1..10)
3    sum += i
```

for 循环也用来访问数组元素。例如，想把函数 do_something() 应用在数组 array 中包含的所有元素中时，我们可以用 for(变量：集合) 的形式来按顺序访问全部元素。

```
1  for(obj : array)
2    do_something(obj)
```

当然，也可以像下面这样把 index 作为下标（整数 N 是数组 array 的长度）。和 C 语言等编程语言一样，数组的下标都从 0 开始。

```
1  for(index : 0..(N-1))
2    do_something(array[index])
```

栈与队列

GC 中经常用到栈和队列等数据结构。栈是一种将后进入的数据先取出的数据结构，即 FILO（First-In Last-Out）。与其相反，队列是将先进入的数据先取出的数据结构，即 FIFO（First-In First-Out）。

我们分别用 push() 函数和 pop() 函数将数据压栈（push）和出栈（pop）。用 push(stack, obj) 向栈 stack 中压入对象 obj。用 pop(stack) 从 stack 中取出数据，并将此数据作为返回值。另外，我们用 is_full(stack) 检查 stack 是否为满，用 is_empty(stack) 检查 stack 是否为空，并返回真假值。

另一方面，我们用 enqueue() 函数和 dequeue() 函数来向队列内添加（enqueue）以及取出（dequeue）数据，用 enqueue(queue, data) 来向队列 queue 中添加数据 data，用 dequeue(queue) 来从 queue 取出并返回数据。

特殊的函数

除了以上介绍的函数之外，我们还有两个在伪代码中出现的特殊函数。

首先是 copy_data() 函数，它是复制内存区域的函数。我们用 copy_data(ptr1, ptr2, size) 把 size 个字节的数据从指针 ptr2 指向的内存区域复制到 ptr1 指向的内存区域。这个函数跟 C 语言中的 memcpy() 函数用法相同。

swap() 函数是替换两个变量值的函数。我们用 swap(var1, var2) 来替换变量 var1 和变量 var2 的值。

GC

Garbage Collection

Algorithms and Implementations

算 法 篇

1 学习GC之前

本章中将为各位说明 GC 中的基本概念。

1.1 对象/头/域

对象这个词，在不同的使用场合其意思各不相同。比如，在面向对象编程中，它指"具有属性和行为的事物"，然而在 GC 的世界中，对象表示的是"通过应用程序利用的数据的集合"。

对象配置在内存空间里。GC 根据情况将配置好的对象进行移动或销毁操作。因此，对象是 GC 的基本单位。本书中的所有"对象"都表示这个含义。

一般来说，对象由头（header）和域（field）构成。我们下面将对其逐一说明。

1.1.1 头

我们将对象中保存对象本身信息的部分称为"头"。头主要含有以下信息。

- 对象的大小
- 对象的种类

如果不清楚对象的大小和种类，就会发生问题，例如无法判别内存中存储的对象的边界。因此头对 GC 来说非常重要。

此外，头中事先存有运行 GC 所需的信息。然而根据 GC 算法的不同，信息也不同。

比如将在第 2 章中介绍的 GC 标记 – 清除算法，就是在对象的头部中设置 1 个 flag（标志位）来记录对象是否已标记，从而管理各个对象。

因为任何 GC 算法中都会用到对象大小和种类的信息，所以本书就不专门在图中将其标记出来了。另一方面，我们会将标志位等算法特有的信息作为对象的一部分明确写出。

1.1.2 　域

我们把对象使用者在对象中可访问的部分称为"域"。可以将其想成 C 语言中结构体的成员，这样就很简单了吧。对象使用者会引用或替换对象的域值。另一方面，对象使用者基本上无法直接更改头的信息。

域中的数据类型大致分为以下 2 种。

- 指针
- 非指针

指针是指向内存空间中某块区域的值。用 C 语言和 C++ 语言编程过的读者对它应该很熟悉了吧。即使是像 Java 这样语言使用者没有明确用到指针的编程语言，语言处理程序内部也用到了指针。关于指针，我们在 1.2 节中再详细介绍。

非指针指的是在编程中直接使用值本身。数值、字符以及真假值都是非指针。

在对象内部，头之后存在 1 个及 1 个以上的域。在"算法篇"中，对象、头以及域的关系如图 1.1 所示。

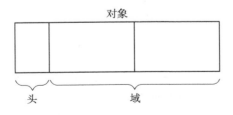

图 1.1　对象、头以及域

为了更简单地向大家说明，我们事先把"算法篇"中域的大小全设成 1 个字 [①]。

[①] 字是计算机进行数据处理和运算的单位。字由若干字节构成，字的位数叫作字长，不同档次的机器有不同的字长。例如一台 8 位机的字长为 8 位，一台 16 位机的字长为 16 位。

此外在伪代码中，可以用 obj.field1、obj.field2……来从头按顺序访问对象 obj 的各个域。

1.2　指针

通过 GC，对象会被销毁或保留。这时候起到关键作用的就是指针。因为 GC 是根据对象的指针指向去搜寻其他对象的。另一方面，GC 对非指针不进行任何操作。

在这里有两点需要我们注意。

首先，要注意语言处理程序是否能判别指针和非指针。要判别指针和非指针需要花费一定的功夫，关于这一点我们会在第 6 章详细说明。除第 6 章之外，在"算法篇"的各个章节中，我们都以 GC 可判别对象各域中的值是指针还是非指针为前提进行解说。

另一点是指针要指向对象的哪个部分。指针如果指向对象首地址以外的部分，GC 就会变得非常复杂。在大多数语言处理程序中，指针都默认指向对象的首地址。因为存在这个制约条件，不仅是 GC，就连语言处理程序的其他各种处理都变得简单了。因此我们在"算法篇"中也以此条件为前提。

在"算法篇"中，对象和指针的关系如图 1.2 所示。

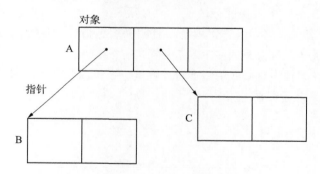

图1.2　对象和指针

在此我们把图 1.2 中的 B 和 C 称为 A 的子对象。对某个对象的子对象进行某项处理是 GC 的基本操作。在"算法篇"的伪代码部分，我们用 children(obj) 获取指向对象 obj 的子对象的指针数组。使用这个 children() 函数，我们可以把遍历子对象的操作写得简单一些。打个比方，我们假设执行了以下代码来处理图 1.2 的情况。

```
1  for(child : children(A))
2    func(*child)
```

此时，对象 B、C 依次作为实参调用 func() 函数。

1.3 mutator

mutator 是 Edsger Dijkstra[15] 琢磨出来的词，有"改变某物"的意思。说到要改变什么，那就是 GC 对象间的引用关系。不过光这么说可能大家还是不能理解，其实用一句话概括的话，它的实体就是"应用程序"。这样说就容易理解了吧。GC 就是在这个 mutator 内部精神饱满地工作着。

mutator 实际进行的操作有以下 2 种。

- 生成对象
- 更新指针

mutator 在进行这些操作时，会同时为应用程序的用户进行一些处理（数值计算、浏览网页、编辑文章等）。随着这些处理的逐步推进，对象间的引用关系也会"改变"。伴随这些变化会产生垃圾，而负责回收这些垃圾的机制就是 GC。

1.4 堆

堆指的是用于动态（也就是执行程序时）存放对象的内存空间。当 mutator 申请存放对象时，所需的内存空间就会从这个堆中被分配给 mutator。

GC 是管理堆中已分配对象的机制。在开始执行 mutator 前，GC 要分配用于堆的内存空间。一旦开始执行 mutator，程序就会按照 mutator 的要求在堆中存放对象。等到堆被对象占满后，GC 就会启动，从而分配可用空间。如果不能分配足够的可用空间，一般情况下我们就要扩大堆。

然而，为了让读者能更容易理解，在"算法篇"中我们把堆的大小固定为常量 HEAP_SIZE，不会进行扩大。此外，我们把 $heap_start 定为指向堆首地址的指针，把 $heap_end 定为指向堆末尾下一个地址的指针。也就是说，$heap_end 等于 $heap_start + HEAP_SIZE。

此外，本书中将如图所示的堆的左侧设为内存的低地址，右侧设为高地址。

HEAP_SIZE、$heap_start 和 $heap_end 的关系如图 1.3 所示。

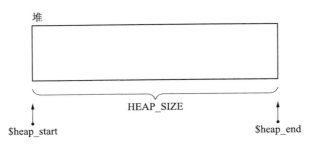

图1.3 堆

1.5　活动对象／非活动对象

我们将分配到内存空间中的对象中那些能通过 mutator 引用的对象称为"活动对象"。反过来，把分配到堆中那些不能通过程序引用的对象称为"非活动对象"。也就是说，不能通过程序引用的对象已经没有人搭理了，所以死掉了。死掉的对象（即非活动对象）我们就称为"垃圾"。

这里需要大家注意的是：死了的对象不可能活过来。因为就算 mutator 想要重新引用（复活）已经死掉的对象，我们也没法通过 mutator 找到它了。

因此，GC 会保留活动对象，销毁非活动对象。当销毁非活动对象时，其原本占据的内存空间会得到解放，供下一个要分配的新对象使用。

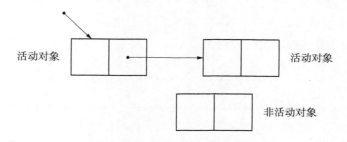

图1.4　活动对象和非活动对象

1.6　分配

分配（allocation）指的是在内存空间中分配对象。当 mutator 需要新对象时，就会向分配器（allocator）申请一个大小合适的空间。分配器则在堆的可用空间中找寻满足要求的空间，返回给 mutator。

像 Java 和 Ruby 这些配备了 GC 的编程语言在生成实例时，会在内部进行分配。另一方面，因为 C 语言和 C++ 没有配备 GC，所以程序员要使用 `malloc()` 函数和 `new` 运算符等进行手动分配。

然而，当堆被所有活动对象占满时，就算运行 GC 也无法分配可用空间。这时候我们有以下两种选择。

1. 销毁至今为止的所有计算结果，输出错误信息
2. 扩大堆，分配可用空间

之前在 1.4 节中也讲过，为了让本书的"算法篇"更易懂，这里我们选择第 1 个选项。我们将在伪代码中用 `allocation_fail()` 函数进行第 1 项的处理。

不过，在现实的执行环境中选择第 2 项会更贴合实际。因为我们必须尽可能地避免因内存不足造成的程序停止。在内存空间大小没有特殊限制的情况下，应该扩大堆。

1.7　分块

分块（chunk）在 GC 的世界里指的是为利用对象而事先准备出来的空间。

初始状态下，堆被一个大的分块所占据。

然后，程序会根据 mutator 的要求把这个分块分割成合适的大小，作为（活动）对象使用。活动对象不久后会转化为垃圾被回收。此时，这部分被回收的内存空间再次成为分块，为下次被利用做准备。也就是说，内存里的各个区块都重复着分块→活动对象→垃圾（非活动对象）→分块→……这样的过程。

1.8　根

根（root）这个词的意思是"根基""根底"。在 GC 的世界里，根是指向对象的指针的"起点"部分。

这些都是能通过 mutator 直接引用的空间。举个例子，请看下面的伪代码。

```
1  $obj = Object.new
2  $obj.field1 = Object.new
```

在这里 $obj 是全局变量。首先，我们在第 1 行分配一个对象（对象 A），然后把 $obj 代入指向这个对象的指针。在第 2 行我们也分配一个对象（对象 B），然后把 $obj.field1 代入指向这个对象的指针。在执行完第 2 行后，全局变量空间及堆如图 1.5 所示。

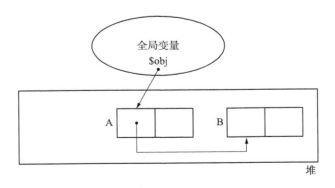

图1.5　全局变量空间及堆的示意图

在这里我们可以使用 $obj 直接从伪代码中引用对象 A，也就是说 A 是活动对象。此外，因为可以通过 $obj 经由对象 A 引用对象 B，所以对象 B 也是活动对象。因此 GC 必须保护这些对象。

GC 把上述这样可以直接或间接从全局变量空间中引用的对象视为活动对象。

与全局变量空间相同，我们也可以通过 mutator 直接引用调用栈（call stack）和寄存器。也就是说，调用栈、寄存器以及全局变量空间都是根。

但在这里我们必须注意一点，那就是 GC 在一般情况下无法严谨地判断寄存器和调用栈中的值是指针还是非指针。关于这一点会在第 6 章详细说明。为了判断根中的指针，我们需要下点功夫。

在这里介绍怎么去判断未免太费口舌。所以在"算法篇"，我们先暂定"GC 可以严谨判断根中的指针和非指针"。这跟 1.2 节的前提相同。

在"算法篇"中，根如图 1.6 所示。

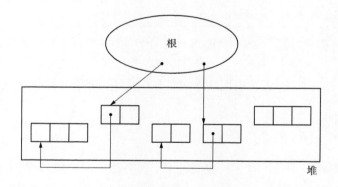

图1.6　根和堆里的对象

此外，我们将伪代码中有根的指针数组表示为 $roots。也就是说，像下面这样编写，就能依次把所有由根引用的对象作为 func() 函数的参数。

```
1  for(r : $roots)
2    func(*r)
```

1.9 评价标准

评价 GC 算法的性能时，我们采用以下 4 个标准。

- 吞吐量
- 最大暂停时间
- 堆使用效率
- 访问的局部性

下面我们逐一进行说明。

1.9.1 吞吐量

从一般意义上来讲，吞吐量 (throughput) 指的是"在单位时间内的处理能力"，这点在 GC 的世界中也不例外。

请参照图 1.7 的示例。

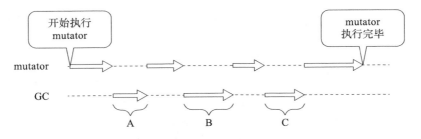

图1.7 mutator和GC的执行示意图

在 mutator 整个执行过程中，GC 一共启动了 3 次，我们把花费的时间分别设为 A、B、C。也就是说，GC 总共花费的时间为 (A + B + C)。另一方面，我们前面提到过，以 GC 为对象的堆大小是 HEAP_SIZE。也就是说，在大小为 HEAP_SIZE 的堆进行内存管理，要花费的时长为 (A + B + C)。因此，这种情况下 GC 的吞吐量为 HEAP_SIZE/(A + B + C)。

当然，人们通常都喜欢吞吐量高的 GC 算法。然而判断各算法吞吐量的好坏时不能一概而论。

打个比方，众所周知 GC 复制算法和 GC 标记 – 清除算法相比，活动对象越少吞吐量越高。这是因为 GC 复制算法只检查活动对象，而 GC 标记 – 清除算法则会检查所有的活动和非活动对象。

然而，随着活动对象的增多，各 GC 算法表现出的吞吐量也会相应地变化。极端情况下，甚至会出现 GC 标记 – 清除算法比 GC 复制算法表现的吞吐量更高的情况。

也就是说，即便是同一GC算法，其吞吐量也是受mutator的动作左右的。评价GC算法的吞吐量时，有必要把mutator的动作也考虑在内。

1.9.2 最大暂停时间

本书"算法篇"中介绍的所有GC算法，都会在GC执行过程中令mutator暂停执行。最大暂停时间指的是"因执行GC而暂停执行mutator的最长时间"。这么说可能比较难理解，请再看一遍图1.7。最大暂停时间是A～C的最大值，也就是B。

那么，我们在何种情况下需要重视此种指标呢？

典型例子是两足步行的机器人。如果在其步行过程中启动GC，我们对机器人的控制就会暂时中断，直到GC执行完毕方可重启。也就是说，在这期间机器人完全不能运作。很显然，机器人会摔倒。

再举个例子，Web浏览器会如何呢？如果在浏览Web网页的时候发生GC，浏览器就会看似卡住，带给用户心理负担。像Web浏览器这样的GUI应用，大多数都是以人机交互为前提的，所以我们不希望执行过程中长时间受到GC的影响。

这种情况下就需要缩短最大暂停时间。然而不管尝试哪种GC算法，我们都会发现较大的吞吐量和较短的最大暂停时间不可兼得。所以应根据执行的应用所重视的指标的不同，来分别采用不同的GC算法。

1.9.3 堆使用效率

根据GC算法的差异，堆使用效率也大相径庭。左右堆使用效率的因素有两个。

一个是头的大小，另一个是堆的用法。

首先是头的大小。在堆中堆放的信息越多，GC的效率也就越高，吞吐量也就随之得到改善。但毋庸置疑，头越小越好。因此为了执行GC，需要把在头中堆放的信息控制在最小限度。

其次，根据堆的用法，堆使用效率也会出现巨大的差异。举个例子，GC复制算法中将堆二等分，每次只使用一半，交替进行，因此总是只能利用堆的一半。相对而言，GC标记－清除算法和引用计数法就能利用整个堆。

撇开这个不说，因为GC是自动内存管理功能，所以过量占用堆就成了本末倒置。与吞吐量和最大暂停时间一样，堆使用效率也是GC算法的重要评价指标之一。

然而，堆使用效率和吞吐量，以及最大暂停时间不可兼得。简单地说就是：可用的堆越大，GC运行越快；相反，越想有效地利用有限的堆，GC花费的时间就越长。

1.9.4 访问的局部性

PC上有4种存储器，分别是寄存器、缓存、内存、辅助存储器。它们之间有着如图1.8所示的层级关系。

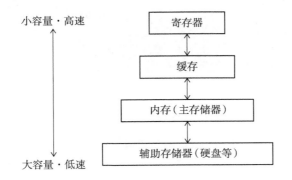

图1.8 存储器的层级构造

众所周知，越是可实现高速存取的存储器容量就越小。毫无疑问，我们都希望尽可能地利用较高速的存储器，但由于高速的存储器容量小，因此通常不可能把所有要利用的数据都放在寄存器和缓存里。一般我们会把所有的数据都放在内存里，当 CPU 访问数据时，仅把要使用的数据从内存读取到缓存。与此同时，我们还将它附近的所有数据都读取到缓存中，从而压缩读取数据所需要的时间。

另一方面，具有引用关系的对象之间通常很可能存在连续访问的情况。这在多数程序中都很常见，称为“访问的局部性”。考虑到访问的局部性，把具有引用关系的对象安排在堆中较近的位置，就能提高在缓存中读取到想利用的数据的概率，令 mutator 高速运行。想深入了解访问的局部性的读者，请参考《计算机组成与设计：硬件、软件接口》[29]。

有些 GC 算法会根据引用关系重排对象，例如在第 4 章中提到的 GC 复制算法等。

2 GC标记–清除算法

世界上首个值得纪念的 GC 算法是 GC 标记 – 清除算法(Mark Sweep GC)[1]。自其问世以来,一直到半个世纪后的今天,它依然是各种处理程序所用的伟大的算法。

2.1 什么是GC标记–清除算法

就如它的字面意思一样,GC 标记 – 清除算法由标记阶段和清除阶段构成。标记阶段是把所有活动对象都做上标记的阶段。清除阶段是把那些没有标记的对象,也就是非活动对象回收的阶段。通过这两个阶段,就可以令不能利用的内存空间重新得到利用。首先,标记 – 清除算法的伪代码如代码清单 2.1 所示。

代码清单2.1:mark_sweep() 函数

```
1  mark_sweep(){
2    mark_phase()
3    sweep_phase()
4  }
```

确实分成了标记阶段和清除阶段。接下来我们就对各个阶段进行说明。

在之后的说明中,我们都以对图 2.1 中的堆执行 GC 为前提。

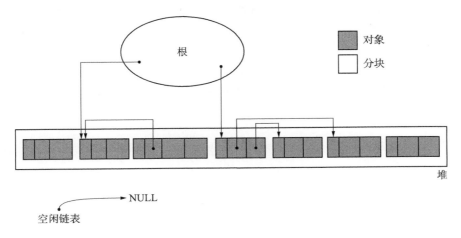

图2.1 执行GC前堆的状态

2.1.1 标记阶段

我们用 mark_phase() 函数来进行标记阶段的处理。

代码清单2.2：mark_phase()函数

```
1  mark_phase(){
2    for(r : $roots)
3      mark(*r)
4  }
```

非常简单明了吧。在标记阶段中，collector 会为堆里的所有活动对象打上标记。为此，我们首先要标记通过根直接引用的对象。这里的"对象"就是我们在 1.8 节中讲到的"确实活动着的对象"。首先我们标记这样的对象，然后递归地标记通过指针数组能访问到的对象。这样就能把所有活动对象都标记上了。

第 3 行出现的 mark() 函数的定义如代码清单 2.3 所示。

代码清单2.3：mark()函数

```
1  mark(obj){
2    if(obj.mark == FALSE)
3      obj.mark = TRUE
4      for(child : children(obj))
5        mark(*child)
6  }
```

在第 2 行中，检查作为实参传递的 obj 是否已被标记。在引用中包含了循环等的情况下，即使对已被标记的对象，有时程序也会调用 mark() 函数。出现类似这种情况的时候，我们就要避免重复进行标记处理。

如果标记未完成，则程序会在对象的头部进行置位操作。这个位要分配在对象的头之中，并且能用 obj.mark 访问。意思是若 obj.mark 为真，则表示对象已标记；若 obj.mark 为假，则对象没有被标记。

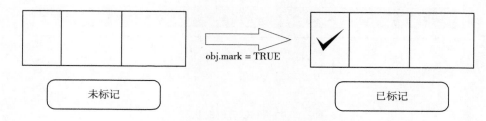

图2.2　设置标志位的处理

标记完所有活动对象后，标记阶段就结束了。标记阶段结束时的堆如图 2.3 所示。

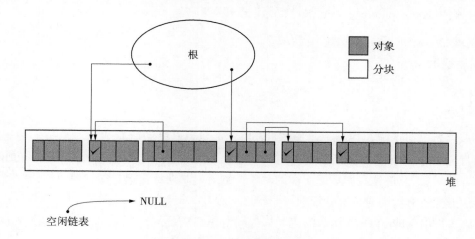

图2.3　标记阶段结束后的堆状态

在标记阶段中，程序会标记所有活动对象。毫无疑问，标记所花费的时间是与"活动对象的总数"成正比的。

以上是关于标记阶段的说明。用一句话概括，标记阶段就是"遍历对象并标记"的处理过程。这个"遍历对象"的处理过程在 GC 中是一个非常重要的概念，在之后还会多次出现，请务必记牢。

深度优先搜索与广度优先搜索

我们在搜索对象并进行标记时使用的是深度优先搜索（depth-first search）。这是尽可能从深度上搜索树形结构的方法。

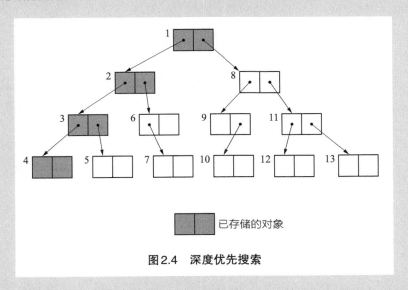

图2.4 深度优先搜索

另一方面，还有广度优先搜索（breadth-first search）方法。这是尽可能从广度上搜索树形结构的方法。

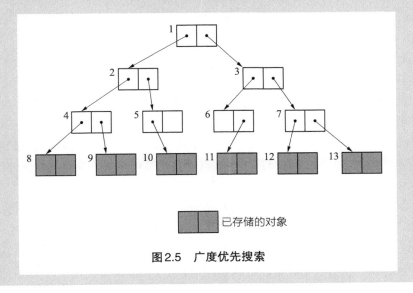

图2.5 广度优先搜索

顺便说一下，图2.4和图2.5中各对象旁边的号码表示搜索顺序。

GC会搜索所有对象。不管使用什么搜索方法，搜索相关的步骤数（调查的对象数量）都不会有差别。

另一方面，比较一下内存使用量（已存储的对象数量）就可以知道，深度优先搜索比广度优先搜索更能压低内存使用量。因此我们在标记阶段经常用到深度优先搜索。

2.1.2 清除阶段

在清除阶段中，collector会遍历整个堆，回收没有打上标记的对象（即垃圾），使其能再次得到利用。

代码清单2.4：sweep_phase() 函数

```
 1  sweep_phase(){
 2    sweeping = $heap_start
 3    while(sweeping < $heap_end)
 4      if(sweeping.mark == TRUE)
 5        sweeping.mark = FALSE
 6      else
 7        sweeping.next = $free_list
 8        $free_list = sweeping
 9      sweeping += sweeping.size
10  }
```

在此出现了叫作 size 的域，这是存储对象大小（字节数）的域。跟 mark 域一样，我们事先在各对象的头中定义它们。

在清除阶段，我们使用变量 sweeping 遍历堆，具体来说就是从堆首地址 $heap_start 开始，按顺序一个个遍历对象的标志位。

设置了标志位，就说明这个对象是活动对象。活动对象必然是不能回收的。在第5行我们取消标志位，准备下一次的GC。

我们必须把非活动对象回收再利用。回收对象就是把对象作为分块，连接到被称为"空闲链表"的单向链表。在之后进行分配时只要遍历这个空闲链表，就可以找到分块了。

我们在 sweep_phase() 函数的第7行、第8行进行这项操作。

在第7行新出现了叫作 next 的域。我们只在生成空闲链表以及从这个空闲链表中取出分块时才会使用到它。没有必要为各个对象特别准备域，从对象已有的域之中分出来一个就够了。在本章中，next 表示对象（或者分块）最初的域，即 field1。也就是说，给 field1 这个域起个别名叫 next。这跟 C 语言中的联合体（union）的概念相同。

这里要注意的是在第 7 行重写 sweeping 的域这一步。读者可能会有疑问："GC 重写了对象的域也没事吗?"因为我们知道这个对象已经死了,所以事实上没有任何问题。

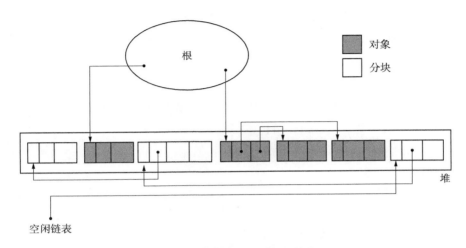

图2.6 清除阶段结束后的堆状态

在清除阶段,程序会遍历所有堆,进行垃圾回收。也就是说,所花费时间与堆大小成正比。堆越大,清除阶段所花费的时间就会越长。

以上是对标记阶段以及清除阶段的大体说明。不过还有几件事情必须事先说一下。

2.1.3 分配

接下来为大家讲解分配的相关内容。这里的分配是指将回收的垃圾进行再利用。那么,分配是怎样进行的呢?也就是说,当 mutator 申请分块时,怎样才能把大小合适的分块分配给 mutator 呢?

如前文所述,我们在清除阶段已经把垃圾对象连接到空闲链表了。搜索空闲链表并寻找大小合适的分块,这项操作就叫作分配。执行分配的函数 new_obj() 如代码清单 2.5 所示。

代码清单2.5:new_obj()函数

```
1  new_obj(size){
2    chunk = pickup_chunk(size, $free_list)
3    if(chunk != NULL)
4      return chunk
5    else
6      allocation_fail()
7  }
```

　　第 2 行的 pickup_chunk() 函数用于遍历 $free_list，寻找大于等于 size 的分块。它不光会返回和 size 大小相同的分块，还会返回比 size 大的分块。如果它找到和 size 大小相同的分块，则会直接返回该分块；如果它找到比 size 大的分块，则会将其分割成 size 大小的分块和去掉 size 后剩余大小的分块，并把剩余的分块返回空闲链表。

　　如果此函数没有找到合适的分块，则会返回 NULL。返回 NULL 时分配是不会进行的。为了处理这种情况，我们在代码清单 2.5 中调用了之前在 1.6 节提到的 allocation_fail() 函数。

专　栏

First-fit、Best-fit、Worst-fit的不同

　　之前我们讲的分配策略叫作 First-fit。因为在 pickup_chunk() 函数中，最初发现大于等于 size 的分块时就会立即返回该分块。

　　然而，分配策略不止这些。还有遍历空闲链表，返回大于等于 size 的最小分块，这种策略叫作 Best-fit。

　　还有一种策略叫作 Worst-fit，即找出空闲链表中最大的分块，将其分割成 mutator 申请的大小和分割后剩余的大小，目的是将分割后剩余的分块最大化。但因为 Worst-fit 很容易生成大量小的分块，所以不推荐大家使用此方法。

　　除去 Worst-fit，剩下的还有 Best-fit 和 First-fit 这两种。当我们使用单纯的空闲链表时，考虑到分配所需的时间，选择使用 First-fit 更为明智。

2.1.4　合并

　　前文中已经提过，根据分配策略的不同可能会产生大量的小分块。但如果它们是连续的，我们就能把所有的小分块连在一起形成一个大分块。这种"连接连续分块"的操作就叫作**合并**（coalescing），合并是在清除阶段进行的。

　　执行合并的函数 sweep_phase() 如代码清单 2.6 所示。

代码清单2.6：执行合并的sweep_phase()函数

```
1  sweep_phase(){
2    sweeping = $heap_start
3    while(sweeping < $heap_end)
4      if(sweeping.mark == TRUE)
5        sweeping.mark = FALSE
6      else
7        if(sweeping == $free_list + $free_list.size)
8          $free_list.size += sweeping.size
9        else
```

```
10          sweeping.next = $free_list
11          $free_list = sweeping
12      sweeping += sweeping.size
13  }
```

代码清单 2.6 的 sweep_phase() 函数只有第 7 行、第 8 行与代码清单 2.4 不同。第 7 行用于调查这次发现的分块和上次发现的分块是否连续，如果发现分块连续，则在第 8 行将邻接的 2 个分块合并，整理成 1 个分块。

2.2 优点

2.2.1 实现简单

说到 GC 标记 – 清除算法的优点，那当然要数算法简单，实现容易了。

打个比方，接下来我们将在第 3 章中提到引用计数法，在引用计数法中就很难切实管理计数器的增减，实现也很困难。

另外，如果算法实现简单，那么它与其他算法的组合也就相应地简单。在第 3 章和第 4 章中，我们会为大家介绍把 GC 标记 – 清除算法与其他 GC 算法相结合的方法。

2.2.2 与保守式 GC 算法兼容

在第 6 章中介绍的保守式 GC 算法中，对象是不能被移动的。因此保守式 GC 算法跟把对象从现在的场所复制到其他场所的 GC 复制算法 (第 4 章) 与标记 – 压缩算法 (第 5 章) 不兼容。

而 GC 标记 – 清除算法因为不会移动对象，所以非常适合搭配保守式 GC 算法。事实上，在很多采用保守式 GC 算法的处理程序中也用到了 GC 标记 – 清除算法。

2.3 缺点

2.3.1 碎片化

在 GC 标记 – 清除算法的使用过程中会逐渐产生被细化的分块，不久后就会导致无数的小分块散布在堆的各处。我们称这种状况为碎片化 (fragmentation)。众所周知，Windows 的文件系统也会产生这种现象。

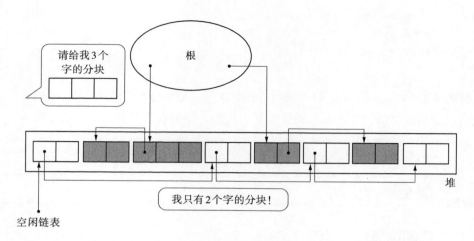

图2.7　碎片化

如果发生碎片化，那么即使堆中分块的总大小够用，也会因为一个个的分块都太小而不能执行分配。

此外，如果发生碎片化，就会增加 mutator 的执行负担。如 1.9.4 节中所述，把具有引用关系的对象安排在堆中较远的位置，就会增加访问所需的时间。

因为分块在堆中的分布情况取决于 mutator 的运行情况，所以只要使用 GC 标记 − 清除算法，就会或多或少地产生碎片化。

为了避免碎片化，可以采用将在第 4 章以及第 5 章中介绍的"压缩"，以及在本章介绍的"BiBOP 法"。

2.3.2　分配速度

GC 标记 − 清除算法中分块不是连续的，因此每次分配都必须遍历空闲链表，找到足够大的分块。最糟的情况就是每次进行分配都得把空闲链表遍历到最后。

另一方面，因为在 GC 复制算法和 GC 标记 − 压缩算法中，分块是作为一个连续的内存空间存在的，所以没必要遍历空闲链表，分配就能非常高速地进行，而且还能在堆允许范围内分配很大的对象。

本章在后面叙述的多个空闲链表(multiple free-list)和 BiBOP 法都是为了能在 GC 标记 − 清除算法中高速进行分配而想出的方法。

2.3.3　与写时复制技术不兼容

写时复制技术(copy-on-write)是在 Linux 等众多 UNIX 操作系统的虚拟存储中用到的高速化方法。打个比方，在 Linux 中复制进程，也就是使用 `fork()` 函数时，大部分内存空间都不会被复制。只是复制进程，就复制了所有内存空间的话也太说不过去了吧。因此，写时复制技术只是装作已经复制了内存空间，实际上是将内存空间共享了。

在各个进程中访问数据时，能够访问共享内存就没什么问题了。

然而，当我们对共享内存空间进行写入时，不能直接重写共享内存。因为从其他程序访问时，会发生数据不一致的情况。在重写时，要复制自己私有空间的数据，对这个私有空间进行重写。复制后只访问这个私有空间，不访问共享内存。像这样，因为这门技术是"在写入时进行复制"的，所以才被称为写时复制技术。

这样的话，GC 标记 - 清除算法就会存在一个问题 —— 与写时复制技术不兼容。即使没重写对象，GC 也会设置所有活动对象的标志位，这样就会频繁发生本不应该发生的复制，压迫到内存空间。

为了处理这个问题，我们采用位图标记（bitmap marking）的方法。关于这个方法，将在 2.6 节中介绍。

2.4　多个空闲链表

之前我们讲的标记 - 清除算法中只用到了一个空闲链表，在这个空闲链表中，对大的分块和小的分块进行同样的处理。但是这样一来，每次分配的时候都要遍历一次空闲链表来寻找合适大小的分块，这样非常浪费时间。

因此，我们有一种方法，就是利用分块大小不同的空闲链表，即创建只连接大分块的空闲链表和只连接小分块的空闲链表。这样一来，只要按照 mutator 所申请的分块大小选择空闲链表，就能在短时间内找到符合条件的分块了。

下面来具体看一下这个方法。

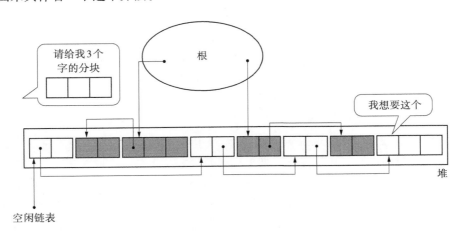

图2.8　只利用一个空闲链表的情况

当只利用一个空闲链表时，需要遍历多次空闲链表才能分配 3 个字的分块。那么，利用多个空闲链表时会如何呢？

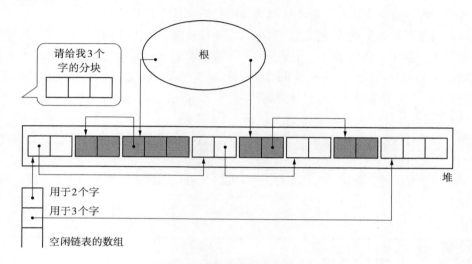

图2.9　利用多个空闲链表的情况

这次数组的各个元素都位于空闲链表的前面，第 1 个元素是由 2 个字的分块连接的空闲链表的开头，第 2 个元素是由 3 个字的分块连接的空闲链表的开头。因此，例如在分配 3 个字的分块时，只要查询用于 3 个字的空闲链表就够了。比起只利用一个空闲链表来说，此方法大幅节约了分配所需要的时间。

不过请稍等，这里有一处需要我们留意。那就是到底制造多少个空闲链表才好呢？用于 2 个字的空闲链表、用于 3 个字的、用于 500 个字的……照这样下去，我们就得准备无数个空闲链表了。

一般情况下，mutator 很少会申请非常大的分块。为了应对这种极少出现的情况而大量制造空闲链表，会使得空闲链表的数组过于巨大，结果压迫到内存空间。

因此，我们通常会给分块大小设定一个上限，分块如果大于等于这个大小，就全部采用一个空闲链表处理。有人可能会想："这样一来，最后不还是没能有效率地搜索大的分块吗？"然而，因为这种分配非常大的分块的情况是极为罕见的，所以效率低一点也不是什么大问题。比这更为重要的是怎么去更快地搜索 mutator 频繁申请分配的小分块，把关注的重点移到这上面来才是更精明的做法。打个比方，如果设定分块大小上限为 100 个字，那么准备用于 2 个字、3 个字、……、100 个字，以及大于等于 101 个字的总共 100 个空闲链表就可以了。

利用多个空闲链表时，我们需要修正 new_obj() 函数以及 sweep_phase() 函数。修正后的 new_obj() 函数以及 sweep_phase() 函数分别如代码清单 2.7、代码清单 2.8 所示。

代码清单2.7：利用多个空闲链表的new_obj()函数

```
1   new_obj(size){
2     index = size / (WORD_LENGTH / BYTE_LENGTH)
3     if(index <= 100)
4       if($free_list[index] != NULL)
5         chunk = $free_list[index]
6         $free_list[index] = $free_list[index].next
7         return chunk
8       else
9         chunk = pickup_chunk(size, $free_list[101])
10        if(chunk != NULL)
11          return chunk
12
13    allocation_fail()
14  }
```

代码清单2.8：利用多个空闲链表的sweep_phase()函数

```
1   sweep_phase(){
2     for(i : 2..101)
3       $free_list[i] = NULL
4
5     sweeping = $heap_start
6
7     while(sweeping < $heap_end)
8       if(sweeping.mark == TRUE)
9         sweeping.mark = FALSE
10      else
11        index = size / (WORD_LENGTH / BYTE_LENGTH )
12        if(index <= 100)
13          sweeping.next = $free_list[index]
14          $free_list[index] = sweeping
15        else
16          sweeping.next = $free_list[101]
17          $free_list[101] = sweeping
18      sweeping += sweeping.size
19  }
```

2.5 BiBOP法

本节中要向大家介绍的是 BiBOP 法。BiBOP 是 Big Bag Of Pages 的缩写。这么说可能比较难懂，用一句话概括就是 "将大小相近的对象整理成固定大小的块进行管理的做法"。

我们来详细说明一下。前面已经跟大家讲过，GC 标记 – 清除算法中会发生碎片化。碎片化的原因之一就是堆上杂乱散布着大小各异的对象。

对此，我们可以用这个方法：把堆分割成固定大小的块，让每个块只能配置同样大小的对象。这就是 BiBOP 法。

仅看文字说明可能还是比较难懂，请看下图。

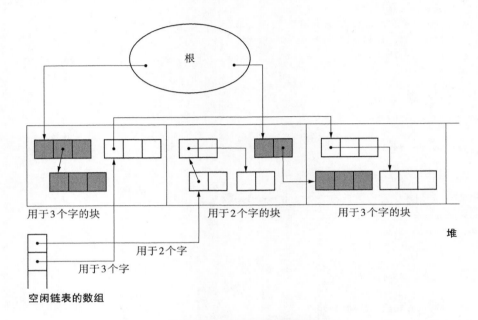

图 2.10　BiBOP 法的示意图

如图 2.10 所示，3 个字的对象被整合分配到左数第 1 个和第 3 个块，2 个字的对象被整合分配到左数第 2 个块。像这样配置对象，就会提高内存的使用效率。因为每个块中只能配置同样大小的对象，所以不可能出现大小不均的分块。

但是，使用 BiBOP 法并不能完全消除碎片化。比方说在全部用于 2 个字的块中，只有 1 到 2 个活动对象，这种情况下就不能算是有效利用了堆。

BiBOP 法原本是为了消除碎片化，提高堆使用效率而采用的方法。但像上面这样，在多个块中分散残留着同样大小的对象，反而会降低堆使用效率。

2.6　位图标记

在单纯的 GC 标记 − 清除算法中，用于标记的位是被分配到各个对象的头中的。也就是说，算法是把对象和头一并处理的。然而之前在 2.3.3 节中也提过，这跟写时复制技术不兼容。

对此我们有个方法，那就是只收集各个对象的标志位并表格化，不跟对象一起管理。在标记的时候，不在对象的头里置位，而是在这个表格中的特定场所置位。像这样集合了用于标记的位的表格称为"位图表格"（bitmap table），利用这个表格进行标记的行为称为"位图标记"。位图表格的实现方法有多种，例如散列表和树形结构等。为了简单起见，这里我们采用整数型数组。位图标记的情况如图 2.11 所示。

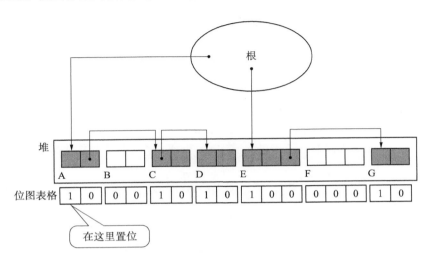

图2.11 位图标记

在位图标记中重要的是，位图表格中位的位置要和堆里的各个对象切实对应。一般来说，堆中的 1 个字会分配到 1 个位，我们在本书中也是这么规定的。

位图标记中的 mark() 函数如代码清单 2.9 所示。

代码清单 2.9：位图标记中的 mark() 函数

```
 1  mark(obj){
 2    obj_num = (obj - $heap_start) / WORD_LENGTH
 3    index = obj_num / WORD_LENGTH
 4    offset = obj_num % WORD_LENGTH
 5
 6    if(($bitmap_tbl[index] & (1 << offset)) == 0)
 7      $bitmap_tbl[index] |= (1 << offset)
 8      for(child : children(obj))
 9        mark(*child)
10  }
```

在这里，WORD_LENGTH 是个常量，表示的是各机器中 1 个字的位宽（例如 32 位机器的 WORD_LENGTH 就是 32）。obj_num 指的是从位图表格前面数起，obj 的标志位在第几个。例如图 2.11 中的 E，它的 obj_num 值就是 8。然而请大家注意，图 2.12 中位的排列顺序和图 2.11 是相反的。因此，E 的标志位是从 bitmap_table[0] 的右边起第 9 个位。

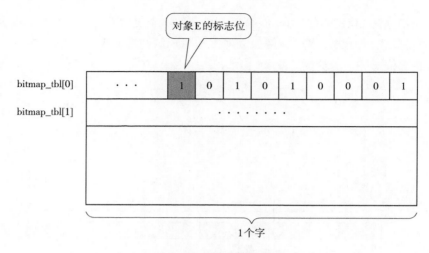

图2.12　对象 E 的标志位位置

我们用 obj_num 除以 WORD_LENGTH 得到的商 index 以及余数 offset 来分别表示位图表格的行编号和列编号。第 6 行和第 7 行中用到了位运算，看上去有些复杂，实际上只是干了件非常简单的事情。

和在对象的头中直接置标志位的方法相比，该方法稍微有些复杂，但是这样做有两个好处。

2.6.1　优点

2.6.1.1　与写时复制技术兼容

以往的标记操作都是直接对对象设置标志位，这会产生无谓的复制。

然而，使用位图标记是不会对对象设置标志位的，所以也不会发生无谓的复制。当然，因为对位图表格进行了重写，所以在此处会发生复制。不过，因为位图表格非常小，所以即使被复制也不会有什么大的影响。

此外，以上问题只发生在写时复制技术的运行环境（Linux 等）中，以及频繁执行 fork() 函数的应用程序中。也就是说，它对于一般的程序来说完全不是问题。

因此引发问题的情况极为少见，本书第 11 章中会举例为大家详细说明。

2.6.1.2　清除操作更高效

不仅在标记阶段，在清除阶段也可以得到好处。以往的清除操作都必须遍历整个堆，把非活动对象连接到空闲链表，同时取消活动对象的标志位。

利用了位图表格的清除操作则把所有对象的标志位集合到一处，所以可以快速消去标志位。位图标记中的清除操作如代码清单 2.10 所示。

代码清单2.10：位图标记的sweep_phase()函数

```
 1 | sweep_phase(){
 2 |   sweeping = $heap_start
 3 |   index = 0
 4 |   offset = 0
 5 |
 6 |   while(sweeping < $heap_end)
 7 |     if($bitmap_tbl[index] & (1 << offset) == 0)
 8 |       sweeping.next = $free_list
 9 |       $free_list = sweeping
10 |     index += (offset + sweeping.size) / WORD_LENGTH
11 |     offset = (offset + sweeping.size) % WORD_LENGTH
12 |     sweeping += sweeping.size
13 |
14 |   for(i : 0..(HEAP_SIZE / WORD_LENGTH - 1))
15 |     $bitmap_tbl[i] = 0
16 | }
```

与一般的清除阶段相同，我们用 sweeping 指针遍历整个堆。不过，这里使用了 index 和 offset 两个变量，在遍历堆的同时也遍历位图表格。

第 6 行到第 12 行是从堆的开头开始遍历。第 7 行是调查遍历过程中与对象对应的标志位。当对象没有设置标志位时，程序会在第 8 行和第 9 行将此对象连接到空闲链表。当对象已经设立了标志位时，程序就不会在此进行消除位的操作，而是放到之后一并进行。

第 10 行、第 11 行是遍历位图表格，第 12 行是遍历堆。

第 14 行、第 15 行是把所有在位图表格中设置的位取消。因为能够一并消除标志位，所以能够有效地取消位。

2.6.2　要注意的地方

在进行位图标记的过程中，有件事情我们必须注意，那就是对象地址和位图表格的对应。就像之前和大家说明的那样，想通过对象的地址求与其对应的标志位的位置，是要进行位运算的。然而在堆有多个，对象地址不连续的情况下，我们无法用单纯的位运算求出标志位的位置。因此，在堆为多个的情况下，一般会为每个堆都准备一个位图表格。

2.7　延迟清除法

在 2.1.3 节的末尾我们曾经提到过，清除操作所花费的时间是与堆大小成正比的。也就是说，处理的堆越大，GC 标记 – 清除算法所花费的时间就越长，结果就会妨碍到 mutator 的处理。

延迟清除法 (Lazy Sweep) 是缩减因清除操作而导致的 mutator 最大暂停时间的方法。在标记操作结束后，不一并进行清除操作，而是如其字面意思一样让它"延迟"，通过"延迟"

来防止 mutator 长时间暂停。那么，延迟清除操作意味着什么呢？

本书之后会为大家介绍 R. John M. Hughes 开发的延迟清除法[12]。

2.7.1　new_obj()函数

延迟清除法中的 new_obj() 函数的定义如代码清单 2.11 所示。

代码清单2.11：延迟清除法中的new_obj()函数

```
1  new_obj(size){
2    chunk = lazy_sweep(size)
3    if(chunk != NULL)
4      return chunk
5
6    mark_phase()
7
8    chunk = lazy_sweep(size)
9    if(chunk != NULL)
10     return chunk
11
12   allocation_fail()
13 }
```

在分配时直接调用 lazy_sweep() 函数，进行清除操作。如果它能用清除操作来分配分块，就会返回分块；如果不能分配分块，就会执行标记操作。当 lazy_sweep() 函数返回 NULL 时，也就是没有找到分块时，会调用 mark_phase() 函数进行一遍标记操作，再调用 lazy_sweep() 函数来分配分块。在这里没能分配分块也就意味着堆上没有分块，mutator 也就不能再进行下一步处理了。

2.7.2　lazy_sweep()函数

那么我们来看一下 lazy_sweep() 函数吧。

代码清单2.12：lazy_sweep()函数

```
1  lazy_sweep(size){
2    while($sweeping < $heap_end)
3      if($sweeping.mark == TRUE)
4        $sweeping.mark = FALSE
5      else if($sweeping.size >= size)
6        chunk = $sweeping
7        $sweeping += $sweeping.size
8        return chunk
9      $sweeping += $sweeping.size
10
```

```
11      $sweeping = $heap_start
12      return NULL
13    }
```

`lazy_sweep()` 函数会一直遍历堆，直到找到大于等于所申请大小的分块为止。在找到合适分块时会将其返回。但是在这里 `$sweeping` 变量是全局变量。也就是说，遍历的开始位置位于上一次清除操作中发现的分块的右边。

当 `lazy_sweep()` 函数遍历到堆最后都没有找到分块时，会返回 NULL。

因为延迟清除法不是一下遍历整个堆，它只在分配时执行必要的遍历，所以可以压缩因清除操作而导致的 mutator 的暂停时间。这就是 "延迟" 清除操作的意思。

2.7.3　有延迟清除法就够了吗

我们已经知道，通过延迟清除法可以缩减 mutator 的暂停时间，不过这是真的吗？稍微想想看就会明白，延迟清除的效果是不均衡的。打个比方，假设刚标记完的堆的情况如图 2.13 所示。

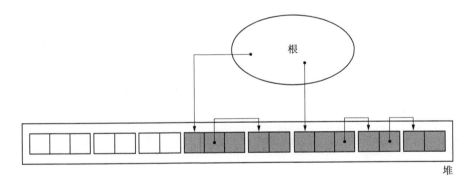

图2.13　堆里垃圾分布不均的情况

也就是说，垃圾变成了垃圾堆，活动对象变成了活动对象堆，它们形成了一种邻接的状态。在这种情况下，程序在清除垃圾较多的部分时能马上获得分块，所以能减少 mutator 的暂停时间。然而一旦程序开始清除活动对象周围，就怎么也无法获得分块了，这样就增加了 mutator 的暂停时间。

结果，如果一下子清除的堆大小不一定，那么 mutator 的暂停时间就会增大。关于保持所清除的堆大小的方法我们将在第 8 章中详细为大家说明。

虽然在这里没有特别提及，不过标记阶段导致的暂停时间和清除阶段导致的暂停时间一样，也是个问题。关于如何改善这个问题，我们也会在第 8 章中为大家解说。

3 引用计数法

　　GC 原本是一种"释放怎么都无法被引用的对象的机制"。那么人们自然而然地就会想到，可以让所有对象事先记录下"有多少程序引用自己"。让各对象知道自己的"人气指数"，从而让没有人气的对象自己消失，这就是引用计数法（Reference Counting），它是 George E. Collins [6] 于 1960 年钻研出来的。

人气旺 　　　　　　　　　　　　　　　没人气

3.1　引用计数的算法

　　引用计数法中引入了一个概念，那就是"计数器"。计数器表示的是对象的人气指数，也就是有多少程序引用了这个对象（被引用数）。计数器是无符号的整数，用于计数器的位数根据算法和实现而有所不同。引用计数法中的对象如图 3.1 所示。

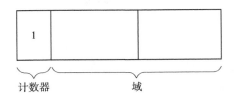

图3.1　引用计数法中的对象

那么，让我们来看看在引用计数法中是怎样进行内存管理的吧。

3.1.1　计数器值的增减

在 GC 标记 – 清除算法等其他 GC 算法中，没有分块时 mutator 会调用下面这样的函数，启动 GC 分配空闲的内存空间。

代码清单 3.1：garbage_collect() 函数

```
1  garbage_collect(){
2    ....
3  }
```

然而在引用计数法中并没有 mutator 明确启动 GC 的语句。引用计数法与 mutator 的执行密切相关，它在 mutator 的处理过程中通过增减计数器的值来进行内存管理。在两种情况下计数器的值会发生增减，这涉及了 new_obj() 函数和 update_ptr() 函数。

3.1.2　new_obj() 函数

代码清单 3.2：new_obj() 函数

```
1  new_obj(size){
2    obj = pickup_chunk(size, $free_list)
3
4    if(obj == NULL)
5      allocation_fail()
6    else
7      obj.ref_cnt = 1
8      return obj
9  }
```

与 GC 标记 – 清除算法相同，mutator 在生成新对象的时候会调用 new_obj() 函数。

在这里，pickup_chunk() 函数的用法也大致与在 GC 标记 – 清除算法中的用法相同。不过这次当 pickup_chunk() 函数返回 NULL 时，分配就失败了。关于这点我们也会在之后的 3.2.1 节中为大家说明。在引用计数法中，除了连接到空闲链表的对象，其他所有对象都是活动对象。也就是说，在 pickup_chunk() 函数返回 NULL 那一刻，堆中就没有合适大小的分块了，分配就无法进行了。

当通过 pickup_chunk() 函数返回合适大小的对象时，在第 7 行把计数器的值定为 1。很明显，这里新生成了对象，且对象被某处引用了。另外，域 ref_cnt 代表对象 obj 的计数器。这点在本章之后也一样，请大家牢记。

3.1.3　update_ptr() 函数

update_ptr() 函数用于更新指针 ptr，使其指向对象 obj，同时进行计数器值的增减。

代码清单 3.3：update_ptr() 函数

```
1  update_ptr(ptr, obj){
2    inc_ref_cnt(obj)
3    dec_ref_cnt(*ptr)
4    *ptr = obj
5  }
```

虽然在 mutator 更新指针时程序会执行此函数，但事实上进行指针更新的只有第 4 行的 *ptr = obj 部分，第 2 行和第 3 行是进行内存管理的代码。程序具体进行的是以下 2 项操作。

1. 对指针 ptr 新引用的对象(obj)的计数器进行增量操作
2. 对指针 ptr 之前引用的对象(*ptr)的计数器进行减量操作

首先我们要介绍的是执行计数器增量操作的 inc_ref_cnt() 函数。

代码清单 3.4：inc_ref_cnt() 函数

```
1  inc_ref_cnt(obj){
2    obj.ref_cnt++
3  }
```

inc_ref_cnt() 函数是一个简单的函数，它只对新引用的对象 obj 的计数器进行增量操作。下面我们再来看看进行计数器减量操作的 dec_ref_cnt() 函数。

代码清单 3.5：dec_ref_cnt() 函数

```
1  dec_ref_cnt(obj){
2    obj.ref_cnt--
3    if(obj.ref_cnt == 0)
4      for(child : children(obj))
5        dec_ref_cnt(*child)
6      reclaim(obj)
7  }
```

首先对更新指针之前引用的对象 *ptr 的计数器进行减量操作。减量操作后，计数器的

值为 0 的对象变成了"垃圾"。因此，这个对象的指针会全部被删除。换言之，程序需要对
`*ptr` 的子对象的计数器进行减量操作。在第 5 行递归调用 `dec_ref_cnt()` 函数就是为了这个。
然后，通过 `reclaim()` 函数将 `obj` 连接到空闲链表。`reclaim()` 函数会在本章中多次出现，
请牢记。

那么，看到这里大家会不会心生疑问呢？为什么要先调用 `inc_ref_cnt()` 函数，后调用
`dec_ref_cnt()` 函数呢？从引用计数算法的角度来考虑，先调用 `dec_ref_cnt()` 函数，后调
用 `inc_ref_cnt()` 函数才合适吧。答案就是"为了处理 `*ptr` 和 `obj` 是同一对象时的情况"。
如果按照先 `dec_ref_cnt()` 后 `inc_ref_cnt()` 函数的顺序调用，`*ptr` 和 `obj` 又是同一对象
的话，执行 `dec_ref_cnt(*ptr)` 时 `*ptr` 的计数器的值就有可能变为 0 而被回收。这样一来，
下面再想执行 `inc_ref_cnt(obj)` 时 `obj` 早就被回收了，可能会引发重大的 BUG。因此我们
要通过先对 `obj` 的计数器进行增量操作来回避这种 BUG。

最后结合图片来看一下 `update_ptr()` 函数执行时的情况。请看图 3.2(a)。初始状态下从
根引用 A 和 C，从 A 引用 B。A 持有唯一指向 B 的指针，假设现在将该指针更新到了 C，请
看图 3.2(b)。

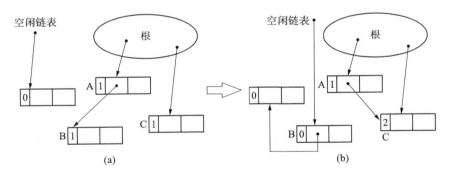

图 3.2　update_ptr() 函数执行时的情况

通过以上的更新，B 的计数器值变成了 0，因此 B 被回收了。且 B 连接上了空闲链表，
能够再被利用了。又因为新形成了由 A 指向 C 的指针，所以 C 的计数器的值增量为 2。

在变更数组元素等的时候会进行指针的更新。通过更新指针，可能会产生没有被任何程
序引用的垃圾对象。引用计数法中会监督在更新指针的时候是否有产生垃圾，从而在产生
垃圾时将其立刻回收。也就是说，这意味着在分配时没有分块的情况下，堆中所有的对象
都为活动对象，这时没法新分配对象。另一方面，GC 标记 – 清除算法即使产生了垃圾也不
会将其马上回收，只会在没有分块的时候将垃圾一并回收。像这样，可以说将内存管理和
mutator 同时运行正是引用计数法的一大特征。

以上就是对引用计数的算法的说明。

3.2　优点

3.2.1　可即刻回收垃圾

在引用计数法中，每个对象始终都知道自己的被引用数（就是计数器的值）。当被引用数的值为 0 时，对象马上就会把自己作为空闲空间连接到空闲链表。也就是说，各个对象在变成垃圾的同时就会立刻被回收。要说这有什么意义，那就是内存空间不会被垃圾占领。垃圾全部都已连接到空闲链表，能作为分块再被利用。

另一方面，在其他的 GC 算法中，即使对象变成了垃圾，程序也无法立刻判别。只有当分块用尽后 GC 开始执行时，才能知道哪个对象是垃圾，哪个对象不是垃圾。也就是说，直到 GC 执行之前，都会有一部分内存空间被垃圾占用。

3.2.2　最大暂停时间短

在引用计数法中，只有当通过 mutator 更新指针时程序才会执行垃圾回收。也就是说，每次通过执行 mutator 生成垃圾时这部分垃圾都会被回收，因而大幅度地削减了 mutator 的最大暂停时间。

就如我们在第 1 章中所说的那样，根据 mutator 的用途不同，最大暂停时间的长短会成为非常重要的因素。

3.2.3　没有必要沿指针查找

引用计数法和 GC 标记 - 清除算法不一样，没必要由根沿指针查找。当我们想减少沿指针查找的次数时，它就派上用场了。

打个比方，在分布式环境中，如果要沿各个计算节点之间的指针进行查找，成本就会增大，因此需要极力控制沿指针查找的次数。

所以，有一种做法是在各个计算节点内回收垃圾时使用 GC 标记 - 清除算法，在考虑到节点间的引用关系时则采用引用计数法。

3.3　缺点

3.3.1　计数器值的增减处理繁重

虽然依据执行的 mutator 的动作不同而略有差距，我们不能一概而论，不过在大多数情况下指针都会频繁地更新。特别是有根的指针，会以近乎令人目眩的势头飞速地进行更新。这是因为根可以通过 mutator 直接被引用。在引用计数法中，每当指针更新时，计数器的值都会随之更新，因此值的增减处理必然会变得繁重。

关于解决这个问题的方法，我们将在 3.4 节中为大家介绍。

3.3.2 计数器需要占用很多位

用于引用计数的计数器最大必须能数完堆中所有对象的引用数。打个比方，假如我们用的是 32 位机器，那么就有可能要让 2 的 32 次方个对象同时引用一个对象。考虑到这种情况，就有必要确保各对象的计数器有 32 位大小。也就是说，对于所有对象，必须留有 32 位的空间。这就害得内存空间的使用效率大大降低了。打比方说，假如对象只有 2 个域，那么其计数器就占了它整体的 1/3。

3.3.3 实现烦琐复杂

引用计数的算法本身很简单，但事实上实现起来却不容易。

进行指针更新操作的 update_ptr() 函数是在 mutator 这边调用的。打个比方，我们需要把以往写成 *ptr=obj 的地方都重写成 update_ptr(ptr,obj)。因为调用 update_ptr() 函数的地方非常多，所以重写过程中很容易出现遗漏。如果漏掉了某处，内存管理就无法正确进行，就会产生 BUG。

3.3.4 循环引用无法回收

代码清单 3.6：循环垃圾的生成

```
 1 │ class Person{                        #定义 Person 类
 2 │   string name
 3 │   Person lover
 4 │ }
 5 │
 6 │ taro = new Person("太郎")            #生成 Person 类的实例太郎
 7 │ hanako = new Person("花子")          #生成 Person 类的实例花子
 8 │ taro.lover = hanako                  #太郎喜欢花子
 9 │ hanako.lover = taro                  #花子喜欢太郎
10 │ taro = null                          #将 taro 转换为 null
11 │ hanako = null                        #将 hanako 转换为 null
```

上述伪代码表示的是某对情侣。在执行这段伪代码后，对象的情况如图 3.3 所示。

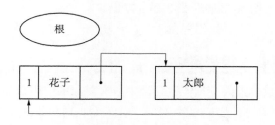

图3.3　循环引用对象

像上述这样，因为两个对象互相引用，所以各对象的计数器的值都是 1。但是这些对象组并没有被其他任何对象引用。因此想一并回收这两个对象都不行，只要它们的计数器值都是 1，就无法回收。像这样在两个及两个以上的对象互相循环引用形成对象组的情况下，即使这些对象组都成了垃圾，程序也无法将它们回收。

我们说了很多引用计数法的缺点，像"处理繁重""内存使用效率低下"等。那么引用计数法是不是一个"完全没法用"的算法呢？不，绝对不是。事实上，很多处理系统和应用都在使用引用计数法。

要说为什么，那是因为引用计数法只要稍加改良，就会变得非常具有实用性了。之后我们将对如何改良引用计数法进行解说。

3.4　延迟引用计数法

3.4.1　什么是延迟引用计数法

在讲引用计数法的缺点时，我们提到了其中一项是"计数器值的增减处理繁重"。下面就对改善此缺点的方法进行说明，即延迟引用计数法（Deferred Reference Counting）。这个方法是 L. Peter Deutsch 和 Daniel G. Bobrow [8] 研究出来的。

如 3.3.1 节中所述，计数器值增减处理繁重的原因之一是从根的引用变化频繁。

因此，我们就让从根引用的指针的变化不反映在计数器上。打个比方，我们把重写全局变量指针的 `update_ptr($ptr,obj)` 改写成 `*$ptr = obj`。

如上所述，这样一来即使频繁重写堆中对象的引用关系，对象的计数器值也不会有所变化，因而大大改善了"计数器值的增减处理繁重"这一缺点。

然而，这样内存管理还是不能顺利进行。因为引用没有反映到计数器上，所以各个对象的计数器没有正确表示出对象本身的被引用数（即人气）。因此，有可能发生对象仍在活动，但却被错当成垃圾回收的情况。

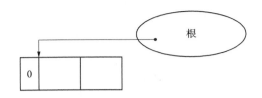

图3.4　实际上仍在活动，但计数器值却为0的对象

于是，我们在延迟引用计数法中使用 ZCT（Zero Count Table）。ZCT 是一个表，它会事先记录下计数器值在 dec_ref_cnt() 函数的作用下变为 0 的对象。ZCT 的示意图如图 3.5 所示。

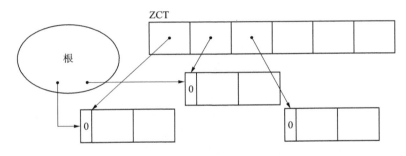

图3.5　ZCT

因为计数器值为 0 的对象不一定都是垃圾，所以暂时先将这些对象保留。由图 3.5 也能看出，我们必须修正 dec_ref_cnt() 函数，使其适应延迟引用计数法。

3.4.2　dec_ref_cnt() 函数

关于在延迟引用计数法中用到的 dec_ref_cnt() 函数，其定义如代码清单 3.7 所示。

代码清单3.7：延迟引用计数法中的dec_ref_cnt() 函数

```
1  dec_ref_cnt(obj){
2    obj.ref_cnt--
3    if(obj.ref_cnt == 0)
4      if(is_full($zct) == TRUE)
5        scan_zct()
6      push($zct, obj)
7  }
```

当 obj 的计数器值为 0（也就是说 obj 可能是垃圾）时，在第 6 行把 obj 添加到 $zct。不过，如果 $zct 爆满，那么首先就要通过 scan_zct() 函数来减少 $zct 中的对象（第 4 行、第 5 行）。

3.4.3　new_obj()函数

我们也要稍微修正一下 `new_obj()` 函数。当无法分配大小合适的分块时，执行 `scan_zct()` 函数。

代码清单3.8：延迟引用计数法中的new_obj()函数

```
 1  new_obj(size){
 2    obj = pickup_chunk(size, $free_list)
 3
 4    if(obj == NULL)
 5      scan_zct()
 6      obj = pickup_chunk(size, $free_list)
 7      if(obj == NULL)
 8        allocation_fail()
 9
10    obj.ref_cnt = 1
11    return obj
12  }
```

如果第一次分配没有顺利进行，就意味着空闲链表中没有了大小合适的分块。此时程序要搜索一遍 `$zct`，以再次分配分块。如果这样还不行，分配就失败了。

分配顺利进行之后的流程通常与引用计数法完全一样。

3.4.4　scan_zct()函数

`scan_zct()` 函数的伪代码如下所示。

代码清单3.9：scan_zct()函数

```
 1  scan_zct(){
 2    for(r : $roots)
 3      (*r).ref_cnt++
 4
 5    for(obj : $zct)
 6      if(obj.ref_cnt == 0)
 7        remove($zct, obj)
 8        delete(obj)
 9
10    for(r : $roots)
11      (*r).ref_cnt--
12  }
```

在第 2 行和第 3 行，程序把所有通过根直接引用的对象的计数器都进行增量。这样才算把根引用反映到了计数器的值上。

接下来调查所有与 $zct 相连的对象，如果存在计数器值为 0 的对象，则将此对象从 $zct 中删除，并执行以下 2 项操作。

1. 对子对象的计数器进行减量操作

2. 回收

负责这 2 项操作的 delete() 函数的定义如代码清单 3.10 所示。

代码清单 3.10：delete() 函数

```
1  delete(obj){
2    for(child : children(obj))
3      (*child).ref_cnt--
4      if((*child).ref_cnt == 0)
5        delete(*child)
6
7    reclaim(obj)
8  }
```

对 obj 的子对象的计数器进行减量操作，对计数器值变成 0 的对象执行 delete() 函数，最后回收 obj。

最后把所有根引用的对象的计数器都进行减量操作。

3.4.5　优点

在延迟引用计数法中，程序延迟了根引用的计数，将垃圾一并回收。通过延迟，减轻了因根引用频繁发生变化而导致的计数器增减所带来的额外负担。

3.4.6　缺点

为了延迟计数器值的增减，垃圾不能马上得到回收，这样一来垃圾就会压迫堆，我们也就失去了引用计数法的一大优点 —— 可即刻回收垃圾。

另外，scan_zct() 函数导致最大暂停时间延长了。执行 scan_zct() 函数所花费的时间与 $zct 的大小成正比。$zct 越大，要搜索的对象就越多，妨碍 mutator 运作的时间也就越长。要想缩减因 scan_zct() 函数而导致的暂停时间，就要缩小 $zct。但是这样一来调用 scan_zct() 函数的频率就增加了，也压低了吞吐量。很明显这样就本末倒置了。

3.5　Sticky引用计数法

3.5.1　什么是Sticky引用计数法

在引用计数法中，我们有必要花功夫来研究一件事，那就是要为计数器设置多大的位宽。假设为了反映所有引用，计数器需要 1 个字（32 位机器就是 32 位）的空间。但是这样会大量消耗内存空间。打个比方，2 个字的对象就要附加 1 个字的计数器。也就是说，计数器害得对象所占空间增大了 1.5 倍。

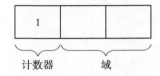

图3.6　对象拥有两个1个字的域以及一个1个字的计数器

对此我们有个方法，那就是用来减少计数器位宽的"Sticky 引用计数法"。举个例子，我们假设用于计数器的位数为 5 位，那么这种计数器最多只能数到 2 的 5 次方减 1，也就是 31 个引用数。如果此对象被大于 31 个对象引用，那么计数器就会溢出。这跟车辆速度计的指针爆表是一个状况。

针对计数器溢出（也就是爆表的对象），需要暂停对计数器的管理。对付这种对象，我们主要有两种方法。

3.5.2　什么都不做

对于计数器溢出的对象，我们可以这样处理：不再增减计数器的值，就把它放着，什么也不做。不过这样一来，即使这个对象成了垃圾（即被引用数为 0），也不能将其回收。也就是说，白白浪费了内存空间。

然而事实上有很多研究表明，很多对象一生成马上就死了（详情请参考第 7 章）。也就是说，在很多情况下，计数器的值会在 0 到 1 的范围内变化，鲜少出现 5 位计数器溢出这样的情况。

此外，因为计数器溢出的对象在执行中的程序里占有非常重要的地位，所以可想而知，其将来成为垃圾的可能性也很低。也就是说，不增减计数器的值，就把它那么放着也不会有什么大问题。

考虑到以上事项，对于计数器溢出的对象，什么也不做也不失为一个可用的方法。

3.5.3　使用GC标记−清除算法进行管理

另一个方法是，在适当时机用 GC 标记 − 清除算法来充当引用计数法的后援。但是我们在这里用到的 GC 标记 − 清除算法和以往的有所不同。

代码清单3.11：作为备用的GC标记－清除算法

```
1  mark_sweep_for_counter_overflow(){
2    reset_all_ref_cnt()
3    mark_phase()
4    sweep_phase()
5  }
```

　　首先，在第2行把所有对象的计数器值都设为0。下面，我们进入标记阶段和清除阶段。

代码清单3.12：标记阶段

```
1   mark_phase(){
2     for(r : $roots)
3       push(*r, $mark_stack)
4
5     while(is_empty($mark_stack) == FALSE)
6       obj = pop($mark_stack)
7       obj.ref_cnt++
8       if(obj.ref_cnt == 1)
9         for(child : children(obj))
10          push(*child, $mark_stack)
11  }
```

　　在标记阶段，首先把由根直接引用的对象堆到标记栈里，然后按顺序从标记栈取出对象，对计数器进行增量操作。不过，这里必须只把各个对象及其子对象堆进标记栈一次。在第8行会检查各个对象是不是只堆进去了一次。一旦栈为空，则标记阶段结束。

代码清单3.13：清除阶段

```
1  sweep_phase(){
2    sweeping = $heap_top
3    while(sweeping < $heap_end)
4      if(sweeping.ref_cnt == 0)
5        reclaim(sweeping)
6      sweeping += sweeping.size
7  }
```

　　在清除阶段，程序会搜索整个堆，回收计数器值仍为0的对象。

　　我们在这里介绍的GC标记－清除算法和在第2章中介绍的GC标记－清除算法主要有以下3点不同。

　　1. 一开始就把所有对象的计数器值设为0

　　2. 不标记对象，而是对计数器进行增量操作

　　3. 为了对计数器进行增量操作，算法对活动对象进行了不止一次的搜索

　　像这样，只要把引用计数法和 GC 标记 – 清除算法结合起来，在计数器溢出后即使对象成了垃圾，程序还是能回收它。另外还有一个优点，那就是还能回收循环的垃圾。

　　但是在进行标记处理之前，必须重置所有的对象和计数器。此外，因为在查找对象时没有设置标志位而是把计数器进行增量，所以需要多次（次数和被引用数一致）查找活动对象。考虑到这一点的话，显然在这里进行的标记处理比以往的 GC 标记 – 清除算法中的标记处理要花更多的时间。也就是说，吞吐量会相应缩小。

3.6　1位引用计数法

3.6.1　什么是1位引用计数法

　　1 位引用计数法（1bit Reference Counting）是 Sticky 引用计数法的一个极端例子。因为计数器只有 1 位大小，所以瞬间就会溢出，看上去几乎没什么意义。

　　不过，据 Douglas W. Clark 和 C. Cordell Green[10] 观察，"几乎没有对象是被共有的，所有对象都能被马上回收"。考虑到这一点，即使计数器只有 1 位，通过用 0 表示被引用数为 1，用 1 表示被引用数大于等于 2，这样也能有效率地进行内存管理。使用 1 位计数器时各对象的处理方法如图 3.7 所示。

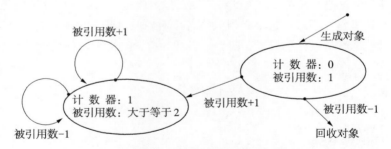

图3.7　使用1位计数器的对象的处理方法

　　也就是说，我们用 1 位来表示某个对象的被引用数是 1 个还是多个。此外，引用计数法一般会让对象持有计数器，但 W. R. Stoye、T. J. W. Clarke、A. C. Norman[11] 3 个人想出了 1 位引用计数法，以此来让指针持有计数器。本节中将介绍这个算法。不过因为是 "1 位" 引用计数法，所以与其叫它计数器，不如叫它 "标签"（tag）更为妥当。设对象引用数为 1 时标签位为 0，引用数为复数时标签位为 1。我们分别称以上 2 种状态为 UNIQUE 和 MULTIPLE，处于 UNIQUE 状态下的指针为 "UNIQUE 指针"，处于 MULTIPLE 状态下的指针为 "MULTIPLE 指针"。

　　那么问题来了，我们要如何实现这个算法呢？其实，因为指针通常默认为 4 字节对齐，所以没法利用低 2 位。只要好好利用这个性质，就能确保拿出 1 位来用作内存管理。

3.6.2　copy_ptr() 函数

基本上，1 位引用计数法也是在更新指针的时候进行内存管理的。不过它不像以往那样指定要引用的对象来更新指针，而是通过复制某个指针来更新指针。进行这项操作的就是 copy_ptr() 函数。请看图 3.8。

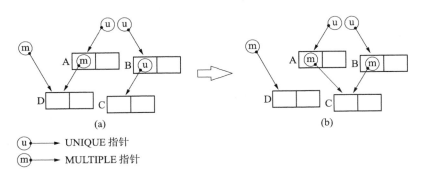

图3.8　在1位引用计数法中复制指针

这里更新了之前由 A 引用 D 的指针，让其引用 C。这也可以看成是把由 B 到 C 的指针复制到 A 了。通过这项操作，两个指向 C 的指针都变成了 MULTIPLE 指针。copy_ptr() 函数的伪代码如代码清单 3.14 所示。

代码清单3.14：copy_ptr() 函数

```
1  copy_ptr(dest_ptr, src_ptr){
2    delete_ptr(dest_ptr)
3    *dest_ptr = *src_ptr
4    set_multiple_tag(dest_ptr)
5    if(tag(src_ptr) == UNIQUE)
6      set_multiple_tag(src_ptr)
7  }
```

参数 dest_ptr 和 src_ptr 分别表示的是目的指针和被复制的原指针。打个比方，在图 3.8(a) 中，A 的指针就是目的指针，B 的指针就是被复制的原指针。

在 copy_ptr() 函数中，首先在第 2 行调用 delete_ptr() 函数，尝试回收 dest_ptr 引用的对象。接下来，在第 3 行把 src_ptr 复制到 dest_ptr。然后在第 4 行到第 6 行把指针 src_ptr 以及 dest_ptr 的标签更新为 MULTIPLE。

第 5 行的 tag() 函数返回实参（指针）的标签，返回 UNIQUE 或者 MULTIPLE 的任意一个值。第 4 行和第 6 行的 set_multiple_tag() 函数则把实参（指针）变换成 MULTIPLE 指针。

最后只要再把 mutator 这边的 update_ptr() 函数调用全换成 copy_ptr() 函数，就能实现 1 位引用计数法。

下面我们将对 delete_ptr() 函数进行说明。

3.6.3　delete_ptr()函数

代码清单 3.15：1 位引用计数法的 delete_ptr() 函数

```
1  delete_ptr(ptr){
2    if(tag(ptr) == UNIQUE)
3      reclaim(*ptr)
4  }
```

这个函数超级简单。只有当指针 ptr 的标签是 UNIQUE 时，它才会回收根据这个指针所引用的对象。因为当标签是 MULTIPLE 时，还可能存在其他引用这个对象的指针，所以它无法回收对象。

3.6.4　优点

1 位引用计数法的优点，是不容易出现高速缓存缺失。

缓存作为一块存储空间，比内存的读取速度要快得多。如果要读取的数据就在缓存里的话，计算机就能进行高速处理；但如果需要的数据不在缓存里（即高速缓存缺失）的话，就需要读取内存，从内存中查找数据并将其读取到缓存里，这样一来就会浪费许多时间。

也就是说，当某个对象 A 要引用在内存中离它很远的对象 B 时，以往的引用计数法会在增减计数器值的时候读取 B，从而导致高速缓存缺失，白白浪费大把时间。

1 位引用计数法就不会这样，它不需要在更新计数器（或者说是标签）的时候读取要引用的对象。各位应该能看明白吧，在图 3.8 中完全没读取 C 和 D，指针的复制过程就完成了。

此外，因为没必要给计数器留出多余的空间，所以节省了内存消耗量。这也不失为 1 位引用计数法的一个优点。

3.6.5　缺点

1 位引用计数法的缺点跟 Sticky 引用计数法的缺点基本一样。我们必须想个办法，看看怎么处理计数器溢出的对象。

据 Clark 和 Green 的观测结果表明，很多对象的计数器值都不足 2。如果这个前提成立，那么把计数器溢出的对象放置不管也肯定没什么坏处。

然而，我们没法保证 mutator 能一直顺利运行，很可能会出现很多对象计数器溢出的情况。

上述情况下会生成大量计数器溢出的对象（也就是内存管理范围之外的对象），这会给堆带来巨大负担。这样一来，我们就很难保证分块了。

3.7 部分标记–清除算法

3.7.1 什么是部分标记–清除算法

之前已经讲过,引用计数法存在的一大问题就是不能回收循环的垃圾。这是引用计数法的一大特色,用 GC 标记–清除算法就不会有这种问题。那么我们自然会想到,只要跟之前使用延迟引用计数法时一样,利用 GC 标记–清除算法不就好了吗?也就是说,可以采用一般情况下执行引用计数法,在某个时刻启动 GC 标记–清除算法的方法。

然而,这个方法可以说效率很低。利用 GC 标记–清除算法毕竟是单纯为了回收“有循环引用的垃圾”,而一般来说这种垃圾应该很少,单纯的 GC 标记–清除算法又是以全部堆为对象的,所以会产生许多无用的搜索。

对此,我们还有个方法,那就是只对“可能有循环引用的对象群”使用 GC 标记–清除算法,对其他对象进行内存管理时使用引用计数法。像这样只对一部分对象群使用 GC 标记–清除算法的方法,叫作“部分标记–清除算法”(Partial Mark & Sweep)。不过它有个特点,执行一般的 GC 标记–清除算法的目的是查找活动对象,而执行部分标记–清除算法的目的则是查找非活动对象。接下来我们就为大家介绍 Rafael D. Lins [9] 于 1992 年研究出的部分标记–清除算法。

3.7.2 前提

在部分标记–清除算法中,对象会被涂成 4 种不同的颜色来进行管理。每个颜色的含义如下所示。

1. 黑(BLACK): 绝对不是垃圾的对象(对象产生时的初始颜色)
2. 白(WHITE): 绝对是垃圾的对象
3. 灰(GRAY): 搜索完毕的对象
4. 阴影(HATCH): 可能是循环垃圾的对象

话虽这么说,事实上并没办法去给对象涂颜色,而是往头中分配 2 位空间,然后用 00 ~ 11 的值对应这 4 个颜色,以示区分。本书中用 obj.color 来表示对象 obj 的颜色。obj.color 取 BLACK、WHITE、GRAY、HATCH 中的任意一个值。

为了解释算法,我们设一个堆,它里面的对象和引用关系如图 3.9 所示。

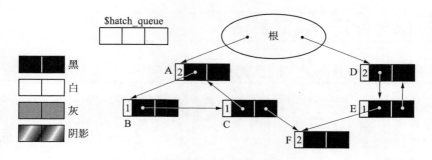

图3.9 初始状态

有循环引用的对象群是 ABC 和 DE，其中 A 和 D 由根引用。此外，这里由 C 和 E 引用 F。所有对象的颜色都还是初始状态下的黑色。

3.7.3 dec_ref_cnt()函数

接下来，通过 mutator 删除由根到对象 A 的引用。这个引用是由 update_ptr() 函数产生的。跟以往的引用计数法一样，为了将对象 A 的计数器减量，在 update_ptr() 函数中调用 dec_ref_cnt() 函数。不过在部分标记 – 清除算法中，dec_ref_cnt() 函数和以往有少许不同。

代码清单3.16：部分标记–清除算法中的dec_ref_cnt()函数

```
1  dec_ref_cnt(obj){
2    obj.ref_cnt--
3    if(obj.ref_cnt == 0)
4      delete(obj)
5    else if(obj.color != HATCH)
6      obj.color = HATCH
7      enqueue(obj, $hatch_queue)
8  }
```

第 2 行到第 4 行的 dec_ref_cnt() 函数和以往引用计数法中的没什么不同。不过，如果要删除的对象在队列中，那么这里使用的 delete() 函数也需要将该对象从队列中删除。

我们该注意的是第 5 行之后。算法在对 obj 的计数器进行减量操作后，检查 obj 的颜色。当 obj 的颜色不是阴影的时候，算法会将其涂上阴影并追加到队列中。当 obj 的颜色是阴影的时候，obj 已经被追加到队列中了，所以程序什么都不做。

dec_ref_cnt() 函数执行之后的堆状态如图 3.10 所示。

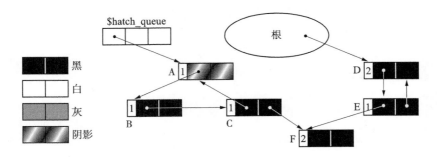

图 3.10　dec_ref_cnt() 函数执行之后

　　由根到 A 的引用被删除了，指向 A 的指针被追加到了队列（$hatch_queue）之中。此外，A 被涂上了阴影。这个队列的存在是为了连接那些可能是循环引用的一部分的对象。被连接到队列的对象会被作为 GC 标记－清除算法的对象，使得循环引用的垃圾被回收。

3.7.4　new_obj() 函数

　　在部分标记－清除算法中，我们不仅要修改 dec_ref_cnt() 函数，也要修改 new_obj() 函数。

代码清单3.17：部分标记－清除算法中的new_obj()函数

```
 1 | new_obj(size){
 2 |   obj = pickup_chunk(size)
 3 |   if(obj != NULL)
 4 |     obj.color = BLACK
 5 |     obj.ref_cnt = 1
 6 |     return obj
 7 |   else if(is_empty($hatch_queue) == FALSE)
 8 |     scan_hatch_queue()
 9 |     return new_obj(size)
10 |   else
11 |     allocation_fail()
12 | }
```

　　当可以分配时，对象就会被涂回黑色，执行这项操作的是第 3 行到第 6 行。当分配无法顺利进行的时候，程序会调查队列是否为空。当队列不为空时，程序会通过 scan_hatch_queue() 函数搜索队列，分配分块。scan_hatch_queue() 函数执行完毕后，程序会递归地调用 new_obj() 函数再次尝试分配。

　　如果队列为空，则分配将会失败。

3.7.5　scan_hatch_queue()函数

scan_hatch_queue() 函数在找到阴影对象前会一直从队列中取出对象。

代码清单3.18：scan_hatch_queue() 函数

```
1  scan_hatch_queue(){
2    obj = dequeue($hatch_queue)
3    if(obj.color == HATCH)
4      paint_gray(obj)
5      scan_gray(obj)
6      collect_white(obj)
7    else if(is_empty($hatch_queue) == FALSE)
8      scan_hatch_queue()
9  }
```

如果取出的对象 obj 被涂上了阴影，程序就会将 obj 作为参数，依次调用 paint_gray()
函数、scan_gray() 函数和 collect_white() 函数（第 4 行到第 6 行），从而通过这些函数找
出循环引用的垃圾，将其回收。关于各个函数我们会在之后按顺序解说。

当 obj 没有被涂上阴影时，就意味着 obj 没有形成循环引用。此时程序对 obj 不会进行
任何操作，而是再次调用 scan_hatch_queue() 函数（第 8 行）。

3.7.6　paint_gray()函数

从 scan_hatch_queue() 函数调用的 3 个函数中，首先调用的就是 paint_gray() 函数。
它干的事情非常简单，只是查找对象进行计数器的减量操作而已。

代码清单3.19：paint_gray() 函数

```
1  paint_gray(obj){
2    if(obj.color == (BLACK | HATCH))
3      obj.color = GRAY
4      for(child : children(obj))
5        (*child).ref_cnt--
6        paint_gray(*child)
7  }
```

程序会把黑色或者阴影对象涂成灰色，对子对象进行计数器减量操作，并调用 paint_
gray() 函数。把对象涂成灰色是为了防止程序重复搜索。在 scan_hatch_queue() 函数中执
行 paint_gray() 函数后，堆状态如图 3.11 所示。

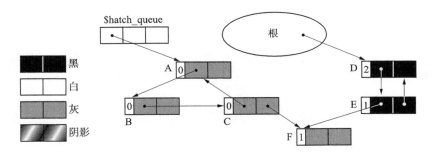

图3.11　paint_gray()函数执行之后

这里通过 `paint_gray()` 函数按对象 A、B、C、F 的顺序进行了搜索。下面让我们来详细看一下，请看图 3.12。

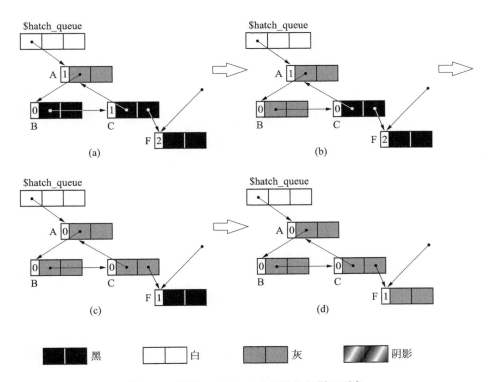

图3.12　通过paint_gray()函数标记循环对象

首先，在 (a) 中 A 被涂成了灰色。虽然程序对计数器执行了减量操作，但并不是对 A，而是对 B 的计数器进行了减量操作。下面在 (b) 中 B 也被涂成了灰色，不过这时程序并没有对 B 进行减量操作，而是对 C 进行了减量操作。在 (c) 中 C 被涂成灰色时，程序对 A 和 F 的计数器进行了减量操作。这样一来，A、B、C 的循环垃圾的计数器值都变成了 0。(d) 是 A、B、C、F 各个对象搜索结束后的样子。

部分标记 – 清除算法的特征就是要涂色的对象和要进行计数器减量的对象不是同一对象，据此就可以很顺利地回收循环垃圾。关于这一点，我们将在 3.7.10 节中再为大家详细介绍。

3.7.7　scan_gray() 函数

执行完 paint_gray() 函数以后，下一个要执行的就是 scan_gray() 函数。它会搜索灰色对象，把计数器值为 0 的对象涂成白色。

代码清单 3.20：scan_gray() 函数

```
1  scan_gray(obj){
2    if(obj.color == GRAY)
3      if(obj.ref_cnt > 0)
4        paint_black(obj)
5      else
6        obj.color = WHITE
7        for(child : children(obj))
8          scan_gray(*child)
9  }
```

打个比方，在图 3.11 这种情况下，程序会从对象 A 开始搜索，但是搜索的只有灰色对象。如果对象的计数器值为 0，程序就会把这个对象涂成白色，再查找这个对象的子对象。也就是说，A、B、C 都会被涂成白色。计数器值大于 0 的对象会被 paint_black() 函数处理。paint_black() 函数如代码清单 3.21 所示。

代码清单 3.21：paint_black() 函数

```
1  paint_black(obj){
2    obj.color = BLACK
3    for(child : children(obj))
4      (*child).ref_cnt++
5      if((*child).color != BLACK)
6        paint_black(*child)
7  }
```

在这里对象的计数器会被增量，被涂成黑色。paint_black() 函数在这里进行的操作就是：从那些可能被涂成了灰色的有循环引用的对象群中，找出已知不是垃圾的对象，并将其归回原处。

在 scan_hatch_queue() 函数中执行完 scan_black() 函数后，堆的状态如图 3.13 所示。

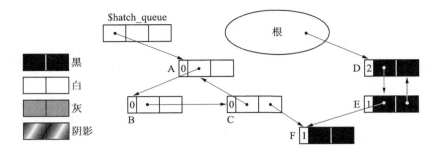

图3.13 scan_gray() 函数执行之后

不难看出，形成了循环垃圾的对象 A、B、C 被涂成了白色，而有循环引用的非垃圾对象 D、E、F 被涂成了黑色。

3.7.8 collect_white() 函数

剩下就是通过 collect_white() 函数回收白色对象了。

代码清单3.22：collect_white() 函数

```
1  collect_white(obj){
2    if(obj.color == WHITE)
3      obj.color = BLACK
4      for(child : children(obj))
5        collect_white(*child)
6      reclaim(obj)
7  }
```

该函数只会查找白色对象进行回收。循环垃圾也可喜地被回收了。

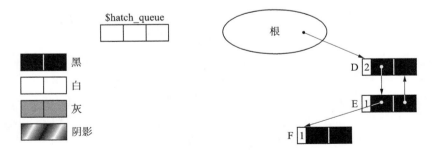

图3.14 回收循环垃圾

这就是部分标记 – 清除算法。通过这个算法就能将引用计数法过去一直让人感到棘手的"有循环引用的垃圾"回收了。

3.7.9　限定搜索对象

部分标记 – 清除算法的优点，就是把要搜索的对象限定在阴影对象及其子对象，也就是"可能是循环垃圾的对象群"中。那么，要怎么发现这样的对象群呢？

问题的关键就在于循环垃圾产生的过程。请看图 3.15。

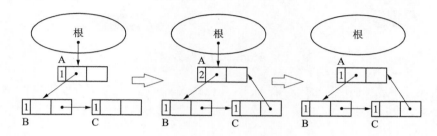

图3.15　循环垃圾产生的过程

初始状态下根引用对象 A，对象 A 引用对象 B，对象 B 引用对象 C。接下来我们创建一个从对象 C 到对象 A 的引用。在这里就形成了 A → B → C → A 的循环引用。最后我们删除从根到对象 A 的引用。这样一来，对象 A 到 C 的循环引用对象群就成了垃圾。

像这样，当满足下面两种情况时，就会产生循环垃圾。

1. 产生循环引用
2. 删除从外部到循环引用的引用

在此请注意对象 A 的计数器，其计数器值由 2 变成了 1。

部分标记 – 清除算法中用 dec_ref_cnt() 函数来检查这个值。如果对象的计数器值减量后不为 0，说明这个对象可能是循环引用的一份子。这时会先让这个对象连接到队列，以方便之后搜索它。

3.7.10　paint_gray() 函数的要点

关于部分标记 – 清除算法，我们还有一个要点要说，那就是 paint_gray() 函数。在 paint_gray() 函数中，参数 obj 为黑色或阴影时会把 obj 涂成灰色，然后对 obj 的子对象执行计数器减量，并递归地调用 paint_gray() 函数。obj 自身的计数器并没有被执行减量。这点非常重要。

如果在这里不对 obj 子对象的计数器执行减量，而是对 obj 的计数器执行减量，会怎么样呢？我们将 paint_gray() 函数稍微变换一下，变换成 bad_paint_gray() 函数，看看情况会如何。请看代码清单 3.23。

代码清单3.23：bad_paint_gray() 函数

```
1  bad_paint_gray(obj){
2    if(obj.color == (BLACK | HATCH))
3      obj.ref_cnt--
4      obj.color = GRAY
5      for(child : children(obj))
6        bad_paint_gray(*child)
7  }
```

事实上用 bad_paint_gray() 函数也能回收循环垃圾。这是因为仅改变对计数器进行减量操作的时刻，最后就能将循环垃圾的计数器值全部变成 0。不过在如图 3.16 所示的状况下，bad_paint_gray() 函数无法顺利运行。

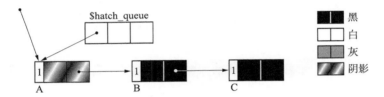

图 3.16 bad_paint_gray() 函数无法顺利运行的例子

bad_paint_gray() 函数涂改对象并对计数器进行减量操作的情况如图 3.17 所示。

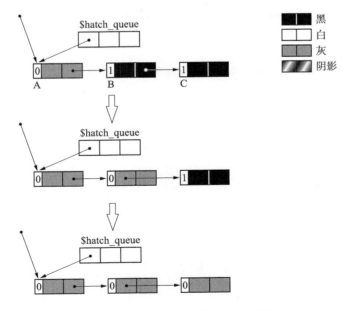

图 3.17 bad_paint_gray() 的执行过程

　　当函数搜索完对象 C 时，对象 A 到 C 都会被涂成灰色，计数器值变为 0。接下来，通过 scan_gray() 函数再次从对象 A 开始搜索，不过因为对象 A 的计数器值已经变成了 0，所以被涂成了白色。当然，对象 B 和 C 也是如此。然后根据 collect_white() 函数，对象 A 到 C 被辨认为垃圾并回收。

　　为什么会发生这种事情呢？这是因为 bad_paint_gray() 函数突然把已经进入队列的对象（也就是对象 A）的计数器减量了。在这个阶段，程序无法判别对象 A 是否形成了循环引用。只能从 A 找到 B，然后再查找 C，再由 C 回到 A，才能知道 A 到 C 是循环的。

　　因此在部分标记－清除算法中，paint_gray() 函数不是在搜索 A 的时候就首先对 A 的计数器进行减量操作的，而是从 A 的子对象，也就是 B 的计数器开始进行减量操作的。在这种稍不经心就会看漏的地方，居然隐藏着这么重要的关键点呢。

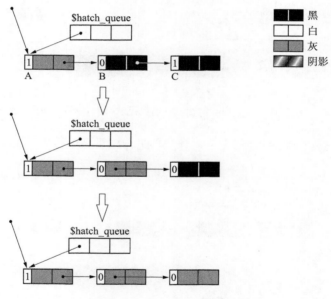

图 3.18　paint_gray() 函数的执行过程

　　如图 3.18 所示，当搜索完 C 时对象 A 的计数器值为 1，所以 A 不能被回收。在这之后，paint_black() 函数会把对象 A 到 C 全部涂黑，也会对 B 和 C 的计数器进行增量操作，这样对象就完全回到了原始的状态。

3.7.11　部分标记－清除算法的局限性

　　然而，部分标记－清除算法并不是完美的，因为从队列搜索对象所付出的成本太大了。被队列记录的对象毕竟是候选垃圾，所以要搜索的对象绝对不在少数。这个算法总计需要查找 3 次对象，也就是说需要对从队列取出的阴影对象分别执行 1 次 mark_gray() 函数、scan_gray() 函数以及 collect_white() 函数。这大大增加了内存管理所花费的时间。

　　此外，搜索对象还害得引用计数法的一大优点 —— 最大暂停时间短荡然无存。

4 GC复制算法

GC 复制算法（Copying GC）是 Marvin L. Minsky 在 1963 年研究出来的算法。说得简单点，就是只把某个空间里的活动对象复制到其他空间，把原空间里的所有对象都回收掉。这是一个相当大胆的算法。在此，我们将复制活动对象的原空间称为 From 空间，将粘贴活动对象的新空间称为 To 空间。

4.1 什么是GC复制算法

本章首先会为大家介绍 Robert R. Fenichel 与 Jerome C. Yochelson [2] 研究出来的 GC 复制算法。

GC 复制算法是利用 From 空间进行分配的。当 From 空间被完全占满时，GC 会将活动对象全部复制到 To 空间。当复制完成后，该算法会把 From 空间和 To 空间互换，GC 也就结束了。From 空间和 To 空间大小必须一致。这是为了保证能把 From 空间中的所有活动对象都收纳到 To 空间里。GC 复制算法的概要如图 4.1 所示。

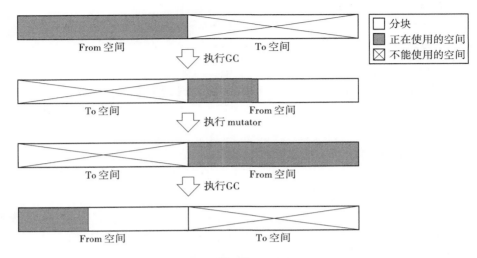

图4.1 GC复制算法的概要

我们一起来看一下执行 GC 复制算法的 copying() 函数吧。

代码清单4.1：copying()函数

```
1  copying(){
2    $free = $to_start
3    for(r : $roots)
4      *r = copy(*r)
5
6    swap($from_start, $to_start)
7  }
```

$free 是指示分块开头的变量。首先在第 2 行将 $free 设置在 To 空间的开头，然后在第 3 行、第 4 行复制能从根引用的对象。copy() 函数将作为参数传递的对象 *r 复制的同时，也将其子对象进行递归复制。复制结束后返回指针，这里返回的指针指向的是 *r 所在的新空间的对象。

在 GC 复制算法中，在 GC 结束时，原空间的对象会作为垃圾被回收。因此，由根指向原空间对象的指针也会被重写成指向返回值的新对象的指针。

最后在第 6 行把 From 空间和 To 空间互换，GC 就结束了。

GC 复制算法的关键当然要数 copy() 函数了。我们来详细看看它吧。

4.1.1 copy()函数

copy() 函数将作为参数给出的对象复制，再递归复制其子对象。

代码清单4.2：copy()函数

```
 1  copy(obj){
 2    if(obj.tag != COPIED)
 3      copy_data($free, obj, obj.size)
 4      obj.tag = COPIED
 5      obj.forwarding = $free
 6      $free += obj.size
 7
 8      for(child : children(obj.forwarding))
 9        *child = copy(*child)
10
11    return obj.forwarding
12  }
```

首先函数在第2行检查 obj 的复制是否已完成，在这里出现的 obj.tag 是一个域，表示 obj 的复制是否完成。如果 obj.tag == COPIED，则 obj 的复制已经完成。不过这不是什么特别的域。我们只是为了容易把它和已有的域区分开，而特意给它起了个名字而已。这里的 obj.tag 就是 obj.field1 的别名。

如果 obj 尚未被复制，则函数会在第3行到第9行复制 obj，返回指向新空间对象的指针。

如果 obj 的复制已经完成，则函数会返回新空间对象的地址。

下面我们将解说第3行到第9行。首先在第3行用 copy_data() 函数将 obj 真正"复制"到 $free 指示的空间。使用 copy_data() 函数后对象的复制情况如图4.2所示。

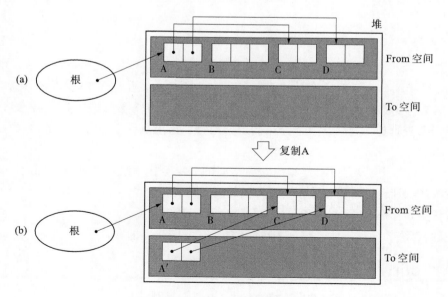

图4.2　通过copy_data()函数复制对象

如图 4.2 所示，对象 A 被复制，生成了 A′。

让我们回到代码清单 4.2。在第 3 行的 `copy_data()` 函数中，新空间是 `$free`，原空间是 `obj`，大小是 `obj.size`。第 3 行执行完毕时从新空间的对象指出的指针还指向 From 空间，这点请留意。

在第 4 行给 `obj.tag` 贴上 `COPIED` 这个标签。这样一来，即使有很多个指向 `obj` 的指针，`obj` 也不会被复制很多次。

在第 5 行把指向新空间对象的指针放在 `obj.forwarding` 里。像这样的指针叫作 "forwarding 指针"。之后当找到指向原空间对象的指针时，需要把找到的指针换到新空间，forwarding 指针正是为此准备的。另外，这个叫作 `forwarding` 的域也同样是个普通的域，这里的 `forwarding` 是 field2 的别名。

`COPIED` 标签和 forwarding 指针如图 4.3 所示。

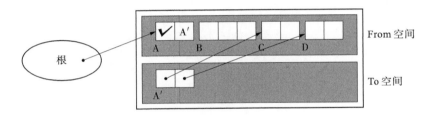

图4.3 定义 COPIED 标签和设置 forwarding 指针

请注意图 4.3 中的对象 A。`tag` 域中添上了一个复选标记。在这里它表示的是 `COPIED` 标签。此外，`forwarding` 域中设置了指向 A′ 的指针。这就是 forwarding 指针。

我们再次回到代码清单 4.2，在第 6 行中按照 `obj` 的长度向前移动 `$free`，在第 8 行和第 9 行把新空间对象的子对象作为参数，递归调用 `copy()` 函数。

因为 `copy()` 函数会返回指向新空间的指针，所以会把指向子对象的引用重写为这个新的指针。这样一来，从 To 空间指向 From 空间的指针就全部指向 To 空间了。

GC 全部执行完毕后的状态如图 4.4 所示。

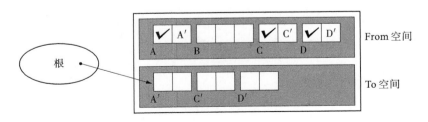

图4.4 copying() 函数执行完毕后

　　图 4.2(a) 中的活动对象 A、C、D 保持着原有的引用关系被从 From 空间复制到了 To 空间。此外,从根指向 A 的指针也被换成了 A′。留在 From 空间里的对象 A 到 D 都被回收了。

　　在此要实现这个方法有 2 个条件。首先每个对象都至少要有 2 个域,分别用作 COPIED 标签和 forwarding 指针。大多数处理系统应该都能满足这个条件。接下来,COPIED 标签为了挪用 obj 中的域,必须选 1 个 mutator 绝对不会用到的值。这要花些功夫。举个例子,我们可以空着 mutator,不利用最高有效位,设置最高有效位的值为 COPIED。

4.1.2　new_obj() 函数

　　跟 GC 标记 – 清除算法等算法不同,GC 复制算法的分配过程非常简单。

代码清单 4.3:new_obj() 函数

```
 1  new_obj(size){
 2    if($free + size > $from_start + HEAP_SIZE/2)
 3      copying()
 4      if($free + size > $from_start + HEAP_SIZE/2)
 5        allocation_fail()
 6
 7    obj = $free
 8    obj.size = size
 9    $free += size
10    return obj
11  }
```

　　在 GC 复制算法中,请注意 GC 完成后只有 1 个分块的内存空间。在每次分配时,只要把所申请大小的内存空间从这个分块中分割出来给 mutator 就行了。也就是说,这里的分配跟 GC 标记 – 清除算法中的分配不同,不需要遍历空闲链表。

　　这里有一点应引起注意,在 GC 复制算法中,HEAP_SIZE 表示的是把 From 空间和 To 空间加起来的大小。也就是说,From 空间和 To 空间的大小一样,都是 HEAP_SIZE 的一半。

　　如果分块的大小不够,也就是说分块小于所申请的大小的时候,比起启动 GC,首先应分配足够大的分块。不然一旦分块大小不够,分配就会失败。

　　如果分块足够大,那么程序就会把 size 大小的空间从这个分块中分割出来,交给 mutator。不过别忘了还得把 $free 移动 size 个长度。

4.1.3　执行过程

我们通过别的例子来详细看看 GC 复制算法。请大家特别注意对象被复制的顺序。我们假设堆里对象的配置如图 4.5 所示。为了给 GC 做准备，这里事先将 \$free 指针指向 To 空间的开头。

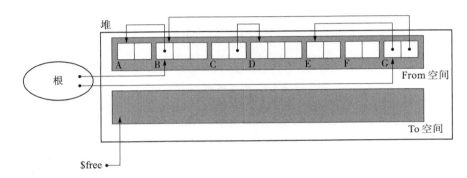

图4.5　初始状态

假设就以这种状态开始 GC。首先是从根直接引用的对象 B 和 G，B 先被复制到了 To 空间。B 被复制后的堆状态如图 4.6 所示。

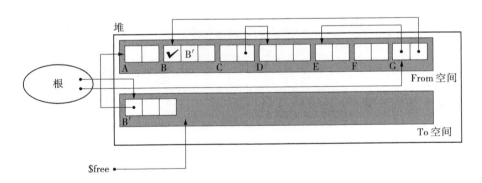

图4.6　B被复制之后

在此我们将 B 被复制后生成的对象称为 B′。我们看图 4.6 中的 B，field1 已经打上了复制完成的标签，field2 里放了一个指向 B′ 的 forwarding 指针。

但是，这里只把 B′ 复制了过来，它的子对象 A 还在 From 空间里。下面我们要把这个 A 复制到 To 空间里。

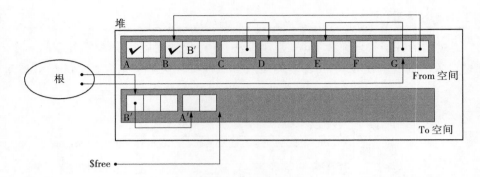

图 4.7　A 被复制之后

　　这次才可以说在真正意义上复制了 B（图 4.7）。因为 A 没有子对象，所以对 A 的复制也就完成了。

　　接下来，我们要复制和 B 一样从根引用的 G，以及其子对象 E。虽然 B 也是 G 的子对象，不过因为已经复制完 B 了，所以只要把从 G 指向 B 的指针换到 B′ 上就行了。

　　最后只要把 From 空间和 To 空间互换，GC 就结束了。GC 结束时堆的状态如图 4.8 所示。我们在以后的章节里还会引用这张图，请务必牢记。

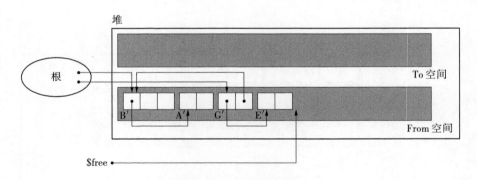

图 4.8　GC 结束后

　　当然了，对象 C、D、F 因为没法从根查找，所以会被回收。

　　在这里程序是以 B、A、G、E 的顺序搜索对象的。不知大家发现了没有，这是我们在第 2 章的专栏中提到的深度优先搜索。这跟广度优先搜索有什么不同呢？关于这一点，我们会在 4.3.3 节和 4.4.3 节中为大家说明。

4.2　优点

4.2.1　优秀的吞吐量

GC 标记 – 清除算法消耗的吞吐量是搜索活动对象（标记阶段）所花费的时间和搜索整体堆（清除阶段）所花费的时间之和。

另一方面，因为 GC 复制算法只搜索并复制活动对象，所以跟一般的 GC 标记 – 清除算法相比，它能在较短时间内完成 GC。也就是说，其吞吐量优秀。

尤其是堆越大，差距越明显。GC 标记 – 清除算法在清除阶段所花费的时间会不断增加，但 GC 复制算法就不会产生这种消耗。毕竟它消耗的时间是与活动对象的数量成比例的。

4.2.2　可实现高速分配

GC 复制算法不使用空闲链表。这是因为分块是一个连续的内存空间。因此，调查这个分块的大小，只要这个分块大小不小于所申请的大小，那么移动 $free 指针就可以进行分配了。

比起 GC 标记 – 清除算法和引用计数法等使用空闲链表的分配，GC 复制算法明显快得多。大家想一下，使用空闲链表时为了找到满足要求的分块，需要遍历空闲链表对吧？最坏的情况就是我们不得不从空闲链表中取出最后一个分块，这样就要花大把时间把所有分块都调查一遍。

4.2.3　不会发生碎片化

请再看一下图 4.8。基于算法性质，活动对象被集中安排在 From 空间的开头对吧。像这样把对象重新集中，放在堆的一端的行为就叫作**压缩**。在 GC 复制算法中，每次运行 GC 时都会执行压缩。

因此 GC 复制算法有个非常优秀的特点，就是不会发生碎片化。也就是说，可以安排分块允许范围内大小的对象。

另一方面，在 GC 标记 – 清除算法等 GC 算法中，一旦安排了对象，原则上就不能再移动它了，所以多多少少会产生碎片化[①]。

4.2.4　与缓存兼容

不知各位注意到了没有，在 GC 复制算法中有引用关系的对象会被安排在堆里离彼此较近的位置。请再看一下图 4.8。B′ 引用 A′，G′ 引用 E′，图中按照 B′、A′、G′、E′ 的顺序排列。

这种情况有一个优点，那就是 mutator 执行速度极快。近来很多 CPU 都通过缓存来高速

---

① 不过，在 GC 标记–清除算法中也可以进行压缩。当碎片化严重时，可以通过压缩来消除碎片化。

读取位置较近的对象（1.9.4 节）。这也是借助压缩来完成的，通过压缩来把有引用关系的对象安排在堆中较近的位置。

4.3　缺点

4.3.1　堆使用效率低下

GC 复制算法把堆二等分，通常只能利用其中的一半来安排对象。也就是说，只有一半堆能被使用。相比其他能使用整个堆的 GC 算法而言，可以说这是 GC 复制算法的一个重大的缺陷。

通过搭配使用 GC 复制算法和 GC 标记 – 清除算法可以改善这个缺点。关于这一点，我们会在 4.6 节为大家详细介绍。

4.3.2　不兼容保守式 GC 算法

我们在第 2 章中提到过，GC 标记 – 清除算法有着跟保守式 GC 算法相兼容的优点。因为 GC 标记 – 清除算法不用移动对象。

另一方面，GC 复制算法必须移动对象重写指针，所以有着跟保守式 GC 算法不相容的性质。虽然有限制条件，不过 GC 复制算法和保守式 GC 算法可以进行组合。关于这点我们在第 6 章会为大家进行解说。

4.3.3　递归调用函数

在这里介绍的算法中，复制某个对象时要递归复制它的子对象。因此在每次进行复制的时候都要调用函数，由此带来的额外负担不容忽视。大家都知道比起这种递归算法，迭代算法更能高速地执行 [32]。

此外，因为在每次递归调用时都会消耗栈，所以还有栈溢出的可能。

为了消除这个缺点，我们会在下一节中为大家介绍 Cheney 的 GC 复制算法 —— 迭代进行复制的算法。

4.4　Cheney 的 GC 复制算法

C. J. Cheney 于 1970 年研究出了 GC 算法 [4]。相比 Fenichel 和 Yochelson 的 GC 复制算法，Cheney 的 GC 复制算法不是递归地，而是迭代地进行复制。

代码清单4.4：Cheney 的 GC 复制算法

```
 1  copying(){
 2    scan = $free = $to_start
 3    for(r : $roots)
 4      *r = copy(*r)
 5
 6    while(scan != $free)
 7      for(child : children(scan))
 8        *child = copy(*child)
 9      scan += scan.size
10
11    swap($from_start, $to_start)
12  }
```

在第 2 行将 scan 和 $free 的两个指针初始化。scan 是用于搜索复制完成的对象的指针。$free 是指向分块开头的指针，跟我们在前面介绍的 GC 复制算法中的用法一样。

首先复制的是直接从根引用的对象，用到的是第 3 行和第 4 行。在第 6 行到第 9 行搜索复制完成的对象，迭代复制其子对象。最后把 From 空间和 To 空间互换就结束了。Cheney 的 GC 复制算法中的关键点仍是 copy() 函数。

4.4.1　copy() 函数

代码清单4.5：Cheney 的 copy() 函数

```
 1  copy(obj){
 2    if(is_pointer_to_heap(obj.forwarding, $to_start) == FALSE)
 3      copy_data($free, obj, obj.size)
 4      obj.forwarding = $free
 5      $free += obj.size
 6    return obj.forwarding
 7  }
```

首先在第 2 行检查参数 obj 是不是已经复制完毕了。

对于 is_pointer_to_heap(obj.forwarding, $to_start)，如果 obj.forwarding 是指向 To 空间的指针则返回 TRUE，如果不是（即非指针或指向 From 空间的指针）则返回 FALSE。

在第 3 行复制对象，在第 4 行对 forwarding 指针进行设定。forwarding 指针利用的是 field1。

显而易见，在 Fenichel 和 Yochelson 的 GC 复制算法中也有进行复制对象和设定 forwarding 指针的操作。然而 Cheney 的 GC 复制算法中没有用到 COPIED 标签。在 Fenichel 和 Yochelson 的 GC 复制算法中用 COPIED 标签来区分复制完成或未完成。在 Cheney 的 GC 复制算法中使用的则是 forwarding 指针。

那么怎么用 forwarding 指针来判断对象是否复制完毕呢？请大家试着想象一下，GC 没复制的对象，其指针指向哪里呢？当然是指着 From 空间某处的对象喽。反过来就可以这样判断：哪些对象有着指向 To 空间某处的指针，哪些对象就已经复制完毕了。也就是说，可知 obj.field1 指向 To 空间的对象 obj 已经复制完毕了。

4.4.2 执行过程

光用文字和伪代码比较难理解，我们来结合图片详细看一下吧。除了引入了 scan 指针之外，初始状态和图 4.5 是一样的。

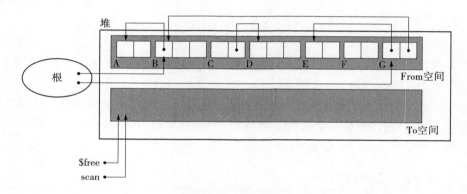

图4.9 初始状态

在 Cheney 的算法中，首先复制所有从根直接引用的对象，在这里就是复制 B 和 G。

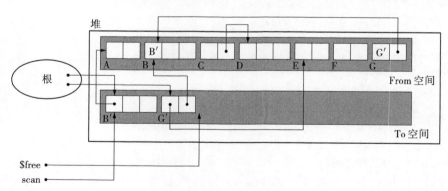

图4.10 复制B和G之后

在这时，scan 仍然指着 To 空间的开头，$free 从 To 空间的开头向右移动了 B 和 G 个长度。关键是 scan 每次对复制完成的对象进行搜索时，以及 $free 每次对没复制的对象进行复制时，都会向右移动。剩下就是重复搜索对象和复制，直到 scan 和 $free 一致。下面进行对 B′ 的搜索。

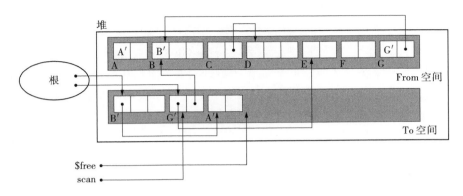

图 4.11　搜索 B′ 之后

　　搜索 B′，然后把被 B′ 引用的 A 复制到了 To 空间，同时把 scan 和 $free 分别向右移动了。下面该搜索的是 G′。搜索 G′ 后，E 被复制到了 To 空间，从 G′ 指向 B 的指针被换到了 B′。

　　下面该搜索 A′ 和 E′ 了，不过它们都没有子对象，所以即使搜索了也不能进行复制。因为在 E′ 搜索完成时 scan 和 $free 一致，所以最后只要把 From 空间和 To 空间互换，GC 就结束了。

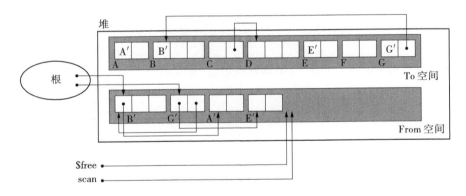

图 4.12　GC 结束后

　　接下来按 B、G、A、E 的顺序来搜索对象。Fenichel 和 Yochelson 的 GC 复制算法采用的是深度优先搜索，而 Cheney 的复制算法采用的则是广度优先搜索。

4.4.3　被隐藏的队列

　　广度优先搜索需要先入先出（FIFO）结构的队列，即把该搜索的对象保持在队列中，一边取出一边进行搜索。

　　可是代码清单 4.4 和代码清单 4.5 里并没有出现诸如此类的队列。那么我们要怎么进行广度优先搜索呢？

举个例子，请看图 4.10，这时还没被搜索的对象是 B′ 和 G′。

那么图 4.11 又如何呢？G′ 和 A′ 还没被搜索，B′ 已经搜索完毕了。

细心的读者应该已经注意到了吧。实际上 scan 和 $free 之间的堆变成了队列。scan 左边是已经搜索完毕的对象空间。也就是说，$free 每次向右移动，队列里就会追加对象，scan 每次向右移动，都会有对象被取出和搜索。这样一来就满足了先入先出队列的条件，即把先追加的对象先取出。

像这样把堆兼用作队列，正是 Cheney 算法的一大优点。不用特意为队列留出多余的内存空间就能进行搜索。

4.4.4　优点

Fenichel 和 Yochelson 的 GC 复制算法是递归算法，而 Cheney 的 GC 复制算法是迭代算法，因此它可以抑制调用函数的额外负担和栈的消耗。特别是拿堆用作队列，省去了用于搜索的内存空间这一点，实在是令人赞叹。

4.4.5　缺点

请大家回忆一下，在 Fenichel 和 Yochelson 的 GC 复制算法中，具有引用关系的对象是相邻的，因此才能充分利用缓存的便利。另一方面，就像我们在图 4.12 中看到的那样，在 Cheney 的 GC 复制算法中，有引用关系的对象，也就是 G′ 和 E′，B′ 和 A′ 并不相邻。

因此我们没法说 Cheney 的 GC 复制算法兼容缓存，只能说它比 GC 标记 – 清除算法和引用计数法要好一些而已。

下一节中我们将会为大家介绍近似深度优先搜索的方法，该方法对 Cheney 的 GC 复制算法进行了改善。

4.5　近似深度优先搜索方法

Cheney 的 GC 复制算法由于在搜索对象上使用了广度优先搜索，因此存在"没法沾缓存的光"的缺点。

下面我们将为大家介绍 Paul R. Wilson、Michael S. Lam 和 Thomas G. Moher 于 1991 年提出的近似深度优先搜索法。这个方法虽然只是近似深度优先搜索，不过这样一来就能通过深度优先搜索执行 GC 复制算法了。

4.5.1　Cheney 的 GC 复制算法（复习）

首先为了比较两者，我们先来看一下 Cheney 的 GC 复制算法。以图 4.13 这样的引用关系为例，假设这里所有的对象都是 2 个字。

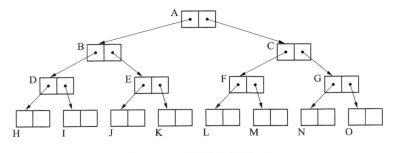

图4.13　对象间的引用关系

　　执行 Cheney 的 GC 复制算法时放置各个对象的"页面"如图 4.14 所示，据此我们就知道了各对象在内存里的配置情况。

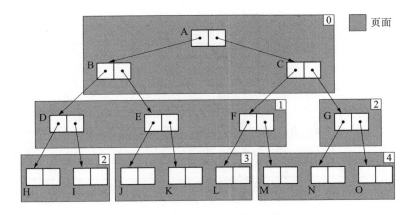

图4.14　Cheney 的 GC 复制算法中各个对象的配置

　　各页面右上角的数字表示的是该页的编号。不过各页面的容量只有 6 个字，也就是说只能放下 3 个对象。

　　在 Cheney 的 GC 复制算法中，为了能按 A、B、C、D、E、F、G……的顺序搜索对象，对象的配置如上图所示。

　　这里需要大家注意的是各页面中的对象间的引用关系。不难看出，A 和被 A 引用的 B、C 是相邻摆放的。这就形成了我们之前在第 1 章中提过的访问局部性的理想状态。

　　不过，其他的对象距离有引用关系的对象较远。这样一来，就降低了本来很有可能被连续读取的对象同时位于缓存中的可能性，降低了缓存命中率。

　　在第 0 页中，A 和其引用的 B、C 已经配置好了，形成了理想的状态。

　　不过，在其他的第 1 页至第 4 页中，同一页面里的对象间都没有引用关系。因此每次访问这些对象时，都要浪费时间去从内存上读取包含这些对象的页面。像这样，虽然程序能在广度优先搜索的一开始把对象安排在理想的状态，但随着搜索的推进，对象的安排就逐渐向着不理想的状态发展了。

以上提到的这些对于大家理解近似深度优先搜索方法的算法是不可或缺的，请大家务必记牢。

4.5.2　前提

接下来要为大家介绍的是对 Cheney 的算法改良后的近似深度优先搜索法。在这个方法中，我们要用到下面 4 个重要的变量。

- `$page`
- `$local_scan`
- `$major_scan`
- `$free`

首先是 `$page`，它是将堆分割成一个个页面的数组。`$page[i]` 指向第 i 个页面的开头。

`$local_scan` 是将每个页面中搜索用的指针作为元素的数组。`$local_scan[i]` 指向第 i 个页面中下一个应该搜索的位置。

`$major_scan` 是指向搜索尚未完成的页面开头的指针。

`$free` 和在 Cheney 的算法中一样，都是指向分块开头的指针。

4.5.3　执行过程

那么我们趁热打铁，用图来为大家解说一下近似深度优先搜索的方法吧。请看图 4.13。

首先复制 A 到 To 空间，然后搜索 A，复制 B 和 C。它们都被复制到了第 0 页。到这里跟 Cheney 的算法完全一样。这时候 To 空间的状态如图 4.15 所示。

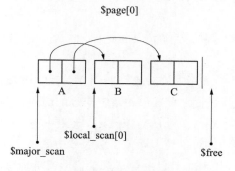

图 4.15　复制并搜索 A，复制 B 和 C 之后

因为 A 已经搜索完了，所以 $local_scan[0] 指向 B。

$free 在此指向第 1 页的开头，也就是说，在下一次复制中对象会被安排到新的页面。在这种情况下，程序会从 $major_scan 引用的页面的 $local_scan 开始搜索。

此外，当对象被复制到新页面时，程序会根据这个页面的 $local_scan 进行搜索。搜索会一直持续到新页面被对象全部占满为止。

此时因为 $major_scan 还指向第 0 页，所以还跟之前一样从 $local_scan[0] 开始搜索。也就是说，下面要搜索 B。

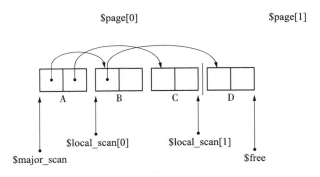

图 4.16　搜索 B，复制 D 之后

首先复制了被 B 引用的 D，在这里 D 被安排到了 $page[1] 的开头。像这样对象被安排到页面开头时，程序会使用该页面的 $local_scan 进行搜索。此时 $local_scan[0] 的搜索暂停，程序根据 $local_scan[1] 开始搜索对象 D。通过对 D 的搜索，复制了 H 和 I。

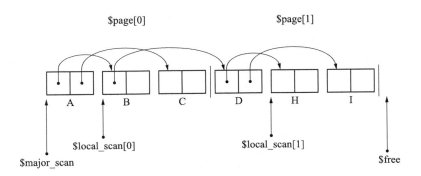

图 4.17　搜索 D，复制 H 和 I 之后

在这里第 1 页已经满了，$free 指着第 2 页的开头。因此 $local_scan[1] 的搜索暂停，程序开始通过 $local_scan[0] 进行搜索。也就是说，再次开始对 B 的搜索。

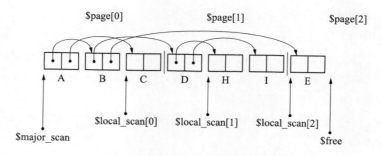

图4.18 搜索B，复制E之后

对 B 的搜索结束后，E 被复制到了第 2 页。因为程序还要往新页面上复制对象，所以 $local_scan[0] 的搜索再次暂停，开始通过 $local_scan[2] 进行搜索。

因此，下一个要搜索的是 E。通过对 E 的搜索复制 J 和 K。

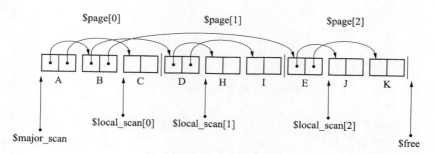

图4.19 搜索E，复制J和K之后

通过对 J 和 K 的搜索，第 2 页被填满了，$free 指向第 3 页的开头。因此我们回到 $major_scan，再次通过 $local_scan[0] 进行搜索。

接下来的操作和上述步骤一样，这里就不再详细说明了。搜索完对象 C，复制完 A 到 O 的所有对象之后的状态如图 4.20 所示。

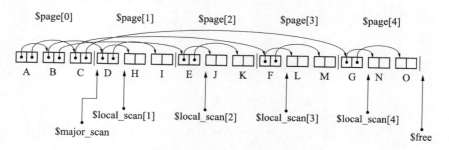

图4.20 复制完A~O所有对象之后

这样终于搜索完第 0 页了，$major_scan 指向 $page[1]。虽然还有没搜索过的对象，但这些对象都没有子对象，所以程序不对它们进行复制。

4.5.4 执行结果

那么，此 GC 复制算法是如何通过近似深度优先搜索来安排对象的呢？结果如图 4.21 所示。请大家将图 4.21 与图 4.14（Cheney 的 GC 复制算法的执行结果）相比较看看。

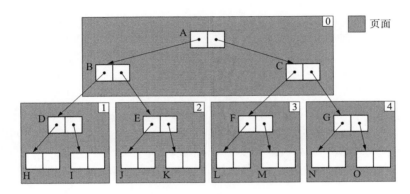

图 4.21 通过近似深度优先搜索安排对象

很明显能够看出，跟 Cheney 的使用广度优先搜索的 GC 复制算法不同，在使用近似深度优先搜索的情况下，不管在哪一个页面里，对象间都存在着引用关系。

为什么会出现这样的结果呢？这是因为此算法采用的不是完整的广度优先搜索，而是在每个页面上分别进行广度优先搜索。这里利用了我们在 4.5.1 节中提到的广度优先搜索的性质，即在搜索一开始把有引用关系的对象安排在同一个页面中。

4.6 多空间复制算法

GC 复制算法最大的缺点是只能利用半个堆。这是因为该算法将整个堆分成了两半，每次都要腾出一半。

那么把堆再作细分会如何呢？举个例子，我们不把堆分成 2 份，而是分成 10 份，其中需要拿出 2 块空间分别作为 From 空间和 To 空间来执行 GC 复制算法。反正无论如何都要空出 1 块空间来当 To 空间，那我们就把这个额外负担降到整体的 1/10 就行了。

接下来，我们必须用别的方法对剩下的 8 块空间执行 GC。在这里 GC 标记 – 清除算法又登场了。

多空间复制算法说白了就是把堆 N 等分，对其中 2 块空间执行 GC 复制算法，对剩下的 (N–2) 块空间执行 GC 标记 – 清除算法，也就是把这 2 种算法组合起来使用。

4.6.1　multi_space_copying() 函数

首先我们用伪代码来看看多空间复制算法吧。multi_space_copying() 函数如代码清单 4.6 所示。

代码清单 4.6：multi_space_copying() 函数

```
 1  multi_space_copying(){
 2    $free = $heap[$to_space_index]
 3    for(r : $roots)
 4      *r = mark_or_copy(*r)
 5
 6    for(index : 0..(N-1))
 7      if(is_copying_index(index) == FALSE)
 8        sweep_block(index)
 9
10    $to_space_index = $from_space_index
11    $from_space_index = ($from_space_index + 1) % N
12  }
```

这里将堆 N 等分，开头分别是 $heap[0], $heap[1], …, $heap[N-1]。这时 $heap[$to_space_index] 表示的是 To 空间。每次执行 GC 时，To 空间都会像 $heap[0], $heap[1], …, $heap[N-1], $heap[0] 这样进行替换。From 空间在 To 空间的右边，也就是 $heap[1], $heap[2], …, $heap[N-2], $heap[N-1]。

在第 3 行和第 4 行给活动对象打上标记。这个操作一眼看去很像 GC 标记 – 清除算法中的标记阶段。

不过有一点不同，就是该算法考虑到了对象在 From 空间（$heap[$from_space_index]）里的情况。当参数 obj 在 From 空间里时，mark_or_copy() 函数会将其复制到 To 空间，返回其复制完毕的对象。如果 obj 在除 From 空间以外的其他地方，mark_or_copy() 函数会像通常的标记函数一样给对象打上标记，递归标记或者复制它的子对象。关于 mark_or_copy() 函数，我们将在下一节中进行介绍。

第 6 行到第 8 行是清除阶段。这里跟以往的 GC 标记 – 清除算法基本一致，位于 From 空间和 To 空间以外的分块且没被标记的对象会被连接到空闲链表。

最后将 To 空间和 From 空间往右移动一个位置，GC 就结束了。

4.6.2 mark_or_copy() 函数

下面我们来讲讲 mark_or_copy() 函数。

代码清单 4.7：mark_or_copy() 函数

```
 1  mark_or_copy(obj){
 2    if(is_pointer_to_from_space(obj) == TRUE)
 3      return copy(obj)
 4    else
 5      if(obj.mark == FALSE)
 6        obj.mark = TRUE
 7        for(child : children(obj))
 8          *child = mark_or_copy(*child)
 9      return obj
10  }
```

首先在第 2 行调查参数 obj 是否在 From 空间里。如果在 From 空间里，那么它就是 GC 复制算法的对象。这时就通过 copy() 函数复制 obj，返回新空间的地址。

如果 obj 不在 From 空间里，它就是 GC 标记 – 清除算法的对象。这时要设置标志位，对其子对象递归调用 mark_or_copy() 函数。最后不要忘了返回 obj。

4.6.3 copy() 函数

最后我们来看看 copy() 函数。

代码清单 4.8：多空间复制算法中的 copy() 函数

```
 1  copy(obj){
 2    if(obj.tag != COPIED)
 3      copy_data($free, obj, obj.size)
 4      obj.tag = COPIED
 5      obj.forwarding = $free
 6      $free += obj.size
 7      for(child : children(obj.forwarding))
 8        *child = mark_or_copy(*child)
 9    return obj.forwarding
10  }
```

这里的 copy() 函数基本上和 Fenichel 等人提出的 GC 复制算法中的 copy() 函数（代码清单 4.2）一样，只有一点不同，那就是不在第 8 行递归调用 copy() 函数，而是调用 mark_or_copy() 函数。如果对象 *child 是复制对象，则通过 mark_or_copy() 函数再次调用这个 copy() 函数。

4.6.4　执行过程

在这里我们用图来更具体地看一下多空间复制算法的流程吧。我们设份数 N 为 4，请看图 4.22[①]。

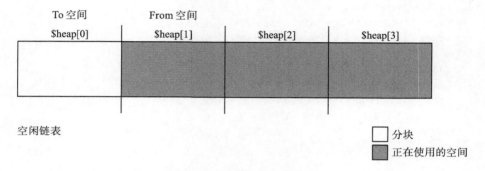

图4.22　在开始执行第1次GC之前

To 空间 `$heap[0]` 空着，其他的 3 个空间都安排有对象。在这个状态下执行 GC 就会变成图 4.23 这样。

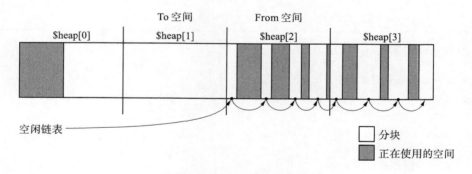

图4.23　第1次GC结束之后

我们将 `$heap[0]` 作为 To 空间，将 `$heap[1]` 作为 From 空间执行了 GC 复制算法。此外，在 `$heap[2]` 和 `$heap[3]` 中执行了 GC 标记 – 清除算法，将分块连接到了空闲链表。当 mutator 申请分块时，程序会从这个空闲链表或 `$heap[0]` 中分割出分块给 mutator。

接下来，将 To 空间和 From 空间分别移动一个位置，将 `$heap[1]` 作为 To 空间，将 `$heap[2]` 作为 From 空间，执行下面的 GC。

mutator 基于这个状态重新开始执行。让我们来设想一下再次没有了分块的情况，请看图 4.24。

---

① 这张图没有考虑到碎片化。

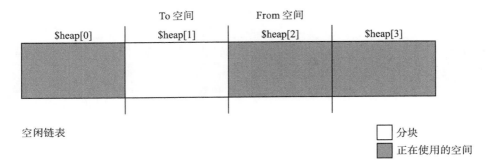

图 4.24 在开始执行第 2 次 GC 之前

请大家注意，这次 $heap[1] 是 To 空间，$heap[2] 是 From 空间。在这种状态下执行 GC，堆就会变成如图 4.25 所示的状态。

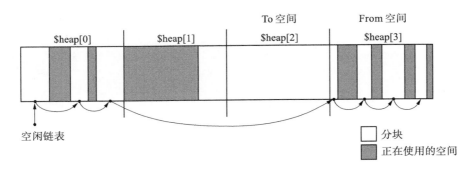

图 4.25 第 2 次 GC 结束之后

$heap[2] 的活动对象都被复制到了 $heap[1] 中，在 $heap[0] 和 $heap[3] 中执行了 GC 标记 – 清除算法。

此外，为了准备下一次 GC，我们将 $heap[2] 设为 To 空间，将 $heap[3] 设为 From 空间。

4.6.5　优点

多空间复制算法没有将堆二等分，而是分割成了更多块空间，从而更有效地利用了堆。以往的 GC 复制算法只能使用半个堆，而多空间复制算法仅仅需要空出一个分块，不能使用的只有 1/N 个堆。

4.6.6　缺点

执行 GC 复制算法的只有 N 等分中的两块空间，对于剩下的 (N-2) 块空间执行的是 GC 标记 – 清除算法。因此就出现了 GC 标记 – 清除算法固有的问题 —— 分配耗费时间、分块碎片化等。

　　只要把执行 GC 标记 – 清除算法的空间缩小，就可以缓解这些问题。打个比方，如果让 N = 3，就能把发生碎片化的空间控制在整体堆的 1/3。不过这时候为了在剩下的 2/3 的空间里执行 GC 复制算法，我们就不能使用其中的一半，也就是堆空间的 1/3。

　　综上，不管是 GC 标记 – 清除算法还是 GC 复制算法，都各有各的缺点。大家也都明白，几乎不存在没有缺点的万能算法。

5 GC 标记 – 压缩算法

GC 标记 – 压缩算法(Mark Compact GC)是将 GC 标记 – 清除算法与 GC 复制算法相结合的产物,因此我们要以第 2 章和第 4 章的内容为前提来向大家说明。

5.1 什么是GC标记 – 压缩算法

GC 标记 – 压缩算法由标记阶段和压缩阶段构成。

首先,这里的标记阶段和我们在讲解 GC 标记 – 清除算法时提到的标记阶段完全一样。

接下来,我们要搜索数次堆来进行压缩。压缩阶段通过数次搜索堆来重新装填活动对象。因压缩而产生的优点我们已经在第 4 章中介绍 GC 复制算法时提过了,不过它跟 GC 复制算法不同,不用牺牲半个堆。

本章中首先为大家介绍 Donald E. Knuth [30] 研究出来的 Lisp2 算法。

5.1.1 Lisp2算法的对象

在详细介绍这个算法之前,需要大家先了解一下这个算法中对象的结构。

Lisp2 算法在对象头里为 forwarding 指针留出了空间。这里的 forwarding 指针跟 GC 复制算法中的用法一样。不过在 GC 复制算法中,我们将复制后的对象名(如 A′、B′ 等)用

forwarding 指针表示，在本章中则将对象的目标地点用箭头指出。这是因为设定 forwarding 指针时还不存在移动完毕的对象。

Lisp2 算法中的对象如图 5.1 所示。

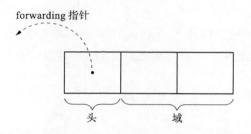

图5.1　Lisp2算法中的对象

5.1.2　概要

那么我们来看一下 Lisp2 算法。举个例子，假设我们要在图 5.2 这种情况下执行 GC。

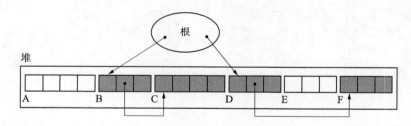

图5.2　初始状态

首先是标记阶段。标记阶段结束后的堆状态如图 5.3 所示。这里的标记阶段跟我们在第 2 章中为大家介绍的完全相同，这里就不再详细介绍了。

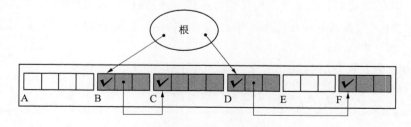

图5.3　标记阶段结束后

压缩阶段结束后的堆状态如图 5.4 所示。

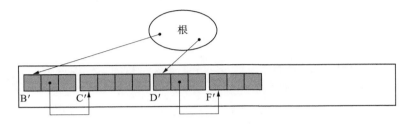

图5.4　压缩阶段结束后

通过图我们能够确认，图 5.2 中的活动对象 B、C、D、F 分别对应图 5.4 中的 B′、C′、D′、F′。在 Lisp2 算法中，压缩阶段并不会改变对象的排列顺序，只是缩小了它们之间的空隙，把它们聚集到了堆的一端。

这里压缩阶段的伪代码如代码清单 5.1 所示。

代码清单5.1：压缩阶段

```
1  compaction_phase(){
2    set_forwarding_ptr()
3    adjust_ptr()
4    move_obj()
5  }
```

如代码清单 5.1 所示，压缩阶段由以下 3 个步骤构成。

1. 设定 forwarding 指针
2. 更新指针
3. 移动对象

各步骤分别对应代码清单 5.1 的第 2 行到第 4 行。下面我们将依次对每个步骤进行说明。

5.1.3　步骤1——设定forwarding指针

在步骤 1 中，程序首先会搜索整个堆，给活动对象设定 forwarding 指针。对象 obj 的 forwarding 指针可以用 obj.forwarding 来访问。另外，我们设初始状态下的 forwarding 指针为 NULL。负责执行这项操作的 set_forwarding_ptr() 函数如代码清单 5.2 所示。

代码清单5.2：set_forwarding_ptr() 函数

```
1  set_forwarding_ptr(){
2    scan = new_address = $heap_start
3    while(scan < $heap_end)
4      if(scan.mark == TRUE)
```

```
5          scan.forwarding = new_address
6          new_address += scan.size
7      scan += scan.size
8  }
```

　　scan 是用来搜索堆中的对象的指针，new_address 是指向目标地点的指针。我们在之后的说明中还会用到这两个指针，请大家牢记。

　　一旦 scan 指针找到活动对象，就会将对象的 forwarding 指针的引用目标从 NULL 更新到 new_address，将 new_address 按对象长度移动。在第 4 行到第 6 行进行的就是这些操作。set_forwarding_ptr() 函数执行完毕后，堆的状态如图 5.5 所示。

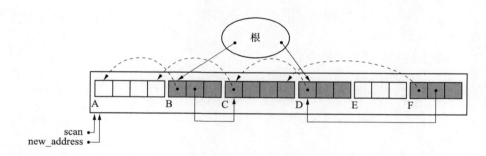

图 5.5　set_forwarding_ptr() 函数执行完毕后

　　请大家确认 B、C、D、F 的各对象的 forwarding 指针分别引用了图 5.4 中的 B′、C′、D′、F′。

　　我们在这里给 forwarding 指针留出空间是有原因的。GC 复制算法把 From 空间和 To 空间完全分割开来了，因此将对象 A 作为 A′ 移动到 To 空间后，对象 A 的域就留在了 From 空间里，这样一来就能把 forwarding 指针记录在这个域里。

　　然而，因为在 GC 标记 – 压缩算法中新空间和原空间是同一个空间，所以有可能出现把移动前的对象覆盖掉的情况。因此在移动对象前，需要事先将各对象的指针全部更新到预计要移动到的地址。这样一来，之后只要移动对象，GC 就结束了。

　　为了在移动对象前更新指针，不能在域中设定 forwarding 指针。因为这样一来 mutator 所使用的数据会消失掉。因此这个算法需要确保专门的域。

5.1.4　步骤2 —— 更新指针

在步骤2中要通过 adjust_ptr() 函数来更新各个对象的指针。

代码清单5.3：adjust_ptr()函数

```
 1 │ adjust_ptr(){
 2 │   for(r : $roots)
 3 │     *r = (*r).forwarding
 4 │
 5 │   scan = $heap_start
 6 │   while(scan < $heap_end)
 7 │     if(scan.mark == TRUE)
 8 │       for(child : children(scan))
 9 │         *child = (*child).forwarding
10 │     scan += scan.size
11 │ }
```

首先在第2行和第3行重写根的指针。

然后在第6行到第10行搜索堆，重写所有活动对象的指针。用于重写的代码和第2行、第3行是一样的。请大家注意，这样就是第2次对整个堆执行搜索了。

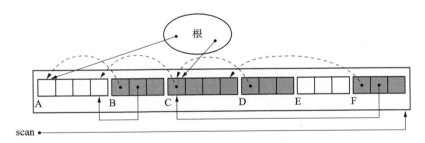

图5.6　adjust_ptr()函数执行完毕后

5.1.5　步骤3 —— 移动对象

在步骤3中搜索整个堆，将活动对象移动到 forwarding 指针的引用目标处。请大家注意，这样一来就是第3次搜索整个堆了。

代码清单5.4：move_obj()函数

```
 1 │ move_obj(){
 2 │   scan = $free = $heap_start
 3 │   while(scan < $heap_end)
 4 │     if(scan.mark == TRUE)
```

```
 5          new_address = scan.forwarding
 6          copy_data(new_address, scan, scan.size)
 7          new_address.forwarding = NULL
 8          new_address.mark = FALSE
 9          $free += new_address.size
10          scan += scan.size
11  }
```

搜索堆找到活动对象时，在第 5 行到第 8 行将找到的对象移动到 forwarding 指针的引用目标处（不过因为在这里要利用 copy_data() 函数，所以严格意义上来说应该说是复制而不是移动）。

在这里大家可能会担心通过 copy_data() 函数会把活动对象覆盖了呢，事实上没有必要担心。如 5.1.2 节中所述，本算法不会改变对象的排列顺序，只是把对象按顺序从堆各处向左移动到堆的开头。因此，这就保证了目标堆中已经没有活动对象了。

接下来对移动后的对象进行操作，将其 forwarding 指针设为 NULL，取消标志位，再将 $free 指针移动 new_address.size 个长度。

move_obj() 函数执行完毕后，堆状态如图 5.7 所示。

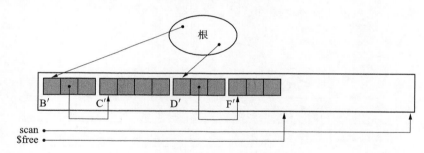

图5.7 move_obj()函数执行完毕后

5.2 优点

可有效利用堆

GC 标记 – 压缩算法和其他算法相比而言，堆利用效率高。

在 GC 标记 – 压缩算法中会执行压缩。执行压缩所带来的优点我们已经在 4.2 节中提过了。

而且 GC 标记 – 压缩算法不会出现 GC 复制算法那样只能利用半个堆的情况。GC 标记 – 压缩算法可以在整个堆中安排对象，堆使用效率几乎是 GC 复制算法的 2 倍。用"几乎"这个词，是因为要留出用于 forwarding 指针的空间，所以严格来说不到 2 倍。

另一方面，尽管 GC 标记 – 清除算法也能利用整个堆，但因为没有压缩的过程，所以会产生碎片化，不能充分有效地利用堆。

5.3 缺点

压缩花费计算成本

如上所述，压缩有着巨大的好处。不过为了享受这些好处，我们也必须做出巨大的牺牲。

在本节介绍的 Lisp2 算法的压缩中，必须对整个堆进行 3 次搜索。也就是说，执行该算法所花费的时间是和堆大小成正比的。GC 标记 – 压缩算法的吞吐量要劣于其他算法。

在 GC 标记 – 清除算法中，清除阶段也要搜索整个堆，不过搜索 1 次就够了。但 GC 标记 – 压缩算法要搜索 3 次，这样就要花费约 3 倍的时间，这是一个相当巨大的缺陷，特别是堆越大，所消耗的成本也就越大。

下面我们会为大家介绍一种压缩算法，采用这个算法的话，用较少的搜索次数就能达到目的。

5.4 Two-Finger算法

下面我们将为大家介绍 Robert A. Saunders [14] 研究出来的名为 Two-Finger 的压缩算法。这是一种高效的算法，具体来说就是需要搜索 2 次堆。

5.4.1 前提

Two-Finger 算法有着很大的制约条件，那就是"必须将所有对象整理成大小一致"。之前介绍的算法都没有这种限制，而 Two-Finger 算法就必须严格遵守这个制约条件。原因我们会在之后的内容中进行说明。

另一方面，Two-Finger 算法和 Lisp2 算法不同，没有必要为 forwarding 指针准备空间，只需要在原空间对象的域中设定 forwarding 指针即可。在这里我们将 `obj.field1` 用作 `obj` 的 forwarding 指针，这样一来用 `obj.forwarding` 就可以访问了。

5.4.2 概要

Two-Finger 算法由以下 2 个步骤构成。

1. 移动对象
2. 更新指针

这个算法的一大特征就在于移动对象，请看图 5.8。

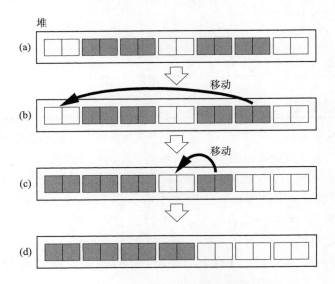

图5.8 Two-Finger算法中对象的移动

在 Lisp2 算法中，通过执行压缩操作使活动对象往左边滑动。而在 Two-Finger 算法中，则是通过执行压缩操作来让活动对象填补空闲空间。此时为了让对象能恰好填补空闲空间，必须让所有对象大小一致。

此外也请注意，移动前的对象都会被保留（图 5.8(d) 的白色对象）。因为在 Two-Finger 算法中，我们要利用放置非活动对象的空间来作为活动对象的目标空间，这是为了让移动前的对象不会在 GC 过程中被覆盖掉。这样一来，我们就能把 forwarding 指针设定在这个移动前的对象的域中，没有必要多准备出 1 个字了。

下面我们将会按顺序为大家解释步骤 1 和步骤 2。

5.4.3 步骤1——移动对象

首先用 $free 和 live 这 2 个指针，从两端向正中间搜索堆。我们可以把这 2 个指针看作是手指，所以这个算法才叫 Two-Finger 算法。

$free 是用于寻找非活动对象（目标空间）的指针，live 是用于寻找活动对象（原空间）的指针。堆以及 $free 和 live 指针的初始状态如图 5.9 所示。

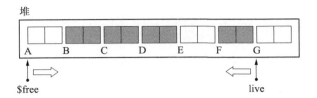

图5.9 堆和两个指针的初始状态

2个指针在发现目标空间和原空间的对象时会移动对象。

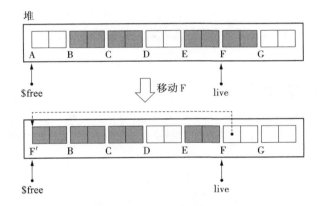

图5.10 移动对象

在这里我们也用虚线表示 forwarding 指针。

move_obj 函数用于执行移动对象的操作，其伪代码如代码清单 5.5 所示。

代码清单5.5：move_obj 函数

```
1  move_obj(){
2    $free = $heap_start
3    live = $heap_end - OBJ_SIZE
4    while(TRUE)
5      while($free.mark == TRUE)
6        $free += OBJ_SIZE
7      while(live.mark == FALSE)
8        live -= OBJ_SIZE
9      if($free < live)
10       copy_data($free, live, OBJ_SIZE)
11       live.forwarding = $free
12       live.mark = FALSE
13     else
14       break
15 }
```

因为对象的大小是一致的，所以这里就将其设为 OBJ_SIZE。$free 指针从左端的对象（$heap_start）开始向右搜索堆；另一方面，live 指针从右端的对象（$heap_end-OBJ_SIZE）开始向左搜索堆。

在第 5 行和第 6 行，$free 指针跳过活动对象进行搜索。

在第 7 行和第 8 行，live 指针跳过非活动对象进行搜索。

在第 9 行，live 指针指向活动对象，$free 指针指向非活动对象。此时 2 个指针如果尚未交错，就会进行移动对象的操作。此外，这里还会设定从移动前的对象指向移动后的对象的 forwarding 指针。

在第 9 行，如果 2 个指针交错，则意味着对整个堆的搜索结束，此步骤告终。

此外，在代码清单 5.5 中，我们不考虑 $free 指针到达 $heap_end 或者 live 指针到达 $heap_start 的情况。因为这意味着堆中的对象全是活动对象，或者全是非活动对象。这是个特例，我们在此无视它。

5.4.4　步骤2——更新指针

接下来寻找指向移动前的对象的指针，把它更新，使其指向移动后的对象。执行指针更新操作的是 adjust_ptr() 函数。首先请看图 5.11。

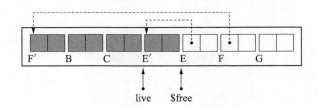

图5.11　对象移动结束时的两个指针

当对象移动结束时，$free 指针指向分块的开头，这时位于 $free 指针右边的是以下两者之一。

- 非活动对象
- 移动前的对象

因此，指向 $free 指针右边地址的指针引用的是移动前的对象。让我们基于这点来看看 adjust_ptr() 函数吧。

代码清单5.6：adjust_ptr() 函数

```
1   adjust_ptr(){
2     for(r : $roots)
3       if(*r >= $free)
4         *r = (*r).forwarding
5
6     scan = $heap_start
7     while(scan < $free)
8       scan.mark = FALSE
9       for(child : children(scan))
10        if(*child >= $free)
11          *child = (*child).forwarding
12      scan += OBJ_SIZE
13  }
```

按照先根后堆的顺序来调查指针。当指针引用的对象在 `$free` 右边时，就意味着这个对象已经被移动到了某处。大家也知道，在这种情况下必须将指针的引用目标更新到移动后的对象。进行这项操作的就是第 4 行和第 11 行。

因为活动对象已经被安排在 `$heap_start` 和 `$free` 之间，所以搜索完 `$free` 时压缩就结束了。

另外，因为此时 `$free` 指针指向分块的开头，所以可以就这样直接进行分配操作。

5.4.5　优点

Lisp2 算法要事先确保每个对象都留有 1 个字用于 forwarding 指针，这就压迫了堆。然而因为 Two-Finger 算法能把 forwarding 指针设置在移动前的对象的域里，所以不需要额外的内存空间以用于 forwarding 指针，因此在内存的使用效率上，该算法要比 Lisp2 算法的使用效率高。

此外，在 Two-Finger 算法中，压缩所带来的搜索次数只有 2 次，比 Lisp2 算法少 1 次，在吞吐量方面占优势。

5.4.6　缺点

就像我们在介绍 GC 复制算法时所说的那样，将具有引用关系的对象安排在堆中较近的位置，就能够通过缓存来提高访问速度。不过 Two-Finger 算法则不考虑对象间的引用关系，一律对其进行压缩，结果就导致对象的顺序在压缩前后产生了巨大的变化。因此，我们基本上也无法期待这个算法能沾缓存的光。

此外该算法还有一个限制条件，那就是所有对象的大小必须一致。因为能消除这个限制的处理系统不太多，所以这点制约了 Two-Finger 算法的应用范围。不过，我们用第 2 章中介绍到的 BiBOP 法就能克服这个问题。只要把同一大小的对象安排在同一个分块里，就能对每个分块应用 Two-Finger 算法了。

5.5　表格算法

下面我们将为大家讲解 B. K. Haddon 和 W. M. Waite[13] 于 1967 年研究出来的算法,这是一个应用表格来压缩的方法。这个算法和 Two-Finger 算法一样,都是执行 2 次压缩操作。

5.5.1　概要

表格算法通过以下 2 个步骤来执行压缩。

1. 移动对象(群)以及构筑间隙表格(break table)

2. 更新指针

步骤 1 是让连续的活动对象群一并移动。大家发现了吧,这和前面讲解的压缩算法都不同。

当然,我们不能光让对象群移动,还需要预留更新指针所用的信息。其他的压缩算法都用 forwarding 指针来作为更新指针所用的信息,不过在表格算法中则使用间隙表格。

所谓间隙表格,大概意思就是"按照一个个活动对象群记录下压缩所需信息的表格"。

在这个表格里事先放入移动前的对象群的信息(位于对象群的首地址和较低地址的分块的总大小)。间隙表格就是图 5.12 这样的表格。不过为了方便计算地址,我们将 1 个字的大小定为 50。

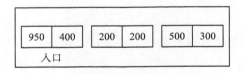

图5.12　间隙表格

各入口左边的值是活动对象群的首地址,右边的值是分块的总大小。大家可能会有疑问:"这个表格要放在哪里呢?"随着对象的移动,它会被放在空闲空间里。不过,间隙表格的各入口至少需要 2 个字。也就是说,这个算法有个制约条件,就是每个对象都必须在 2 个字以上。

接下来是步骤 2,在该步骤中更新每个指针。这里间隙表格就要大显身手了!它是怎样大显身手的呢?我们会在 5.5.4 节中为各位揭晓。

下面就来详细看看每个步骤。步骤 1 内容很多,所以我们分成前半部分(移动对象群)和后半部分(构筑间隙表格)来为大家说明。

5.5.2　步骤1(前半部分)——移动对象群

活动对象群移动前 (a) 和移动后 (b) 堆的状态如图 5.13 所示。

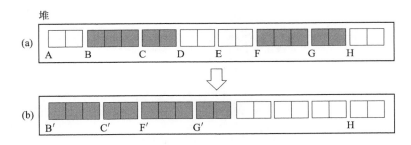

图5.13 活动对象群移动前后的堆空间

执行这项操作的是 move_obj() 函数。

代码清单5.7：move_obj() 函数

```
 1 | move_obj(){
 2 |   scan = $free = $heap_start
 3 |   size = 0
 4 |   while(scan < $heap_end)
 5 |     while(scan.mark == FALSE)
 6 |       size += scan.size
 7 |       scan += scan.size
 8 |     live = scan
 9 |     while(scan.mark == TRUE)
10 |       scan += scan.size
11 |     slide_objs_and_make_bt(scan, $free, live, size)
12 |     $free += (scan - live)
13 | }
```

在这里 scan 指针用于寻找活动对象群，从堆开头开始搜索。$free 是指向对象群目标空间的指针。size 是保持分块大小的变量，这里的分块指的是用来记录到间隙表格里的分块。

在第 5 行到第 7 行，scan 指针负责寻找活动对象群的开头。也就是说，直到它找到活动对象为止，都会跳过非活动对象。与此同时，使用 size 计算 scan 指针跳过的空间的大小。第 6 行和第 7 行进行的是同一计算，不过请注意 scan 是指针，size 是整数。

搜索结束时 scan 指针指向活动对象群的开头。在第 8 行，将这个位置记录在 live 指针里。这个指针由 scan 指针发现，用于记录活动对象群的开头。

接下来，在第 9 行和第 10 行继续使用 scan 指针，搜索连续的活动对象群。在执行第 11 行之前，live 和 scan 之间已经连续存在活动对象群了。这时堆的状态如图 5.14 所示。

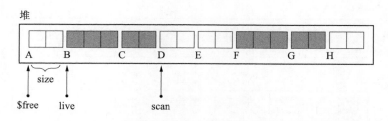

图5.14　move_obj()函数第11行结束时堆的状态

在第 11 行的 `slide_objs_and_make_bt()` 函数中执行移动活动对象群和构筑间隙表格的操作。对象群的原空间是 `live`，目标空间是 `$free`，要移动的对象群的总大小是（`scan-live`）。关于间隙表格的构筑，我们会在后面进行说明。

在第 12 行准备下一次移动，将 `$free` 移动（`scan-live`）个大小，即 `$free` 的移动大小等于要移动的对象群的大小。对象群的移动如图 5.15 所示。

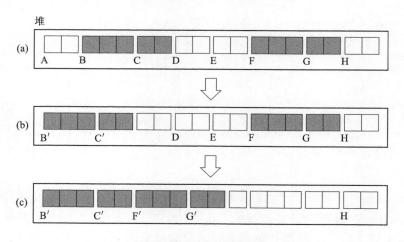

图5.15　对象群的移动

这里和 Lisp2 算法一样，都是通过把活动对象向左滑动来执行压缩。不过这里不是分别移动各个对象，而是移动连续的活动对象群。在此分别移动的是对象群 BC 和 FG。

5.5.3　步骤1（后半部分）—— 构筑间隙表格

虽然在图 5.15 中没有体现出来，但每次移动对象群时，都需要把移动前的信息注册到间隙表格里。注册入口是所移动的对象群的首地址（`live`）和此前对象群滑动大小（`size`）的组合。

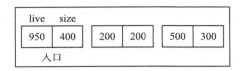

图5.16 间隙表格的各个入口

间隙表格的构筑是在代码清单 5.7 的第 11 行，即 `slide_objs_and_make_bt()` 函数的内部执行的。因为构筑间隙表格是一项很复杂的处理，所以我们在这里就不采用伪代码，而是采用图来为大家解说。

间隙表格的构筑由以下两项操作构成。

- 移动对象群
- 移动间隙表格

关于如何移动对象群，我们已经在前面跟大家解释过了。构筑间隙表格的情况如图 5.17 所示。() 内的数字表示的是各个对象的首地址（设 1 个字的大小为 50）。

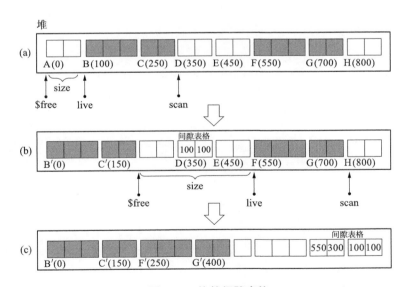

图5.17 构筑间隙表格

如图 5.17(a)，在移动对象群 BC 的同时构筑间隙表格。将 BC 的首地址（100）以及 BC 左边分块的总大小（100）组合成一对，通过 `scan` 指针写入已知为分块的 350 号地址。

接下来请看图 5.17(b)，这里进行的是移动对象群 FG 的操作。这时要注册到间隙表格的信息是（550，300），不过不能直接将该信息写入（100，100）之后（即 450 号地址）。因为对象群 FG 要移到这里。

这时我们要让所有已有的间隙表格"先行回避"，也就是把（100，100）移动到 FG 右边的分块（800 号地址）。这样一来 FG 就能移动了，我们将其移动。

最后，将这次要注册的信息（550，300）设置在移动 FG 后空出来的空间，也就是 800 号地址左边的 700 号地址里。

这确实是很复杂的操作，完成后的状态如图 5.17(c) 所示。在这里请注意间隙表格的入口顺序。各个入口不是按入口里的第一元素排列的，也就是说，不是按活动对象群的首地址（live）的顺序排列的。这是为什么呢？

在图 5.17(b) 中，因为间隙表格妨碍到对象群 FG 的移动，所以我们让它先回避到 800 号地址，这之后再移动 FG，将（550，300）新注册到已成为分块的 700 号地址。

像这样往已有的间隙表格里新追加入口时，有时会出现只在表格左侧有空闲空间的情况。在这种情况下，表格的入口顺序就乱了。

当然，注册入口时也可以每次都按 live 的顺序排列，不过这样就产生了额外的消耗。

然而，因为各入口没有按第一元素 live 的顺序排列，所以增大了下一个步骤"更新指针"的计算量。

如上，我们终于解说完了第一个步骤。

5.5.4　步骤 2——更新指针

在 adjust_ptr() 函数中，将引用移动前的对象的指针全部换成引用移动后的对象的指针。这项操作本身和前面所讲的两个算法中的操作是相同的。

代码清单 5.8：adjust_ptr() 函数

```
 1 | adjust_ptr(){
 2 |   for(r : $roots)
 3 |     *r = new_address(*r)
 4 |
 5 |   scan = $heap_start
 6 |   while(scan < $free)
 7 |     scan.mark = FALSE
 8 |     for(child : children(scan))
 9 |       *child = new_address(*child)
10 |     scan += scan.size
11 | }
```

与之前所讲的内容有所不同的是在第 3 行和第 9 行登场的 new_address() 函数。

代码清单5.9：new_address() 函数

```
1  new_address(obj){
2    best_entry = new_bt_entry(0, 0)
3    for(entry : break_table)
4      if(entry.address <= obj && $best_entry.address < entry.address)
5        best_entry = entry
6    return obj - best_entry.size
7  }
```

这个函数会返回参数 `obj` 移动后的地址，在第 2 行的 `new_bt_entry()` 函数中生成虚拟间隙表格入口。

第 3 行到第 5 行负责调查间隙表格，在持有 `obj` 及其以下的地址（`address`）的入口中，寻找地址最大的入口。这样一来就得到了持有 `obj` 所属对象群信息的入口。这个入口就是 `best_entry`。

如果间隙表格里的入口是按地址顺序整齐排列的，我们就有可能用二分查找来有效地查找 `best_entry`。不过就像前面所说的那样，间隙表格的入口并不是整齐排列的，因此就需要像这样调查所有的入口。

那么 `best_entry` 又意味着什么呢？它是一个入口，这个入口持有 `obj` 所属对象群移动前的信息。属于这个对象群的所有对象都会被向左移动 `best_entry.size` 个大小。因此，`obj` 移动后的地址就变成了 `obj − best_entry.size`。

我们来更具体地看一下。

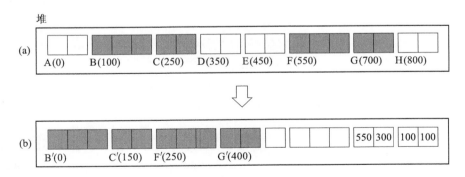

图5.18　对象移动前后的地址对比

打个比方，在图 5.18 中，如果我们想知道 B 移动到了 B′，首先就要以 B 的地址 100 为线索调查间隙表格，然后就会发现入口（100，100）是 `best_entry`，接下来可由 B 的地址 100 求得 `best_entry.size`，即将 B 的地址减去 100 得到 B′ 的地址 0。

同理，我们可以从 F 的地址 550 减去入口（550，300）中的 300，得到 F′ 的地址 250。

5.5.5　优点

在表格算法中，没有必要为压缩准备出多余的空间，这是因为该算法很好地利用了分块，保留了更换指针所必需的信息。

虽然在不需要多余空间这一点上表格算法跟 Two-Finger 一样，不过在压缩前后保留对象顺序这一点上，表格算法可以说比 Two-Finger 要优秀得多。这是因为在表格算法中，可以通过缓存来提高对象的访问速度。

5.5.6　缺点

要维持间隙表格需要付出很高的代价。考虑到每次移动活动对象群都要进行表格的移动和更新，代价高也是理所当然的。

此外，在更新指针时也不能忽略搜索表格所带来的消耗。在更新指针前，如果先将表格排序，则表格的搜索就能高速化。不过排序表格也需要相应的消耗，所以并不能从根本上解决问题。

5.6　ImmixGC算法

接下来我们将会为大家介绍 Stephen M. Blackburn 和 Kathryn S. McKinley[19] 于 2008 年研究出来的 ImmixGC 算法。比起之前介绍的算法，这个算法较为高深，有一些较难理解的内容。不过不理解这个算法也没有关系，对大家理解之后的算法并没有影响，所以不必勉强自己去理解，跳过不看也是可以的。

Immix 这个词有 "混合" 的意思。这个算法虽然以 GC 标记 – 清除算法为基础，不过根据情况也会执行压缩。也就是说，它将 GC 标记 – 清除算法和压缩组合在了一起。

据说论文的作者把这个算法实现到了 JikesRVM（Research Virtual Machine）① 的内存管理软件包 MMTk（Memory Management Toolkit）中。

5.6.1　概要

ImmixGC 把堆分为一定大小的 "块"（block），再把每个块分成一定大小的 "线"（line）。这个算法不是以对象为单位，而是以线为单位回收垃圾的。

分配时程序首先寻找空的线，然后安排对象。没找到空的线时就执行 GC。

GC 分为以下 3 个步骤执行。

① JikesRVM：目前正在用开放源码开发的用于研究的虚拟机（http://jikesrvm.org/ ）。

1. 选定备用的 From 块
2. 搜索阶段
3. 清除阶段

不过该算法不是每次都执行步骤 1 的。在 ImmixGC 中，只有在堆消耗严重的情况下，为了分配足够大小的分块时才会执行压缩。此时会通过步骤 1 来选择作为压缩对象的备用块（备用的 From 块）。

接下来，在步骤 2 中从根搜索对象，根据对象存在于何种块里来分别进行标记操作或复制操作。具体来说，就是对存在于步骤 1 中选择的备用 From 块里的对象执行复制操作，对除此之外的对象进行标记操作。

步骤 3 则是寻找没有被标记的线，按线回收非活动对象。

以上就是 ImmixGC 的概要。

5.6.2　堆的构成

ImmixGC 中把堆分成块，把每个块又分成了更小的线。

据论文中记载，块最合适的大小是 32K 字节，线最合适的大小是 128 字节。我们在此就直接引用论文中的数值。这样一来，每个块就有 $32 \times 1024 \div 128 = 256$ 个线。

各个块由以下 4 个域构成。

- line
- mark_table
- status
- hole_cnt

打个比方，用 $block[i].status 就可以访问位于第 i 号块的 status 域。关于这些域，我们将会按顺序进行说明。

首先 line 就跟它的名字一样，是每个块的线，线里会被安排对象。$block[i].line[j] 表示的就是第 i 号块的第 j 号线。

接下来的 mark_table 则是与每个线相对应的用于标记的位串。打个比方，与第 i 号块的第 j 号线相对应的用于标记的位串就是 $block[i].mark_table[j]。我们分给 mark_table[j] 一个字节，在标记或分配下面的某个常量时，将其记录在 mark_table[j] 中。

- FREE（没有对象）
- MARKED（标记完成）
- ALLOCATED（有对象）
- CONSERVATIVE（保守标记）

status 是用于表示每个块中的使用情况的域。我们也分给 status 一个字节，在执行 GC 或分配时，记录下面的某个常量。

- FREE（所有线为空）
- RECYCLABLE（一部分线为空）
- UNAVAILABLE（没有空的线）

当然，初始状态下所有块都是 FREE。

最后一项 hole_cnt 负责记录各个块的"孔"（hole）数。这里所说的孔拥有连续的大于等于 1 个的空的线。我们用这个 hole_cnt 的值作为表示碎片化严重程度的指标。如果某个块 hole_cnt 的值很大，那么它里面的对象就不是标记对象，而是复制对象。详细情况我们会在 5.6.7 节中进行说明。

综上所述，在 ImmixGC 中，堆如图 5.19 所示。

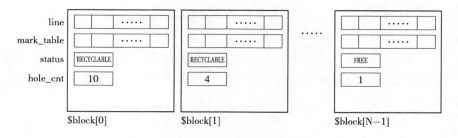

图5.19　ImmixGC 中的堆

专栏

为什么需要1个字节来用作标记？

mark_table[i] 只能容纳 4 种常量，这么说来有 2 位就够了，为什么还要准备出 1 个字节（8 位）呢？

事实上这跟并行性有关系。最近的很多 GC 都是通过在多线程环境下运行来并行进行处理的。ImmixGC 也不例外。

虽然本书中并没有详细说明，但是为了在多线程环境下多个线程访问同一个内存空间，就需要同步处理。

为了实现同步处理，CAS（Compare-And-Swap）命令是不可或缺的。CAS 命令指的是将以下 3 项处理一并进行，即不被其他线程插队的命令。

1. 读出某个内存空间里的值
2. 以读出的值为基准进行计算
3. 以计算结果为基准，对步骤 1 所在的内存空间进行写入操作

根据这个 CAS 命令，即使 2 个及 2 个以上的 GC 线程同时访问同一个内存空间，也不会出现数据不一致的问题，能得到正确的计算结果。

然而在很多架构中，这个 CAS 命令不是以 1 位为单位，而是以 1 个字节为单位访问内存空间的。所以尽管冗长，也必须确保 mark_table[i] 和 status 域里各有 1 个字节的空间。

5.6.3 对象的分类

在 Immix GC 中，对象根据大小被分成以下 3 类。

- 小型对象：线以下大小
- 中型对象：比线大，不到 8K 字节
- 大型对象：大于等于 8K 字节（Immix GC 不予管理）

因为大型对象由 Jikes 的 MMTk 处理，所以不在 ImmixGC 中管理。后面我们只介绍小型对象和中型对象。

5.6.4 分配

我们来看看 ImmixGC 中的分配方法吧。ImmixGC 虽然以 GC 标记 – 清除算法为基础，不过却不在分配中使用空闲链表，而是使用 $cursor 和 $limit 这两个指针。它们各自指向 RECYCLABLE 块的孔的开头和末尾，像 GC 复制算法那样，一边让 $cursor 滑动一边进行分配。

如果通过分配消耗了一个孔，那么为了找到同一个块中的其他孔，程序就会让 $cursor 和 $limit 向右滑动。如果这个块中所有的孔都耗尽了，那么程序就会将 status 域从 RECYCLABLE 变更到 UNAVAILABLE，从别的 RECYCLABLE 块里找孔。

如果调查完所有的 RECYCLABLE 块都没找到合适大小的孔，程序就会从 FREE 块分出一块空的线。如果已经没有 FREE 块了，程序就会启动 GC，确保有 RECYCLABLE 块或者 FREE 块。

当然，初始状态下没有 RECYCLABLE 块，只有 FREE 块，所以这时用的是 FREE 块。

ImmixGC 中分配的情况如图 5.20 所示。

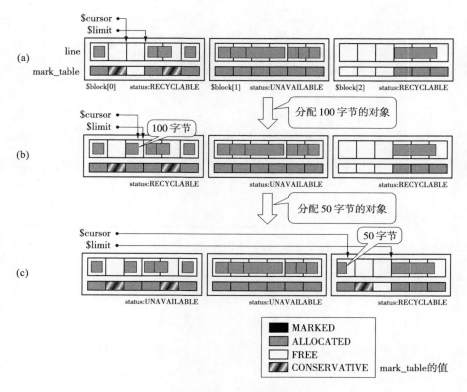

图 5.20　ImmixGC 中的分配

初始状态下 $cursor 和 $limit 分别指向 $block[0] 最初的孔（$block[0].line[2]）的开头和末尾。请参考图 5.20(a)。

假设在此要分配 100 字节的对象。$cursor 和 $limit 负责寻找孔，搜索 RECYCLABLE 块的 mark_table。

因为 $block[0].line[2] 这个孔里能分配 100 字节的对象，所以就往这里面分配对象。当分配结束时，$cursor 引用的是从 $block[0].line[2] 的开头往右滑动 100 字节的位置，$limit 引用的是 $block[0].line[2] 的末尾。此外，因为已经往 $block[0].line[2] 里安排了对象，所以要事先把 $block[0].mark_table[2] 从 FREE 改写为 ALLOCATED。请参考图 5.20(b)。

下面再来分配 50 字节的对象。因为这个对象不能放在 $cursor 和 $limit 之间，所以 $cursor 和 $limit 要按照先搜索 $block[0].mark_table 的剩余空间，再搜索 $block[2]. mark_table 的顺序来查找下一个孔（因为 $block[1].status 为 UNAVAILABLE，所以不查找 block[1].mark_table）。最后我们可以得出，$block[2] 的 line[0] 到 line[2] 都是孔。我们能往这个孔里分配 50 字节的对象。分配后 $cursor 从 $block[2].line[0] 开头向右滑动

了 50 个字节，$block[2].mark_table[0] 被改写成了 ALLOCATED。请参考图 5.20(c)。

那么问题来了，因为中型对象比小型对象大，所以有时会出现这种情况：直到找到合适大小的孔之前，小型对象都会被跳过。这样一来，小孔中就没被分配到对象，被直接跳过了。为了防止出现这种情况，当不能在 $cursor 和 $limit 之间分配中型对象时，就不采用滑动 $cursor 和 $limit 的方法，而是特意从 FREE 块里分配线。

5.6.5 分配时的标记操作

在 ImmixGC 中，不仅在 GC 时，在分配时也会进行标记操作。在某个线 line[i] 中分配对象时会在与这个线对应的 mark_table[i] 中设置 ALLOCATED。这是为了避免 line[i] 里的对象之后被别的对象覆盖掉。

考虑到小型对象可能会占据 line[i+1] 的情况，保守起见，当 mark_table[i+1] 是 FREE 时，把它定为 CONSERVATIVE。这里的 CONSERVATIVE 的意思是"如果小型对象占据了 line[i+1]，则 mark_table[i+1] 可能会包含所分配对象的后半部分"（例如图 5.20(a) 的 $block[0].line[4] 这样的情况）。不过之后在 line[i+1] 进行分配的时候，要事先将 mark_table[i+1] 的值从 CONSERVATIVE 改写成 ALLOCATED。

这样保守的标记在标记阶段是很有用的。在标记阶段中，每次搜索对象都必须检查这个对象是否占据了其他的线，为此程序每次都要调查对象的大小，因为要调查所有活动对象，所以这项处理就带来了额外的负担。

为了省去这项处理，我们才采取了较为保守的做法，即事先对小型对象打上 CONSERVATIVE 这个标记。因为程序中要频繁用到小型对象，所以这个办法是非常有效的。

另一方面，中型对象没有小型对象那么多，所以要正确地进行标记。也就是说，确切地调查对象所属的线，对所有对应的 mark_table 设定 ALLOCATED。

像这样，为了根据对象的大小分别进行标记处理，在每次寻找对象时都必须调查对象的大小。ImmixGC 中为了缩短因此所花费的时间，在头里准备了用于判断小型 / 中型对象的位，当要分配中型对象时就会事先设置这个位。

5.6.6 步骤1——选定备用From块

那么我们接下来就要一步步逼近 ImmixGC 的实体了。在 GC 开始的时候，ImmixGC 会检查是否满足以下任一条件。

- 存在 1 个或 1 个以上没有进行分配的 RECYCLABLE 块
- 在上次 GC 时能回收的线，其总大小减少了一定的量

当满足以上任一条件的时候，压缩就会开始执行。无法执行压缩的时候步骤 1 也不会被执行，直接进入下一个步骤 2。

　　当确定执行压缩时，就要为压缩选择一个备用的 From 块。From 块指的是在压缩过程中作为对象原空间的块。它跟我们在第 4 章中介绍的部分空间复制算法中的 From 空间非常像。

　　不过在 ImmixGC 中，程序会选择碎片化严重的块来当 From 块，以此来让压缩取得最大效果。

　　我们用块里的孔数作为测量碎片化大小的指标。孔数越多的块碎片化越严重。

　　下面就来看看如何利用孔数。首先来制作两张频数分布直方图[①]。

- 申请的直方图
- 可分配的直方图

　　这两张图都以各个块中的孔数（hole_cnt）作为索引。下面按顺序为大家解说。

　　申请的直方图表示的是堆的所有线中那些非 FREE 线的分布情况。不过因为这时候不存在 MARKED 线，所以表示的只是 ALLOCATED 和 CONSERVATIVE 线这两者的分布情况。

　　请看图 5.21。该图表示的是"在有 2 个孔的 1 个块（也可能存在多个这样的块）中，ALLOCATED 和 CONSERVATIVE 线的总数是 227"的情况。也就是说，申请直方图表示的是移动每个块里的所有对象所需的 FREE 线总数的上限。

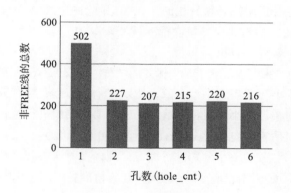

图5.21　申请的直方图

　　另一方面，可分配直方图表示的是堆中 FREE 线的分布情况。

　　请看图 5.22。从这个直方图中可以看出，如果存在有 5 个孔的一个块（也可能存在多个这样的块），则这个块里的 FREE 线总数为 36。

　　那么既然已经有 2 张直方图了，我们就用它们来找备用 From 块吧。为此我们需要准备 2 个变量，分别叫作 require 和 available。require 是备用 From 块里非 FREE 线的总数，available 是除了备用 From 块以外的块所持有的 FREE 线的总数。

---

① 频数分布直方图：纵轴为频数，横轴为组数的柱状图。

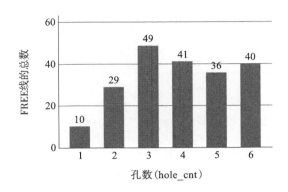

图5.22 可分配直方图

要找备用 From 块，首先要从碎片化最严重的块开始找，也就是从直方图中 `hole_cnt` 最大的地方开始往小的地方搜索，这个过程是在 `require` 上加上申请直方图的纵轴（非 FREE 线的总数）的值，从 `available` 里减去可分配直方图的纵轴（FREE 线的总数）的值。设 `require` 的初始值为 0，`available` 的初始值是堆中 FREE 线的总数。此时，`require < available`。

当 `require > available` 时，对直方图的搜索就结束了。最后，哪些块的孔数比搜索到的数量大，哪些块就是备用 From 块。

我们在这里做的就是选出满足"From 块中 `ALLOCATED` 线和 `CONSERVATIVE` 线的总数"≤"除 From 以外的块中 FREE 线的总数"这样的 From 块。

下面结合具体的例子来看一下，依然使用图 5.21 和图 5.22 的直方图。不过因为在实现上是用数组表示直方图的，所以这里也用数组来进行说明。

`require`、`available` 的值分别如图 5.23 所示。

孔数（hole_cnt）	1	2	3	4	5	6
非 FREE 线的总数	502	227	207	215	220	216
FREE 线的总数	10	29	49	41	36	40

require：0
available：717

图5.23 选定备用 From 块（初始状态）

此外，我们设堆中存在 2 个 FREE 块。这样一来，就不是从 `available` 减去可分配直方图中 FREE 线的总数了，而是加上了 2 个 FREE 块，也就是加了 512。

首先从 `hole_cnt = 6` 开始搜索这个数组。请看图 5.24。

孔数（hole_cnt）	1	2	3	4	5	6
非 FREE 线的总数	502	227	207	215	220	216
FREE 线的总数	10	29	49	41	36	40

require: 216
available: 677

图5.24 选定备用From块（搜索完hole_cnt = 6时）

又因为 `require < available`，所以我们继续搜索。

图 5.25 所示为搜索完 `hole_cnt = 5` 时的情况。因为此时 `require` 还是小于 `available`，所以继续搜索。

孔数（hole_cnt）	1	2	3	4	5	6
非 FREE 线的总数	502	227	207	215	220	216
FREE 线的总数	10	29	49	41	36	40

require: 436
available: 641

图5.25 选定备用From块（搜索完hole_cnt = 5时）

接下来就搜索到了 `hole_cnt = 4`，此时的状态如图 5.26 所示。这时因为 `require > available`，所以搜索结束。也就是说，在所有的块里，满足 `hole_cnt` 大于等于 5 的块会被用来当作备用 From 块。

孔数（hole_cnt）	1	2	3	4	5	6
非 FREE 线的总数	502	227	207	215	220	216
FREE 线的总数	10	29	49	41	36	40

require: 651
available: 600

图5.26 选定备用From块（搜索完hole_cnt = 4时）

当决定哪些块是备用 From 块后，ImmixGC 会进入搜索阶段。如果在搜索阶段发现了某些对象，它们所在块的 `hole_cnt` 大于等于 5，那么程序就会试着通过分配把这些对象移动到别的 `RECYCLABLE` 或者是 `FREE` 块里。

不过请大家注意，我们在这里决定的毕竟是"备用"From 块，没法保证能把所有 From 块里的对象都移动到其他块里。

把所有对象都移动到其他块里这种情况很少发生，论文中称之为"投机主义 [①] 的疏散"

---

① 投机主义：采取对自己有利的做法和态度，也称为机会主义。

（opportunistic evacuation），就是"能压缩了再说"这种想法吧。

5.6.7　步骤 2 —— 搜索阶段

搜索阶段要从根开始搜索对象，根据对象分别进行标记处理或复制处理。这里的复制处理指的是将备用 From 块里的对象复制到别的块（To 块），并进行压缩。

在搜索阶段中，如果搜索到的对象在备用 From 块里，那么就会进行复制操作，如果在别的块里，就会执行标记操作。

在执行标记操作时，先设置对象的标志位，再将其对应的线的 mark_table 的值设为 MARKED。

这里请大家回忆一下，我们在分配时曾经对小型对象进行过保守的标记操作。对于小型对象而言，只要把它开头所属线的 mark_table 的值设为 MARKED 就行了，没必要考虑它是否占据了旁边的线。

当涉及中型对象时，则需要调查与其对应的 mark_table，将所有与其对应的线的 mark_table 的值设为 MARKED。

在复制操作中，备用 From 块里的对象会被复制到 To 块。如果能将 FREE 块用作 To 块，那么就有可能收纳 From 块里的所有活动对象。不过这样并不能有效利用 RECYCLABLE 块里的 FREE 线。

为了选择 To 块，我们采用分配的方法。也就是说，我们把复制操作看成将 From 块的活动对象新分配到别的地方。不过复制操作不一定都会顺利进行，我们需要连续的 FREE 线来收纳想要复制的对象。如果堆中 FREE 线已经不够了，那么程序就会放弃复制操作，执行标记操作。这就是它被称为"投机主义的疏散"的原因。

5.6.8　步骤 3 —— 清除阶段

搜索阶段结束后，就要进入清除阶段了。

在 ImmixGC 中，程序会以线为单位来判断对象是活动的还是非活动的。拥有 1 个或 1 个以上的活动对象的线会被保留，只有垃圾的线会被回收再利用。

因此，清除阶段中要搜索各个块的 mark_table。请大家回忆一下，mark_table[i] 的值是 FREE、ALLOCATED、MARKED、CONSERVATIVE 里面的任意一个常量。

如果 mark_table[i] 的值是 FREE 或 ALLOCATED，则 line[i] 里就有两种情况 —— 没有对象或只有垃圾，因此这个线就能被回收再利用了。如果 mark_table[i] 的值是 ALLOCATED，则设定 mark_table[i] = FREE。

图 5.27 中列出了 mark_table[i] 的值为 FREE 时的情况 (a) 和 mark_table[i] 的值为 ALLOCATED 时的情况 (b)。

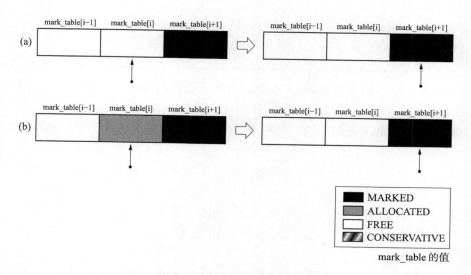

图5.27 mark_table[i] 的值是 FREE 或 ALLOCATED 时

　　下面是 mark_table[i] 的值为 MARKED 时的情况，这种情况意味着 line[i] 里的对象在这次 GC 的过程中存活下来了。不过因为我们不知道它们下次是能继续存活还是成为垃圾，所以事先要留下一个"存在着对象"的信息，也就是要设定 mark_table[i] = ALLOCATED。

　　图 5.28 表示的是 mark_table[i] 的值为 MARKED 时的情况。

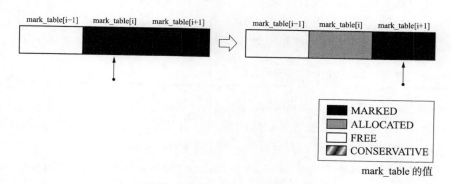

图5.28 mark_table[i] 的值为 MARKED 时

　　在清除阶段中我们一直把目光放在 mark_table 上，但也不能忘记线里的对象，还要记得把在搜索阶段设置的对象的标志位给取消。

　　最后我们来想一下当 mark_table[i] 的值为 CONSERVATIVE 时的情况。这种情况意味着第 (i-1) 个线，也就是 line[i-1] 里的对象有可能也占据了 line[i] 的空间。在这种情况下，如果 line[i-1] 的对象都是非活动对象，就可以将 line[i] 进行回收再利用。然而，即使

line[i-1] 只有一个活动对象，这个对象也有可能占据 line[i] 的空间，所以这时就不能将 line[i] 进行回收再利用了。

所以我们要调查 mark_table[i-1]。mark_table[i-1] 的值不是 ALLOCATED 就是 FREE。如果 mark_table[i-1] 的值是 ALLOCATED，line[i-1] 里就可能存在着活动对象，这时我们就不管 mark_table[i] 的 CONSERVATIVE 了。而如果 mark_table[i-1] 的值是 FREE 的话，那么 line[i-1] 里就没有活动对象了，我们也就可以把 line[i] 回收再利用了，此时 mark_table[i] 的 CONSERVATIVE 要重写成 FREE。

图 5.29 表示的是 mark_table[i] 的值为 CONSERVATIVE 时的情况。

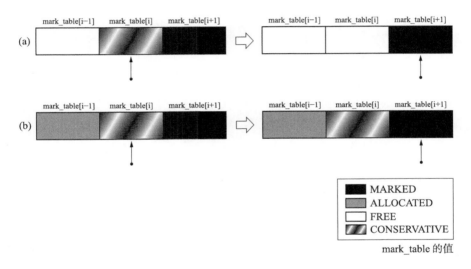

图 5.29 mark_table[i] 的值为 CONSERVATIVE 时

这样把 $block[k].mark_table 全部搜索完之后，对 $block[k] 的清除操作就结束了。当对所有块都执行完清除操作时，GC 结束。

5.6.9 优点

ImmixGC 最大的特征是将对象分为块和线两个阶段进行管理。

打个比方，分配的时候我们优先使用的是 RECYCLABLE 块而不是 FREE 块对吧。这样一来就容易把对象安排在同一个块里，因此碎片化问题就得到了解决，同时也能将缓存加以利用。

不过另一方面，如果只以块为单位来管理对象，就会白白浪费很多堆。举个极端的例子，即使 1 个块里只有 1 个活动对象，也必须保留这个块里所有的残留垃圾。

因此，我们把块分成了更小的线。这样一来，就能更精确地管理块里的对象，抑制堆的消耗量。

此外，因为我们将碎片化严重的块拿来当备用 From 块，所以可以有效地解决碎片化问题。

5.6.10 缺点

在 Immix 的压缩过程中，对象不是按顺序保存的，所以不要期待 ImmixGC 能沾缓存的光。毕竟它只是为了防止碎片化而进行的压缩。

还请大家回忆一下，我们曾经做过保守的标记。那些没有活动对象的线有可能无法被回收。虽然我们对吞吐量予以了足够的重视，但却无法有效地使用堆。

6 保守式 GC

在此之前，我们在"算法篇"中介绍了很多种 GC 算法。而要想在处理程序中实现这些算法，处理程序的开发者就必须首先选择 GC 的种类。这里的种类指的是"保守式 GC"和"准确式 GC"

6.1 什么是保守式 GC

简单来说，保守式 GC（Conservative GC）指的是"不能识别指针和非指针的 GC"。

6.1.1 不明确的根

不明确的根（ambiguous roots）指的是什么呢？我们在第 1 章中讲过下面这些空间都是根。

* 寄存器
* 调用栈
* 全局变量空间

事实上它们都是不明确的根。

我们以调用栈为例来想一想。调用栈里面有调用帧(call frame),调用帧里面装着函数内的局部变量和参数的值。不过局部变量中如果有 C 语言里面的 int、double 这样的非指针(数值),也就会有 void* 这样的指针吧。也就是说,调用帧里面既有指针又有非指针。

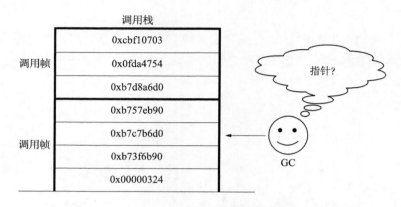

图6.1 调用栈中的值

调用帧里的值在 GC 看来就是一堆位的排列,因此 GC 不能识别指针和非指针,所以才叫作不明确的根。

6.1.2 指针和非指针的识别

在不明确的根这一条件下,GC 不能识别指针和非指针。也就是说,不明确的根里所有的值都有可能是指针。然而这样一来,在 GC 时就会大量出现指针和被错误识别成指针的非指针。因此保守式 GC 会检查不明确的根,以"某种程度"的精度来识别指针。

下面是保守式 GC 在检查不明确的根时所进行的基本项目。

1. 是不是被正确对齐的值?(在 32 位 CPU 的情况下,为 4 的倍数)
2. 是不是指着堆内?
3. 是不是指着对象的开头?

第 1 个项目是利用 CPU 的对齐来检查的。如果 CPU 是 32 位的话,指针的值(地址)就是 4 的倍数;如果 CPU 是 64 位的话,指针的值就是 8 的倍数;如果是其他情况,就会被识别为非指针。在使用这个检查项目时,我们必须在语言处理程序中令要使用的指针符合对齐规则,不符合对齐规则的指针会被 GC 视为非指针。

第 2 个项目是调查不明确的根里的值是否指向作为 GC 对象的堆。当分配了 GC 专用的堆时,对象就会被分配到堆里。也就是说,指向对象的指针按道理肯定指向堆内。这个检查项目就是利用了这一点。

第 3 个项目是调查不明确的根内的值是不是指着对象的开头。具体可以用我们在第 2 章中介绍的"BiBOP 法"等,把对象(在块中)按照固定大小对齐,核对检查对象的值是不是对象固定大小的倍数。

以上我们举出的 3 个项目是"基本的检查项目"。根据内存布局和对象结构等(实现),这些检查项目也会有所变化。

6.1.3 貌似指针的非指针

当基于不明确的根运行 GC 时,偶尔会出现非指针和堆里的对象的地址一样的情况,这时 GC 就无法识别出这个值是非指针。这就是"貌似指针的非指针"(false pointer),如图 6.2 所示。

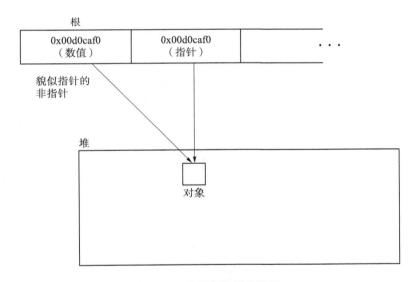

图6.2 貌似指针的非指针

保守式 GC 将这种"貌似指针的非指针"看成"指向对象的指针",我们把这种情况叫作"指针的错误识别"。

打个比方,在采用 GC 标记 – 清除算法的情况下,一找到貌似指针的非指针,程序就会将非指针指向的对象错误地识别为活动对象,对其进行标记。因为被错误识别的对象不会被废弃而会被保留,所以遵守了 GC 的原则——"不废弃活动对象"。像这样,在运行 GC 时采取的是一种保守的态度,即"把可疑的东西看作指针,稳妥处理",所以我们称这种方法为"保守式 GC"。

6.1.4   不明确的数据结构

当基于不明确的根运行 GC 时，我们就要从对象的头部获取对象的类型信息。打个比方，将 C 语言结构体的信息作为标志(flag)放到对象的头里，请想象一下这种情况。

如果能从头的标志获得结构体的信息(对象的类型信息)，GC 就能识别对象域里的值是指针还是非指针。以 C 语言为例，所有的域里面都包含了类型信息，只要程序员没有放入与类型不同含义的值(比如把指针转换类型，放入 int 类型的域)，就是有可能正确识别指针的。

不过 C 语言的数据结构要是像下面这样，就会变成不明确的数据结构(ambiguous data structures)了。

代码清单6.1：不明确的数据结构

```
1  union{
2      long n;
3      void *ptr;
4  } ambiguous_data;
```

因为 ambiguous_data 是联合体，所以它可能包括指针 ptr，或者包括非指针 n。如果 n 里包括"貌似指针的非指针"，那么 GC 就无法识别出它是非指针。

当对象具有这样的数据结构时，GC 不仅会错误识别不明确的根，也会错误识别域里的值。

6.2   优点

语言处理程序不依赖于GC

保守式 GC 的优点在于容易编写语言处理程序。处理程序基本上不用在意 GC 就可以编写代码。语言处理程序的实现者即使没有意识到 GC 的存在，程序也会自己回收垃圾。因此语言处理程序的实现要比准确式 GC 简单。

6.3   缺点

6.3.1   识别指针和非指针需要付出成本

识别不明确的根和数据结构的值为"指针"或"非指针"时，我们需要付出一定的成本。而这一成本在后面要为大家介绍的准确式 GC 里是不存在的。

6.3.2　错误识别指针会压迫堆

当存在貌似指针的非指针时，保守式 GC 会把被引用的对象错误识别为活动对象。如果这个对象存在大量的子对象，那么它们一律都会被看成活动对象。因为程序把已经死了的非活动对象看成了活动对象，所以垃圾对象会严重压迫堆。

6.3.3　能够使用的 GC 算法有限

在无法正确识别指针的环境中，我们基本上不能使用 GC 复制算法等移动对象的 GC 算法。就如我们之前在第 4 章中所讲的那样，GC 复制算法在复制对象的时候，会将根的值重写到新空间。要是我们想用不明确的根这么办的话，就可能把非指针重写了。此外，在对象内重写指针时，也有可能因为不明确的数据结构而重写了非指针。一旦重写了非指针，就会产生意想不到的 BUG。

6.4　准确式 GC

准确式 GC（Exact GC）和保守式 GC 正好相反，它是能正确识别指针和非指针的 GC。

6.4.1　正确的根

准确式 GC 和保守式 GC 不同，它是基于能精确地识别指针和非指针的"正确的根"（exact roots）来执行 GC 的。

创建正确的根的方法有很多种，不过这些方法有个共通点，就是需要"语言处理程序的支援"，所以正确的根的创建方法是依赖于语言处理程序的实现的。

本章中我们将为大家介绍几种创建方法，详细内容请参考"实现篇"。

6.4.2　打标签

第一个方法是打标签（tag），目的是将不明确的根里的所有非指针都与指针区别开来。打标签的方法种类繁多，在这里我们为大家解说的是用最基本的低 1 位作为标签的方法。

在 32 位 CPU 的情况下，指针的值是 4 的倍数，低 2 位一定是 0，我们就利用这个特性。第 3 章中提到的 1 位引用计数法曾经将这部分用作计数器，这次我们则用它来识别指针和非指针。

打标签的具体方法如下所示。

1. 将非指针（int 等）向左移动 1 位（a << 1）
2. 将低 1 位置位（a|1）

　　打标签的时候我们需要注意一些地方，比如在对数值（非指针）打标签时，要注意不要让数据溢出。在向左移动1位时，如果数据溢出，我们就得再变换一个大的数据类型。

　　如果用这种方法打标签的话，处理程序里的数值就会都是奇数。因此，在处理程序内进行计算时，必须取消标签后再计算数值。为此，处理程序在计算过程中会向右移动1位，取消标签，最后再跟之前一样在计算结果上打标签。

　　基本上打标签和取消标签的操作都是由语言处理程序执行的，这就是我们之前所说的"需要语言处理程序支援GC"。

　　为不明确的根里的所有非指针打标签后，GC就能**正确地**识别指针和非指针了，也就是我们所说的"正确的根"。

6.4.3　不把寄存器和栈等当作根

　　还有一种方法是不把寄存器和栈等不明确的根的关键因素当作根，而在处理程序里创建根。

　　具体思路就是创建一个正确的根来管理，这个正确的根在处理程序里只集合了mutator可能到达的指针，然后以它为基础来执行GC。

　　举个例子，当语言处理程序采用VM（虚拟机）这种构造时，有时会将VM里的调用栈和寄存器当作正确的根来使用。我们将在"实现篇"中为大家介绍一种名为Rubinius的语言处理程序，它就采用了这种方法，详情请参考第12章。

6.4.4　优点

　　首先，准确式GC完全没有保守式GC固有的问题——错误识别指针。也就是说，它不会认为已经死了的对象还活着。GC之后，堆里**只会留下活动对象**。

　　此外，它可以实现GC复制算法等移动对象的算法。因为准确式GC能明确识别指针跟非指针，所以即使移动对象，重写根的值，这个对象也不可能是非指针。

6.4.5　缺点

　　当创建准确式GC时，语言处理程序必须对GC进行一些支援。也就是说，在创建语言处理程序时必须顾及GC。排除某些特殊的实现方法，这会给实现者带来相当沉重的负担。可见在处理程序的实现上，准确式GC比保守式GC麻烦。

　　此外，要创建正确的根就必须付出一定的代价，而这种代价在保守式GC中是不存在的。好比打标签，因为每次进行计算时都需要取消标签，然后再重新设置，这就关系到语言处理程序整体的执行速度了。

6.5 间接引用

不知道大家是否还记得，保守式 GC 有个缺点，就是"不能使用 GC 复制算法等移动对象的算法"。解决这个问题的方法之一就是"间接引用"。

6.5.1 经由句柄引用对象

为什么在保守式 GC 中无法使用 GC 复制算法这样的算法呢？大家可以想到，这是因为在重写不明确的根（或不明确的数据结构）时，重写的对象有可能是非指针。

解决这个问题的办法就是经由句柄（handle）来间接地处理对象。

从图 6.3 中可以看出，根和对象之间有句柄。每个对象都有一个句柄，它们分别持有指向这些对象的指针。并且局部变量和全局变量这些不明确的根里没有指向对象的指针，只装着指向句柄的指针。也就是说，由 mutator 操作对象时，要通过经由句柄的间接引用来执行处理（图 6.3）。

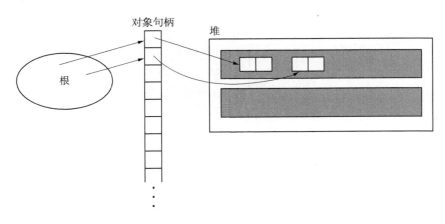

图 6.3 对象的间接引用

只要采用了间接引用，那么即使移动了引用目标的对象，也不用改写关键的值 —— 不明确的根的值，改写句柄里的指针就可以了。也就是说，我们只要采用间接引用来处理对象，就可以移动对象。请大家留意图 6.4，在复制完对象之后，根的值并没有重写。

而且，在对象内没有经由句柄指向别的对象。只有在从根引用对象时，才会经由句柄。

此外，使用了间接引用的 GC 算法不是准确式 GC。因为间接引用是以不明确的根为基础运行 GC 的，所以还是不能正确识别指针和非指针。也就是说，还是会发生错误识别指针的情况，所以这是保守式 GC。

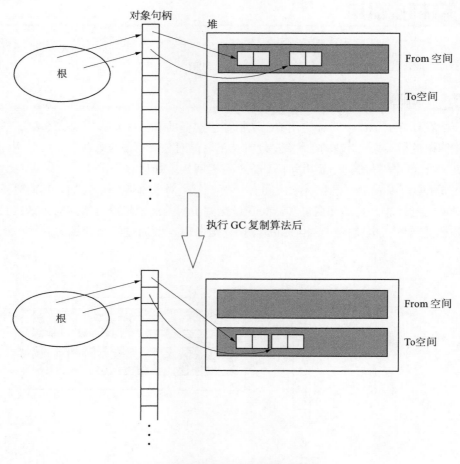

图6.4　移动对象(间接引用的情况下)

6.5.2　优点

因为在使用间接引用的情况下有可能实现 GC 复制算法，所以可以得到 GC 复制算法所带来的好处，例如消除碎片化等。详情请参考第 4 章。

另外，我们还能实现 GC 标记 – 压缩算法。

6.5.3　缺点

因为必须将所有对象都(经由句柄)间接引用，所以会拉低访问对象内数据的速度，这会关系到整个语言处理程序的速度。

6.6 **MostlyCopyingGC**

1989 年 Joel F. Bartlett[17] 研究出了一个保守式 GC 复制算法，叫作 MostlyCopyingGC。这个算法能在不明确的根的环境中运行 GC 复制算法。

6.6.1 概要

为了实现把 Scheme 翻译成 C 语言的翻译程序[①]，Bartlett 研究出了 MostlyCopyingGC，以便在翻译后的环境（C 语言）中以寄存器和栈等不明确的根为基础执行 GC。Bartlett 在论文里提出，在这种环境下能够实现保守式 GC 复制算法。

简单来说，MostlyCopyingGC 就是"把那些不明确的根指向的对象以外的对象都复制的 GC 算法"。Mostly 是"大部分"的意思。说白了，MostlyCopyingGC 就是抛开那些不能移动的对象，将其他"大部分"的对象都进行复制的 GC 算法。

此外，MostlyCopyingGC 还有如下这些前提条件。

1. 根是不明确的根
2. 没有不明确的数据结构
3. 对象大小随意
4. CPU 是 32 位

关于上述几点请大家多加注意。

第 2 点前提条件表明了 GC 能够明确判断对象里的域是指针还是非指针。

这里跟大家稍微解释一下第 4 点。这个前提条件并不意味着 MostlyCopyingGC 只适用于 32 位 CPU。为了在本小节中能简明扼要地向大家讲解，我们就以 32 位 CPU 为前提了。

6.6.2 堆结构

图 6.5 所示为 MostlyCopyingGC 的堆结构。

堆被分成一定大小的页（page）。

每个页都各有一个编号。那些没有分配到对象的空页则有一个 $current_space 以外的编号。页编号的大小必须满足一个条件 —— 就算给所有空页都安排了一个唯一的编号，也不会造成数据溢出。

---

① 翻译程序：将某种语言的源代码翻译成其他语言的程序。

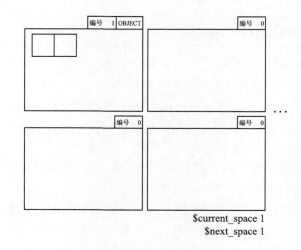

图6.5 堆结构

在 GC 执行时,图 6.5 中的 $current_space 和 $next_space 有助于识别 To 页(To 空间)和 From 页(From 空间)。编号和 $next_space 一样的页是 To 页,编号和 $current_space 一样的页是 From 页。

因此,$current_space 的值会被分配到装有对象的正在使用的页。请看图 6.5,正在使用的页编号被设定为了 1。

一般情况下 $current_space 和 $next_space 是同一个值,只有在 GC 时这两者的值才不相同。

此外,我们还要为正在使用的页设置以下两种标志中的一种。

• OBJECT——正在使用的页
• CONTINUED——当正在使用的页跨页时,设置在第 2 个页之后

关于以上标志,我们会在之后的 6.6.3 节中详细说明。

另外,为了方便解说,我们把页编号和标志都直接注在图 6.5 的页上了。实际上页和页编号并不是这样排列在内存里的。因为有时也会出现跨页分配对象的情况,所以从实现上来说,我们必须把页和标志分别在不同的内存位置进行管理。

6.6.3 分配

根据分块的大小、分配的对象的大小不同，分配的动作也各不相同。

如果正在使用的页里有符合 mutator 申请的对象大小的分块，对象就会被分配到这个页（图 6.6）。

当正在使用的页里分块大小充足时

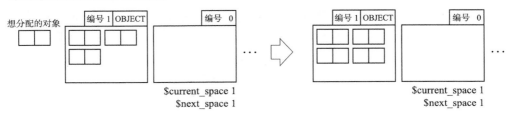

图6.6 分配对象（分块大小充足）

另一方面，当正在使用的页里没有大小充足的分块时，对象就会被分配到空的页，然后正在使用的这个新页会被设置 OBJECT 标志（图 6.7）。

当正在使用的页里分块大小不足时

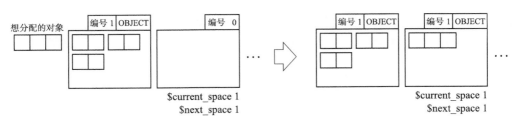

图6.7 分配对象（分块大小不足）

另外，mutator 可能会申请分配超过页大小的空间。当 mutator 要求大对象时，分配程序会将对象跨多个页来分配。在跨多个页分配时，和平时的分配一样，也会在开头的页设定 OBJECT，然后在第 2 个页之后设置 CONTINUED 标志。具体情况如图 6.8 所示。

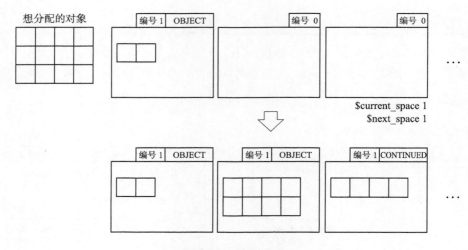

图6.8　分配大对象

6.6.4　new_obj()函数

下面让我们基于上一节的内容，来看看分配的伪代码吧。

代码清单6.2：new_obj()函数

```
1   new_obj(size){
2     while(size > $free_size)
3       $free_size = 0
4       add_pages(byte_to_page_num(size))
5
6     obj = $free
7     obj.size = size
8
9     if(size < PAGE_SIZE)
10      $free_size -= size
11      $free += size
12    else
13      $free_size = 0
14
15    return obj
16  }
```

我们把想分配的对象大小（字节数）传给 new_obj() 函数（代码清单 6.2）的第 1 个参数。

在第 2 行出现的全局变量 $free_size 是用来保持分块大小的。如果 $free_size 小于 mutator 申请的大小（size），那么 add_pages() 函数就会分配新的页，扩大分块大小。然后，新分配的页数会被传递给 add_pages() 函数。关于这个函数，我们会在接下来的 6.6.5 节为大家说明。

第 6 行的全局变量 $free 指向分块的开头。我们将 obj 设定成 $free。

第 9 行则是调查 size 是否小于页大小（PAGE_SIZE）。当 size 小于页大小时，则会从 $free_size 的值中减去 size 的值，修正 $free 指向的位置。

如果 mutator 申请的大小超过页大小，那么就得把 $free_size 归 0。这样一来，对象就不会被分到设置有 CONTINUED 的页了。为什么不能把对象分配到设置有 CONTINUED 的页呢？我们会在后面的 6.6.8 节中为大家说明。

6.6.5 add_pages() 函数

下面我们来看一下负责新分配页的 add_pages() 函数。这个函数是在 new_obj() 函数内部调用的函数。

代码清单6.3：add_pages() 函数

```
 1  add_pages(page_num){
 2    if($allocated_page_num + page_num >= HEAP_PAGE_NUM/2)
 3      mostly_copying()
 4      return
 5
 6    first_free_page = find_free_pages(page_num)
 7
 8    if(first_free_page == NULL)
 9      allocation_fail()
10
11    if($next_space != $current_space)
12      enqueue(first_free_page, $to_space_queue)
13
14    allocate_pages(first_free_page, page_num)
15  }
```

在 add_pages() 函数（代码清单 6.3）中，将追加的页数作为参数。

第 2 行的全局变量 $allocated_page_num 中保存着现在正在使用的页数。此外，HEAP_PAGE_NUM 中保存着堆中的总页数。如果出现"正在使用的页 ＋ 准备追加的页 ≥ 总页的一半"的情况，则程序会调用 mostly_copying() 函数，开始运行 GC。

第 6 行则是调用 find_free_pages() 函数，在堆内寻找 page_num 数量的连续的空页。这个函数的返回值是指向所发现的空页（如果空页有多个的话则指向开头的页）的指针。如果返回值是 NULL 的话，则分配失败。

当运行 GC 复制对象时，为了使用 new_obj() 函数，也会在 GC 里调用这个 add_pages() 函数。另外，第 11 行的条件只有在 GC 里才为真。

在之后的第 12 行，把 GC 中新分配的页连接上 $to_space_queue。当 GC 执行时，在这里连接上 $to_space_queue 的页会被用作 To 页。

第 14 行是对那些用 find_free_pages() 函数找到的空页调用 allocate_pages() 函数，实际分配页。

代码清单 6.4：allocate_pages() 函数

```
 1  allocate_pages(first_free_page, page_num){
 2    $free_page = first_free_page
 3    $free = first_free_page
 4    $free_size = page_num*PAGE_SIZE
 5    $allocated_page_num += page_num
 6
 7    set_space_type(first_free_page, $next_space)
 8    set_allocate_type(first_free_page, OBJECT)
 9
10    while(--page_num > 0)
11      $free_page = next_page($free_page)
12      set_space_type($free_page, $next_space)
13      set_allocate_type($free_page, CONTINUED)
14
15    $free_page = next_page($free_page)
16  }
```

allocate_pages() 函数（代码清单 6.4）将指向空页的指针和分配的页数用作参数。

在第 7 行用 set_space_type() 函数将新的空页的编号设置成 $next_space 的值。也就是说，只要在 GC 里，这个页就会被看成是 To 页。此外，在第 8 行还用 set_allocate_type() 函数给页设置了 OBJECT 标志。

第 10 行的循环只在分配的页数大于等于 2 的时候有效。第 11 行的 next_space() 函数用来返回被用作参数的页的下一个页。

6.6.6　GC 执行过程

关于对象的分配，大家已经有了一定的了解。那么下面我们就来讲一下 MostlyCopyingGC 的执行过程吧。

图 6.9 表示的是 GC 开始前堆的状态。这时 $current_space 和 $next_space 的值是相同的。

假设就以这个状态开始 GC。首先对 $next_space 的值进行增量。一旦 GC 开始执行，跟 $current_space 值（编号）相同的页就是 From 页，跟 $next_space 值相同的页就是 To 页。

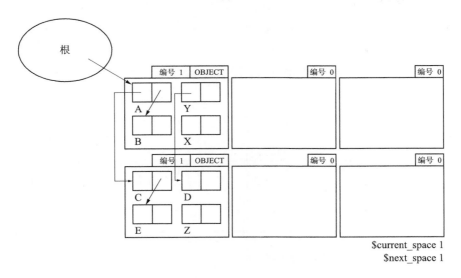

图6.9 初始状态

之后我们将那些保留有从根引用的对象的页"晋升"（promotion）到 To 页，请看图 6.10。这里的晋升指的是将页的编号设定为 $next_space 的值，把它们当成 To 页来处理。

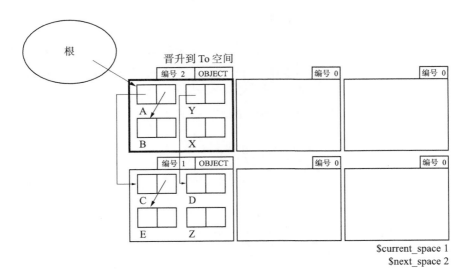

图6.10 将从根引用的页晋升

在图 6.10 中，因为 A 对象是从根引用的，所以我们将保留有该对象的页编号设定为 $next_space 的值，即 2。

　　把所有从根引用的页都晋升以后，下面就该把 To 页里对象的子对象复制到空页了。这时候从 Y（垃圾对象）引用的 D 也会被复制过去。然后，空页的编号会被设定为 $next_space。也就是说，这个页也会变成 To 页。

　　由图 6.11 可知，C 被复制的页的编号被设定成了 $next_space 的值。

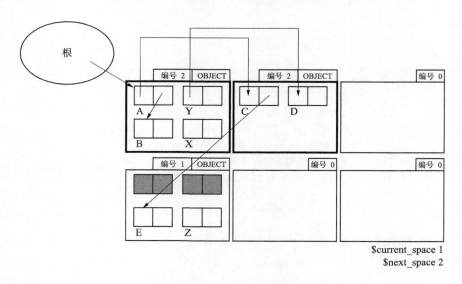

图6.11　C、D被复制后

　　接下来，我们要把新追加的 To 页里的对象的子对象复制到 To 页的分块里。如果 To 页里没有分块，那么对象就会被复制到空页，目标页的编号会被设定为 $next_space，并被作为 To 页。

　　在图 6.12 中，因为 To 页里有分块，所以 E 被复制到了这个空间。

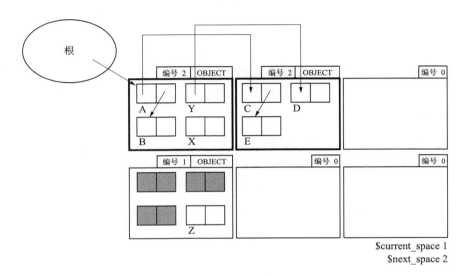

图6.12　E被复制之后

将 To 页里的所有子对象复制完毕后，GC 就结束了。这时程序会将 $current_space 的值设定为 $next_space 的值。由图 6.13 可知，$current_space 和 $next_space 的值是一样的。

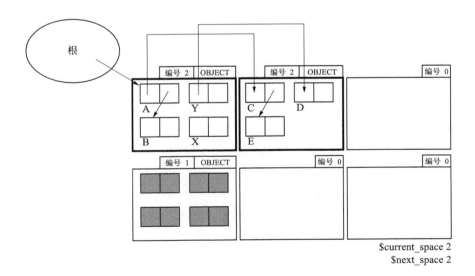

图6.13　GC结束后

不过好好看看图 6.13，其实垃圾对象 X、Y、D 都没有被回收。实际上这就是 MostlyCopyingGC 的特殊之处。MostlyCopyingGC 有个特点，就是不会回收包含有从根指向的对象（图中的 A）

的页里的垃圾对象，而且也不会回收这个垃圾对象所引用的对象群。举个极端的例子，如果所有的页里都有从根引用的对象，那么所有的垃圾都不能被回收。

这个缺点可以通过调整页大小得到改善。如果缩小页，那么即使页里的对象是从根引用的，我们也能把损失降到最低。不过如果页太小了，就会增加页总数，增大分配和 GC 所需要的成本。所以将页调整到合适大小是非常关键的。据文献 [17] 记载，有试验结果表明页的合适大小在 512 字节。

6.6.7　mostly_copying() 函数

那么我们来看看 GC 的伪代码吧。

代码清单6.5：mostly_copying() 函数

```
 1  mostly_copying(){
 2    $free_size = 0
 3    $allocated_page_num = 0
 4    $next_space = ($current_space + 1) % N
 5
 6    for(r : $roots)
 7      promote_page(obj_to_page(*r))
 8
 9    while(is_empty($to_space_queue) == FALSE)
10      page_scan(dequeue($to_space_queue))
11
12    $current_space = $next_space
13  }
```

mostly_copying() 函数（代码清单 6.5）是执行 MostlyCopyingGC 的函数，它是由 add_pages() 函数（代码清单 6.3）调用的。

在第 2 行中，为了不把对象复制到 From 页的分块里去，将 GC 开始时 From 页里的分块大小设为 0。

在第 4 行，将 $next_space 进行增量。为了避免 $next_space 数据溢出，在对 $next_space 进行增量时，我们必须用常量 N 取余。

此外，MostlyCopyingGC 不会特意把因 GC 而变成空页的页编号归 0。由图 6.13 可知，空页的编号仍为 1。因此，空页的编号可能会很混乱。为此，常量 N 的数值必须要比空页的总数大得多，以保证即使给所有空页分配唯一的编号，程序也能识别编号被设为 $next_space 的页和其他的页。

在第 6 行和第 7 行，将保留有从根引用的对象的页晋升。obj_to_page() 函数将对象用作参数，返回保留此对象的页。关于 promote_page() 函数，我们将在下面的 6.6.8 节中进行说明。

第 9 行和第 10 行是对 To 页里对象的子对象进行复制处理。除去 CONTINUED 页，所有的 To 页都连接到了 $to_space_queue。我们将其一个一个地取出并传递给 page_scan() 函数。

6.6.8　promote_page()函数

promote_page() 函数（代码清单 6.6）是将用作参数的页晋升的函数。如果用作参数的页里的对象跨了多个页，那么这些页都会被一起晋升。

代码清单6.6：promote_page() 函数

```
1  promote_page(page){
2    if(is_page_to_heap(page) == TRUE &&
3       space_type(page) == $current_space &&
4       allocate_type(page) == OBJECT)
5
6      promote_continued_page(next_page(page))
7
8      set_space_type(page, $next_space)
9      $allocated_page_num++
10     enqueue(page, $to_space_queue)
11 }
```

第 2 行、第 3 行、第 4 行用来检查用作参数的页是否满足以下条件。

- 是否在堆内
- 页编号是否和 $current_space 相同
- 页是否有 OBJECT 标志

在第 6 行调用 promote_continued_page() 函数，晋升后面的页。详细的处理情况如代码清单 6.7 所示。

代码清单6.7：promote_continued_page() 函数

```
1  promote_continued_page(page){
2    while(space_type(page) == $current_space &&
3          allocate_type(page) == CONTINUED)
4      set_space_type(page, $next_space)
5      $allocated_page_num++
6      page = next_page(page)
7  }
```

在第 8 行到第 10 行，晋升 page，连接到 $to_space_queue。

第 2 行和第 3 行用来调查用作参数的页编号是否为 $current_space，以及是否设置了 CONTINUED 标志。如果为真，则用作参数的页里的对象跨了多个页，这时令其全部晋升。

在 6.6.4 节，我们使对象不被分配到 CONTINUED 页，其原因就在于代码清单 6.7 的第 4 行到第 6 行。如果我们允许把对象分配到 CONTINUED 页，那么对象就有可能跨多个页。此时，CONTINUED 页的下一个页可能会被设置 CONTINUED 标志，晋升本来没想晋升的页。此外，因为 CONTINUED 的页不会被 $to_space_queue 执行 enqueue()，所以 page_scan() 函数不会被调用。因此，即使我们把对象分配到 CONTINUED 页，这个对象也不会被复制。

6.6.9　page_scan()函数

把那些持有从根引用的对象的页全部晋升后，下面就要复制 To 页里的对象的子对象了。

page_scan() 函数（代码清单 6.8）是通过 mostly_copying() 函数调用的函数。这个函数只接收 To 页作为参数。

代码清单6.8：page_scan()函数

```
1  page_scan(to_page){
2    for(obj : objects_in_page(to_page))
3      for(child : children(obj))
4        *child = copy(*child)
5  }
```

这个函数被用于将页里所有对象的子对象都交给 copy() 函数，并把对象内的指针都改写成目标空间的地址。

6.6.10　copy()函数

copy() 函数（代码清单 6.9）将复制对象用作参数。

代码清单6.9：copy()函数

```
1   copy(obj){
2     if(space_type(obj_to_page(obj)) == $next_space)
3       return obj
4
5     if(obj.field1 != COPIED)
6       to = new_obj(obj.size)
7       copy_data(to, obj, obj.size)
8       obj.field1 = COPIED
9       obj.field2 = to
10
11    return obj.field2
12  }
```

在第 2 行检查持有 obj 的页是否为 To 页。如果 obj 在 To 页里，就不会被复制，而是被直接返回。

在第 5 行检查对象是否已复制完毕。如果复制完毕，则在第 11 行返回 forwarding 指针。

如果没有复制完毕，则用 new_obj() 函数按复制对象的大小来分配空间，把对象的数据复制到这个空间里，然后将目标空间的地址作为 forwarding 指针纳入 field2 里。

接下来只要返回目标空间的地址，copy() 函数就结束了。

6.6.11　优点和缺点

说起 MostlyCopyingGC 的优点，首先就是能在保守式 GC 里使用 GC 复制算法。也就是说，使用 MostlyCopyingGC 的话，能够直接继承 GC 复制算法的优点。

话说回来，当然它的缺点也跟 GC 复制算法很像。MostlyCopyingGC 特有的缺点就是，在包含有从根引用的对象的页内，所有的对象都会被看成活动对象。也就是说，垃圾对象也会被看成活动对象，这样一来就拉低了内存的使用效率。

6.7　黑名单

保守式 GC 的缺点之一就是指针的错误识别，即本来应该被看作垃圾的对象却被保留了下来。改善这个问题的办法就是采用 Hans J. Boehm[18] 发明的黑名单。

6.7.1　指针的错误识别带来的害处

在指针的错误识别中，被错误判断为活动对象的那些垃圾对象的大小及内容至关重要。具体来说，主要有下面几项。

1. 大小
2. 子对象的数量

首先是大小。打个比方，有个巨大的对象死掉了，而保守式 GC 却把它错误识别成"它还活着"，这样当然就会压迫到堆了。

然后是子对象的数量。就算保守式 GC 错误识别了一个子对象也没有的小对象，由此带来的损失也并不大。对于整个堆来说，留下一个对象并不会有什么大的影响。

但是要换成错误识别了有一堆子对象的对象，这损失就大了。保守式 GC 会错误识别子对象的子对象，以及子对象的子对象的子对象，错误就会像多米诺骨牌一样连续下去。

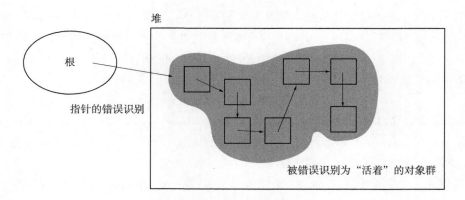

堆

根

指针的错误识别

被错误识别为"活着"的对象群

图 6.14　连续识别错误

6.7.2　黑名单

顾名思义，黑名单就是一种创建"需要注意的地址的名单"的方法。这个黑名单里记录的是"不明确的根内的非指针，其指向的是有可能被分配对象的地址"。我们将这项记录操作称为"记入黑名单"。

有可能被分配对象的地址指的又是什么呢？举个有代表性的例子，就是"堆内未使用的对象的地址"。

mutator 无法引用至今未使用过的对象。也就是说，如果根里存在有这种地址的指针，那它肯定就是"非指针"，就会被记入黑名单中。

我们在 GC 标记 – 清除算法中的 mark() 函数里导入记入黑名单的操作，其伪代码如代码清单 6.10 所示。

代码清单 6.10：mark() 函数

```
1  mark(obj){
2    if($heap_start <= obj && obj <= $heap_end)
3      if(!is_used_object(obj))
4        obj.next = $blacklist
5        $blacklist = obj
6      else
7        if(obj.mark == FALSE)
8          obj.mark = TRUE
9          for(child : children(obj))
10           mark(*child)
11 }
```

如果用作参数的对象正在使用中，那么第 3 行的 is_used_object() 函数会返回真。

此外，GC 开始时黑名单会被丢弃。也就是说，在标记阶段需要注意的地址会被记录在新的黑名单里。

6.7.3 面向黑名单内的地址的分配

黑名单里记录的是"需要注意的地址"。一旦分配程序把对象分配到这些需要注意的地址中，这个对象就很可能被非指针值所引用。也就是说，即使分配后对象成了垃圾，也很有可能被错误识别成"它还活着"。

为此，在将对象分配到需要注意的地址时，所分配的对象有着如下限制条件。

- 小对象
- 没有子对象的对象

为什么只能分配上述这样的对象呢？因为如果这样的对象成了垃圾，即使被错误识别了，也不会有什么大的损失。

因为它们足够小，也没有子对象，所以能把对堆的压迫控制在最低限度。

6.7.4 优点和缺点

这样一来，保守式 GC 因错误识别指针而压迫堆这个保守式 GC 的一大问题就得到了缓解，堆的使用效率也得到了提升。因此，这里的 GC 对象少于通常的保守式 GC 里的对象，GC 的执行速度也大大提升了。

不过相应地，在分配对象时则需要花功夫来检查黑名单。

7 分代垃圾回收

分代垃圾回收（Generational GC）在对象中导入了"年龄"的概念，通过优先回收容易成为垃圾的对象，提高垃圾回收的效率。

7.1 什么是分代垃圾回收

7.1.1 对象的年龄

人们从众多程序案例中总结出了一个经验："大部分的对象在生成后马上就变成了垃圾，很少有对象能活得很久。"分代垃圾回收利用该经验，在对象中导入了"年龄"的概念，经历过一次 GC 后活下来的对象年龄为 1 岁。

7.1.2　新生代对象和老年代对象

　　分代垃圾回收中把对象分类成几代，针对不同的代使用不同的 GC 算法，我们把刚生成的对象称为新生代对象，到达一定年龄的对象则称为老年代对象。

　　众所周知，新生代对象大部分会变成垃圾。如果我们只对这些新生代对象执行 GC 会怎么样呢？除了引用计数法以外的基本算法，都会进行只寻找活动对象的操作（如 GC 标记 – 清除算法的标记阶段和 GC 复制算法等）。因此，如果很多对象都会死去，花费在 GC 上的时间应该就能减少。

　　我们将对新对象执行的 GC 称为新生代 GC（minor GC）。minor 在这里的意思是"小规模的"。新生代 GC 的前提是大部分新生代对象都没存活下来，GC 在短时间内就结束了。

　　另一方面，新生代 GC 将存活了一定次数的新生代对象当作老年代对象来处理。我们把类似于这样的新生代对象上升为老年代对象的情况称为晋升（promotion）[①]。

　　因为老年代对象很难成为垃圾，所以我们对老年代对象减少执行 GC 的频率。相对于新生代 GC，我们将面向老年代对象的 GC 称为老年代 GC（major GC）。

　　在这里有一点需要注意，那就是分代垃圾回收不能单独用来执行 GC。我们需要把它和之前介绍的基本算法结合在一起使用，来提高那些基本算法的效率。

　　也就是说，分代垃圾回收不是跟 GC 标记 – 清除算法和 GC 复制算法并列在一起供我们选择的算法，而是需要跟这些基本算法一并使用。

　　下一节将会为大家介绍由 David Ungar 研究出来的把 GC 复制算法和分代垃圾回收这两者组合运用的方法 [21]。

7.2　Ungar 的分代垃圾回收

7.2.1　堆的结构

　　在 Ungar 的分代垃圾回收中，堆的结构如图 7.1 所示。我们总共需要利用 4 个空间，分别是生成空间、2 个大小相等的幸存空间以及老年代空间，并分别用 $new_start、$survivor1_start、$survivor2_start、$old_start 这 4 个变量引用它们的开头。我们将生成空间和幸存空间合称为新生代空间。新生代对象会被分配到新生代空间，老年代对象则会被分配到老年代空间里。Ungar 在论文里把生成空间、幸存空间以及老年代空间的大小分别设成了 140K 字节、28K 字节和 940K 字节。

　　此外我们准备出一个和堆不同的数组，称为记录集（remembered set），设为 $rs。

---

① 也有另一种说法叫作老年化（tenuring）。

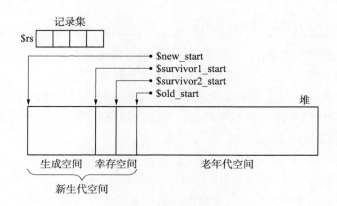

图7.1　堆结构

生成空间就如它的字面意思一样，是生成对象的空间，也就是进行分配的空间。当生成空间满了的时候，新生代 GC 就会启动，将生成空间中的所有活动对象复制，这跟 GC 复制算法是一个道理。目标空间是幸存空间。

2 个幸存空间和 GC 复制算法里的 From 空间、To 空间很像，我们经常只利用其中的一个。在每次执行新生代 GC 的时候，活动对象就会被复制到另一个幸存空间里。在此我们将正在使用的幸存空间作为 From 幸存空间，将没有使用的幸存空间作为 To 幸存空间。

不过新生代 GC 也必须复制生成空间里的对象。也就是说，生成空间和 From 幸存空间这两个空间里的活动对象都会被复制到 To 幸存空间里去。这就是新生代 GC。

只有从一定次数的新生代 GC 中存活下来的对象才会得到晋升，也就是会被复制到老年代空间去。

Ungar 的分代垃圾回收中，新生代 GC 的示意图如图 7.2 所示。

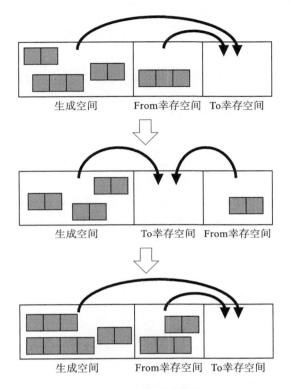

图7.2　Ungar的分代垃圾回收中新生代GC的示意图

在执行新生代 GC 时有一点需要注意，那就是我们必须考虑到从老年代空间到新生代空间的引用。新生代对象不只会被根和新生代空间引用，也可能被老年代对象引用。因此，除了一般 GC 里的根，我们还需要将从老年代空间的引用当作根（像根一样的东西）来处理。

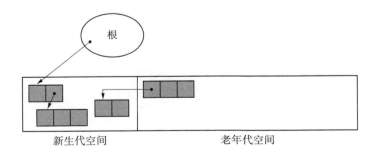

图7.3　从老年代空间引用新生代空间

　　分代垃圾回收的优点是只将垃圾回收的重点放在新生代对象身上，以此来缩减 GC 所需要的时间。不过考虑到从老年代对象的引用，结果还是要搜索堆中的所有对象，这样一来就大大削减了分代垃圾回收的优势。

　　因此我们才利用如图 7.1 所示的数组 —— 记录集。记录集用来记录从老年代对象到新生代对象的引用。这样在新生代 GC 时就可以不搜索老年代空间的所有对象，只通过搜索记录集来发现从老年代对象到新生代对象的引用。关于记录集，我们会在下一节中为大家详细说明。

　　那么，通过新生代 GC 得到晋升的对象把老年代空间占满后，就要执行老年代 GC 了。老年代 GC 没什么难的地方，它只用到了我们在第 2 章中介绍过的 GC 标记 – 清除算法。

7.2.2　记录集

　　记录集被用于高效地寻找从老年代对象到新生代对象的引用。具体来说，在新生代 GC 时将记录集看成根（像根一样的东西），并进行搜索，以发现指向新生代空间的指针。

　　不过如果我们为此记录了引用的目标对象（即新生代对象），那么在对这个对象进行晋升（老年化）操作时，就没法改写所引用对象（即老年代对象）的指针了。举个例子，请看图 7.4。

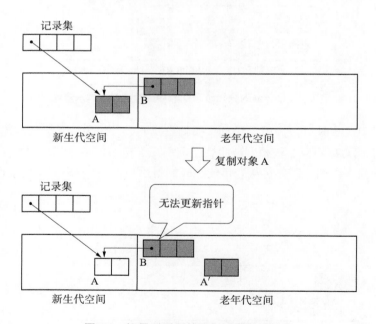

图7.4　记录了引用的目标对象的记录集

　　通过查找记录集，可知对象 A 是新生代 GC 的对象。执行新生代 GC 后，A 晋升成 A′。不过这个状态下我们无法把 B 的指针的引用目标由 A 改写为 A′。这是因为在图 7.4 中，记录集里没有存储"老年代对象 B 引用了新生代对象 A"这一信息。

　　因此，在记录集里不会记录引用的目标对象，而是记录发出引用的对象。这样一来，我们就能通过记录集搜索发出引用的对象，进而晋升引用的目标对象，再将发出引用的对象的指针更新到目标空间了。

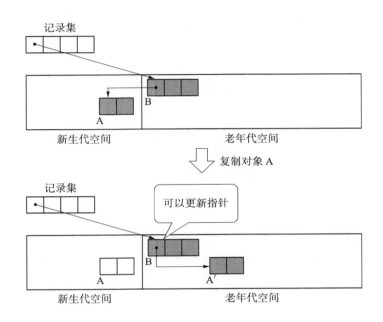

图7.5　记录了发出引用的对象的记录集

　　记录集基本上是用固定大小的数组来实现的。各个元素是指向对象的指针。

　　那么，我们该怎么往记录集里记录对象呢？这就需要下一节中为大家介绍的"写入屏障"了。

7.2.3　写入屏障

　　在分代垃圾回收中，为了将老年代对象记录到记录集里，我们利用写入屏障(write barrier)。在 mutator 更新对象间的指针的操作中，写入屏障是不可或缺的。`write_barrier()` 函数的伪代码如代码清单 7.1 所示。这个函数跟第 3 章中出现的 `update_ptr()` 函数是在完全相同的情况下被调用的。

代码清单7.1：write_barrier() 函数

```
1  write_barrier(obj, field, new_obj){
2    if(obj >= $old_start && new_obj < $old_start && obj.remembered == FALSE)
3      $rs[$rs_index] = obj
4      $rs_index++
```

```
5 │     obj.remembered = TRUE
6 │
7 │   *field = new_obj
8 │ }
```

参数 obj 是发出引用的对象，obj 内存在要更新的指针，而 field 指的就是 obj 内的域，new_obj 是在指针更新后成为引用目标的对象。

在第 2 行中检查以下 3 点。

- 发出引用的对象是不是老年代对象
- 指针更新后的引用的目标对象是不是新生代对象
- 发出引用的对象是否还没有被记录到记录集中

当这些检查结果都为真时，obj 就被记录到记录集中了。

第 3 行的 $rs_index 是用于新记录对象的索引。

第 7 行则用于更新指针。

7.2.4   对象的结构

在 Ungar 的分代垃圾回收中，对象的头部中除了包含对象的种类和大小之外，还有以下这 3 条信息。

- 对象的年龄（age）
- 已经复制完毕的标志（forwarded）
- 已经向记录集记录完毕的标志（remembered）

age 表示的是对象从新生代 GC 中存活下来的次数，这个值如果超过一定次数（AGE_MAX），对象就会被当成老年代对象处理。我们在 GC 复制算法和 GC 标记 – 压缩算法中也用到过 forwarded，这里它的作用是一样的，都是用来防止重复复制相同对象的标志。这里的 remembered 也一样，是用来防止向记录集中重复记录的标志。不过 remembered 只用于老年代对象，age 和 forwarded 只用于新生代对象。

此外，跟 GC 复制算法一样，在这里我们也使用 forwarding 指针。在 forwarding 指针中利用 obj.field1，用 obj.forwarding 访问 obj.field1。想必大家已经看出来了，这个方法跟我们在第 4 章和第 5 章中介绍过的方法一样。

Ungar 的分代垃圾回收中用到的对象的结构如图 7.6 所示。

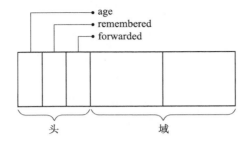

图7.6 对象的结构

7.2.5 分配

分配是在生成空间进行的。执行分配的 `new_obj()` 函数如代码清单 7.2 所示。

代码清单7.2：new_obj()函数

```
 1  new_obj(size){
 2    if($new_free + size >= $survivor1_start)
 3      minor_gc()
 4      if($new_free + size >= $survivor1_start)
 5        allocation_fail()
 6
 7    obj = $new_free
 8    $new_free += size
 9    obj.age = 0
10    obj.forwarded = FALSE
11    obj.remembered = FALSE
12    obj.size = size
13    return obj
14  }
```

这里的分配和 GC 复制算法中的分配基本一样。不过这里的 `$new_free` 是指向生成空间的分块开头的指针。

首先在第 2 行检查生成空间中是否存在 `size` 大小的分块。如果没有足够大小的分块，就执行新生代 GC。因为在执行新生代 GC 后，就可以利用全部的生成空间，所以只要对象的大小不大于生成空间的大小，就肯定能被分配到生成空间。

另一方面，那些大于生成空间的对象在此则会分配失败。不过即使不能被分配到生成空间，它们也有希望被分配到更大的老年代空间。因此，将这些对象分配到比生成空间更大的老年代空间也不失为一个可行的方法。

第 7 行和第 8 行的作用和 GC 复制算法中的 `new_obj()` 函数一样，都是将 `$new_free` 滑动 `size` 大小。

而在第 9 行到第 12 行进行的是对象的初始化操作。

7.2.6　新生代 GC

生成空间被对象占满后，新生代 GC 就会启动，执行这项操作的是 minor_gc() 函数。minor_gc() 函数负责把新生代空间中的活动对象复制到 To 幸存空间和老年代空间。我们先来讲解一下在 minor_gc() 函数中执行复制操作的 copy() 函数。

代码清单 7.3：copy() 函数

```
1   copy(obj){
2     if(obj.forwarded == FALSE)
3       if(obj.age < AGE_MAX)
4         copy_data($to_survivor_free, obj, obj.size)
5         obj.forwarded = TRUE
6         obj.forwarding = $to_survivor_free
7         $to_survivor_free.age++
8         $to_survivor_free += obj.size
9         for(child : children(obj))
10          *child = copy(*child)
11      else
12        promote(obj)
13
14    return obj.forwarding
15  }
```

代码清单 7.3 的前半部分跟我们在第 4 章中提到的 copy() 函数比较像。首先在第 2 行调查 obj 是否已复制完毕，如果尚未复制完毕，则在第 3 行调查对象的年龄。如果 obj.age < AGE_MAX 为真，也就是说如果复制对象还年轻，那么就在第 4 行到第 8 行将幸存空间作为目标空间进行复制，然后在第 9 行和第 10 行搜索已经在第 4 行复制的对象，并复制其子对象。

另一方面，当 obj 的年龄达到 AGE_MAX 时，则通过 promote() 函数进行晋升操作。

最后返回复制目标对象，即 obj.forwarding，这样 copy() 函数就结束了。

那么我们接着往下讲，执行晋升操作的 promote() 函数如代码清单 7.4 所示。

代码清单 7.4：promote() 函数

```
1   promote(obj){
2     new_obj = allocate_in_old(obj)
3     if(new_obj == NULL)
4       major_gc()
5       new_obj = allocate_in_old(obj)
6       if(new_obj == NULL)
7         allocation_fail()
```

```
 8
 9      obj.forwarding = new_obj
10      obj.forwarded = TRUE
11
12      for(child : children(new_obj))
13        if(*child < $old_start)
14          $rs[$rs_index] = new_obj
15          $rs_index++
16          new_obj.remembered = TRUE
17          return
18    }
```

晋升可以看成是一项把对象分配到老年代空间的操作，不过在这里被分配的对象是"新生代空间中年龄达到了 AGE_MAX 的对象"。在 promote() 函数中，参数 obj 是需要晋升的对象。

首先在第 2 行和第 3 行调查能否把 obj 安排到老年代空间里去。如果不能，那么就启动老年代 GC 来分配老年代空间的分块。如果无法保留分块，那么分配会就此失败。因为我们在老年代 GC 中利用了 GC 标记 – 清除算法，所以第 2 行到第 7 行和 GC 标记 – 清除算法的分配结构基本相同。

如果 obj 能安排到老年代空间里，那么就在第 9 行和第 10 行设置 forwarding 指针以及 forwarded 标志，然后在第 13 行调查 obj 是否有指向新生代对象的指针。如果 obj 有这样的指针，就在第 14 行和第 15 行将 new_obj 记录到记录集里。向记录集中记录的操作只会被执行一次。

利用 copy() 函数执行新生代 GC 的 minor_gc() 函数如代码清单 7.5 所示。

代码清单 7.5：新生代 GC

```
 1    minor_gc(){
 2      $to_survivor_free = $to_survivor_start
 3      for(r : $roots)
 4        if(*r < $old_start)
 5          *r = copy(*r)
 6
 7      i = 0
 8      while(i < $rs_index)
 9        has_new_obj = FALSE
10        for(child : children($rs[i]))
11          if(*child < $old_start)
12            *child = copy(*child)
13            if(*child < $old_start)
14              has_new_obj = TRUE
15        if(has_new_obj == FALSE)
```

```
16          $rs[i].remembered = FALSE
17          $rs_index--
18          swap($rs[i], $rs[$rs_index])
19        else
20          i++
21
22      swap($from_survivor_start, $to_survivor_start)
23    }
```

虽然有些长，不过并不是很难。

首先在第 2 行分配 To 幸存空间的分块。

然后，在第 3 行到第 5 行复制能从根找到的新生代对象。

接着，在第 7 行到第 20 行搜索记录集中记录的对象 $rs[i]，执行子对象的复制操作。这是为了复制从老年代对象引用的新生代对象而执行的操作。

第 13 行则是检查复制后的对象是还在新生代空间，还是已经晋升到老年代空间里去了。复制后的对象如果还在新生代空间，就要把已经设定为 FALSE 的 has_new_obj 标志设定为 TRUE。

在程序执行到第 15 行时，如果标志为 FALSE，则老年代对象 $rs[i] 就已经没有指向新生代空间的引用了。这种情况下，我们在第 16 行到第 18 行将这个元素从记录集里删除。

最后在第 22 行将 From 幸存空间和 To 幸存空间互换，新生代 GC 就结束了。

新生代 GC 的执行过程如图 7.7 所示。

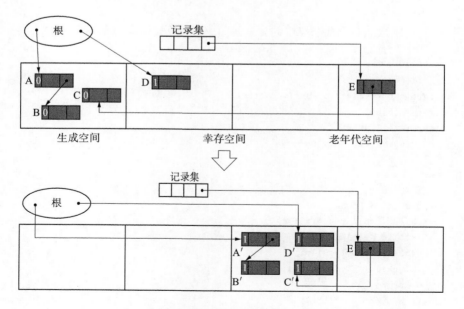

图7.7　新生代 GC

专 栏

幸存空间满了怎么办？

通常的 GC 复制算法把空间二等分为 From 空间和 To 空间，即使 From 空间里的对象都还活着，也确保能把它们收纳到 To 空间里去。不过在 Ungar 的分代垃圾回收里，To 幸存空间必须收纳 From 幸存空间以及生成空间中的活动对象。From 幸存空间和生存空间的点大小比 To 幸存空间大，所以如果活动对象很多，To 幸存空间就无法容纳下它们。

当发生这种情况时，稳妥起见只能把老年代空间作为复制的目标空间。当然，如果频繁发生这种情况，分代垃圾回收的优点就会淡化。

然而实际上经历晋升的对象很少，所以这不会有什么重大问题，因此在伪代码中我们就把这步操作省略掉了。

7.2.7 老年代 GC

关于老年代 GC，这里没什么特别要写的，用我们之前介绍的基本算法运行 GC 就行了。

不过老年代 GC 的对象 —— 老年代空间比整体堆要小，如果我们在老年代 GC 里使用 GC 复制算法，能利用的空间会变得更小，所以这不太现实。

Ungar 的论文里在老年代 GC 中用到了 GC 标记 – 清除算法。

7.3 优点

吞吐量得到改善

"很多对象年纪轻轻就会死"这一法则虽然是经验之谈，不过还是适用于大多数情况的。以这个法则为前提，新生代 GC 只将刚生成的对象当成对象，这样一来就能减少时间上的消耗。

反过来，因为老年代 GC 是针对很难变成垃圾的老年代对象执行的，所以要比新生代 GC 花的时间长。不过，在经过新生代 GC 而晋升的对象把老年代空间填满之前，老年代 GC 都不会被执行。因此，老年代 GC 的执行频率要比新生代 GC 低。

综合来看，通过使用分代垃圾回收，可以改善 GC 所花费的时间（吞吐量）。正如 Ungar 所说的那样："据实验表明，分代垃圾回收花费的时间是 GC 复制算法的 1/4。"可见分代垃圾回收的导入非常明显地改善了吞吐量。

另一方面，因为老年代 GC 很费时间，所以我们没法缩短 mutator 的最大暂停时间。关于使用分代垃圾回收来缩减 mutator 最大暂停时间的方法，我们将在 7.7 节为大家介绍。

7.4 缺点

在部分程序中会起到反作用

"很多对象年纪轻轻就会死"这个法则毕竟只适合大多数情况，并不适用于所有程序。当然，对象会活得很久的程序也有很多。对这样的程序执行分代垃圾回收，就会产生以下两个问题。

- 新生代 GC 所花费的时间增多
- 老年代 GC 频繁运行

考虑到这两点，恐怕我们没法利用到分代垃圾回收的优点，或者就算利用到了，效果也甚微。

而且，写入屏障导致的额外负担降低了吞吐量。只有当新生代 GC 带来的速度提升效果大于写入屏障对速度造成的影响时，分代垃圾回收才能够更好地发挥作用。当这个大小关系不成立时，分代垃圾回收就没有什么作用，或者说反而可能会起到反作用。这种情况下我们还是使用基本算法更好。

7.5 记录各代之间的引用的方法

Ungar 的分代垃圾回收是使用记录集来记录各代间的引用的。采用这个方法的情况下，为了直接记录发出引用的对象，对应每个发出引用的对象各花费了 1 个字。这样一来内存空间的使用效率就不怎么样了。

此外，如果各代之间的引用很多，还会出现记录集溢出的问题。

在这里我们为大家介绍一个替代记录集的方法。

7.5.1 卡片标记

Paul R. Wilson 和 Thomas G. Moher 开发了一种叫作卡片标记（card marking）的方法[22]。

在这个方法中，首先把老年代空间按照相等的大小分割开来，分割出来的一个个空间就称为卡片。论文中提到，卡片的合适大小为 128 字节。另外，我们还要为每个卡片准备一个与其对应的标志位，并将这个位作为标记表格（mark table）进行管理。请大家回忆一下我们在第 2 章中介绍的位图标记的内容。

当因为改写指针而产生从老年代对象到新生代对象的引用时，要事先对被改写的域所属的卡片设置标志位，这项操作可以通过写入屏障来实现。即使对象跨两张卡片，也不会有什么问题。

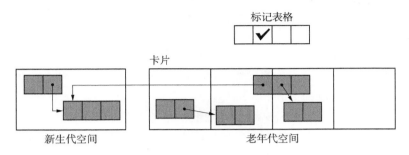

图7.8　卡片标记

　　GC 时会寻找位图表格。当找到设置了标志位的卡片时，就会从卡片开头开始寻找指向新生代空间的引用。这就是卡片标记。

　　卡片标记的一大特征就是能有效利用内存空间。因为每个 128 字节（1024 位）的新生代空间都只需要一个位来用作标记，所以整个位表（bit table）只需要老年代空间的 1/1024 的空间。也就是说，我们只要多准备出老年代空间的 0.1% 大小的内存空间就够了。

　　此外，无论从老年代空间指向新生代空间的引用怎么增加，都不会发生像记录集那样溢出的情况。

　　另一方面，这个方法还有个缺点，比如如果在标记表格里设置了很多位，那么可能就会在搜索卡片上花费大量时间。因此只有在局部存在从老年代空间指向新生代空间的引用时，卡片标记才能发挥作用。

7.5.2　页面标记

　　许多 OS 是以页面为单位来管理内存空间的，因此如果在卡片标记中将卡片和页面设置为同样大小，我们就能得到 OS 的帮助。

　　一旦 mutator 对堆内的某一个页面进行写入操作，OS 就会设置跟这个页面对应的位，我们把这个位叫作页面重写标志位（dirty bit）。

　　卡片标记中是搜索标记表格，而页面标记（page marking）中则是搜索这个页面重写标志位。

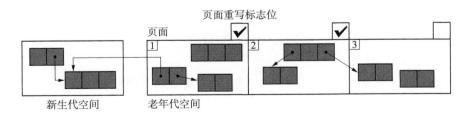

图7.9　页面标记

　　然而，并不是所有 OS 都具备这种结构。我们为不能利用页面重写标志位的 OS 准备了一种方法，即利用内存保护功能。

　　具体来说，就是在 mutator 执行过程中保护老年代空间不被写入，当 mutator 写入老年代空间时，通过异常处理来检测出这项操作。在异常处理函数的内部，和卡片标记一样，事先设置与发生写入的页面对应的位。

　　根据 CPU 的不同，页面大小也不同，不过我们一般采用的大小为 4K 字节。

　　这个方法只适用于能利用页面重写标志位或能利用内存保护功能的环境。另外，因为我们检测出了所有对页面进行的写入操作，所以除了在生成了从老年代空间指向新生代空间的引用时，在其他情况下也需要搜索页面。图 7.9 的第 2 个页面就是一个例子。

7.6　多代垃圾回收

　　分代垃圾回收将对象分为新生代和老年代，通过尽量减少从新生代晋升到老年代的对象，来减少在老年代对象上消耗的垃圾回收的时间。

　　基于这个理论，大家可能会想到分为 3 代或 4 代岂不更好？这样一来能晋升到最老一代的对象不就更少了吗？这种方法就叫作多代垃圾回收（Multi-generational GC）。

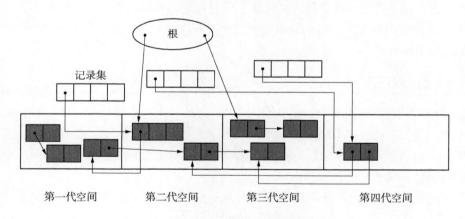

图7.10　分为4代的分代垃圾回收

　　在这个方法中，除了最老的那一代之外，每代都有一个记录集。X 代的记录集只记录来自比 X 老的其他代的引用。

　　分代数量越多，对象变成垃圾的机会也就越大，所以这个方法确实能减少活到最老代的对象。

　　但是我们也不能过度增加分代数量。分代数量越多，每代的空间也就相应地变小了，这样一来各代之间的引用就变多了，各代中垃圾回收花费的时间也就越来越长了。

综合来看，少设置一些分代能得到更优秀的吞吐量，据说分为 2 代或者 3 代是最好的 [31]。

7.7　列车垃圾回收

列车垃圾回收(Train GC)是由 Richard L. Hudson 和 J. Eliot B. Moss 发明的方法 [23]。它是为了在分代垃圾回收中利用老年代 GC 而采用的算法，可以控制老年代 GC 中暂停时间的增长。

比起本章中之前出现的算法，大家可能会感觉这个算法有些难以理解。

7.7.1　堆的结构

列车垃圾回收中将老年代空间按照一定大小划分，每个划分出来的空间称为车厢，由 1 个以上的车厢连接成的东西就叫作列车。这就是列车垃圾回收名字的由来。1 次老年代 GC 是以 1 个车厢作为 GC 对象的。

每个列车和每个车厢都按其产生的顺序被赋予了编号，互相连接。车厢就是以这个顺序作为 GC 对象的。

此外，我们要为各列车和各车厢准备记录集。列车的记录集里记录的是来自其他列车的引用，车厢的记录集中记录的则是来自同一列车的其他车厢的引用。

列车垃圾回收中堆的结构如图 7.11 所示。

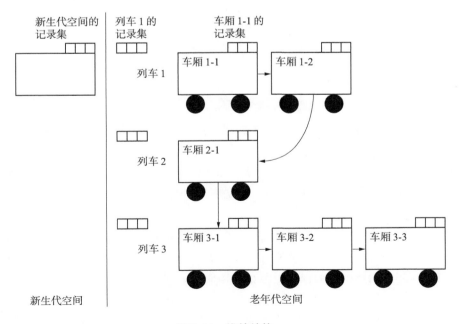

图 7.11　堆的结构

当通过新生代 GC 将对象从新生代空间晋升时，我们要准备已有的车厢或者空的车厢，将对象安排在分块里。各车厢里的分块是单独作为一个连续的内存空间存在的。也就是说，我们在这里执行 GC 时，也利用了 GC 复制算法的原理。

在新生代 GC 结束后，就该执行老年代 GC 了。在执行老年代 GC 时，开头列车的开头车厢是 GC 的对象。在老年代 GC 执行后，因为那些作为 GC 对象的车厢里只剩下了垃圾，所以我们将这些车厢作为空车厢保留，以便执行下一次新生代 GC。

此外，列车垃圾回收里的对象结构和在 Ungar 的分代垃圾回收里用到的对象结构完全一致。

7.7.2　新生代 GC

当新生代空间满了的时候，新生代 GC 就开始运行了。新生代 GC 会把根或者老年代对象引用的新生代对象复制到老年代空间里去。首先我们一起来看看执行复制操作的 copy() 函数吧。

代码清单 7.6：copy() 函数

```
 1  copy(obj, to_car){
 2    if(obj.forwarded == FALSE)
 3      if(to_car.free + obj.size >= to_car.start + CAR_SIZE)
 4        to_car = new_car(to_car)
 5      copy_data(to_car.free, obj, obj.size)
 6      obj.forwarding = to_car.free
 7      obj.forwarded = TRUE
 8      to_car.free += obj.size
 9      for(child : children(obj.forwarding))
10        *child = copy(*child, to_car)
11
12    return obj.forwarding
13  }
```

copy() 函数将对象 obj 复制到目标车厢 to_car 的分块里。关于 to_car 我们会在下面介绍 minor_gc() 函数时为大家说明。

首先在第 2 行调查 obj 是否已复制完毕。如果尚未复制完毕，就需要确认是否能把 obj 安排到 to_car 的分块里。如果分块太小，没办法放下 obj 的话，就通过 new_car() 函数将 to_car 连接到空的车厢上，以此形成一个新的 to_car。

new_car() 函数将空的车厢连接到被赋予参数的车厢 car 的后面，将它和 car 合并为同一辆列车。此外，当 new_car() 函数的参数为 NULL 时，就在老年代空间里的车厢的最后面接上一节空的车厢，创造出一辆仅由一节车厢构成的新列车。

在第 5 行到第 8 行，复制 obj，并设定 forwarding 指针等。

在第 9 行和第 10 行，搜索复制完毕的对象，并复制子对象，这里和 Ungar 的分代垃圾回收很相似。

那么，我们是怎么决定 to_car 的呢？大家看一下 minor_gc() 函数就会明白了。minor_gc() 函数的伪代码如代码清单 7.7 所示。

代码清单7.7：minor_gc() 函数

```
 1 | minor_gc(){
 2 |   to_car = new_car(NULL)
 3 |   for(r : $roots)
 4 |     if(*r < $old_start)
 5 |       *r = copy(*r, to_car)
 6 |
 7 |   for(remembered_obj : $young_rs)
 8 |     for(child : children(*remembered_obj))
 9 |       if(*child < $old_start)
10 |         to_car = get_last_car(obj_to_car(*remembered_obj))
11 |         *child = copy(*child, to_car)
12 | }
```

首先在第 2 行准备一节空的车厢，将它作为 to_car。然后在第 3 行到第 5 行复制新生代空间中由根引用的对象。

再然后，在第 7 行到第 11 行搜索新生代空间的记录集 $young_rs，复制新生代空间中那些由老年代空间引用的对象。这时的 to_car 和我们在第 3 行到第 5 行所进行的复制操作不同。在这里我们将发出引用的对象 *remembered_obj 所属列车的最后一节车厢设为 to_car。不过，第 10 行的 obj_to_car() 函数会返回参数 obj 所属的车厢，get_last_car() 则会返回参数 car 所属列车的最后一节车厢。

根据第 7 行到第 11 行的操作，具有引用关系的对象被安排到了同一辆列车里。这在列车垃圾回收中有着重要的意义。详情我们会在 7.7.6 节中进行说明。

在列车垃圾回收里，新生代 GC 的情况如图 7.12 所示。

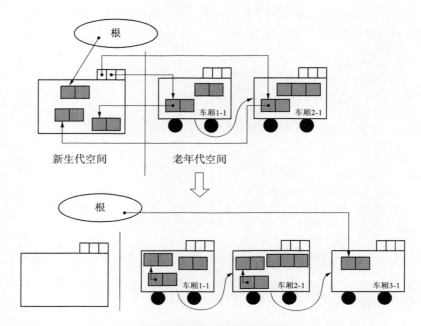

图7.12　列车垃圾回收里的新生代GC

7.7.3　老年代GC

在执行完新生代 GC 之后，我们继续执行老年代 GC。

老年代 GC 是以开头列车的开头车厢作为 GC 对象的。在这里我们将作为 GC 对象的车厢设为 $from_car。在每次执行老年代 GC 时，通过将 $from_car 里的活动对象复制到其他车厢，来回收空了的 $from_car。

列车垃圾回收里的 major_gc() 函数如代码清单 7.8 所示。

代码清单7.8：major_gc()函数

```
 1 │ major_gc(){
 2 │   has_root_reference = FALSE
 3 │   to_car = new_car(NULL)
 4 │   for(r : $roots)
 5 │     if(is_in_from_train(*r) == TRUE)
 6 │       has_root_reference = TRUE
 7 │       if(is_in_from_car(*r))
 8 │         *r = copy(*r, to_car)
 9 │
10 │   if(has_root_reference == FALSE && is_empty(train_rs($from_car)) == TRUE)
11 │     reclaim_train($from_car)
12 │     return
13 │
```

```
14    scan_rs(train_rs($from_car))
15    scan_rs(car_rs($from_car))
16    add_to_freelist($from_car)
17    $from_car = $from_car.next
18  }
```

首先在第 2 行将 has_root_reference 这个变量赋值为 FALSE。这是一个标志，表示以 $from_car 开头的列车里是否存在从根的引用。我们会在第 10 行用到这个标志。

接下来在第 3 行准备一节空的车厢作为 to_car。

然后，在第 4 行到第 8 行将 $from_car 里所有从根引用的对象都复制到 to_car 里去。

另外，我们还要在第 5 行调查发出引用的对象 *r 是否跟 $from_car 在同一辆列车上。如果条件句为真，就把 has_root_reference 设定为 TRUE。

第 10 行的 if 语句则用来调查"以 $from_car 开头的列车是否没有来自于根的引用，且这辆列车的记录集是否为空"。当没有从外部指向这辆列车的引用时，也就是说，列车里的对象都是被同一辆列车里的对象所引用时，第 10 行的检查结果就为真，此时就可以将整辆列车一并回收。执行这项回收操作的就是第 11 行的 reclaim_train() 函数。这个函数将以 $from_car 开头的列车一并连接到 $free_list，将下一辆列车的开头车厢作为下一个 $from_car。将列车一并回收时的情况如图 7.13 所示。

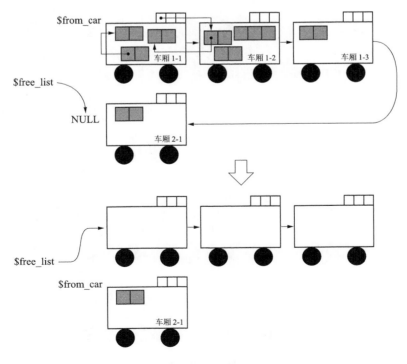

图7.13　将列车一并回收时的情况

在第 14 行和第 15 行，通过 `scan_rs()` 函数分别搜索 `$from_car` 的列车的记录集以及车厢的记录集，复制 `$from_car` 里的对象。下面就让我们来看一下 `scan_rs()` 函数吧。

代码清单7.9：scan_rs() 函数

```
1 │ scan_rs(rs){
2 │   for(remembered_obj : rs)
3 │     for(child : *remembered_obj)
4 │       if(is_in_from_car(*child) == TRUE)
5 │         to_car = get_last_car(obj_to_car(*remembered_obj))
6 │         *child = copy(*child, to_car)
7 │ }
```

第 4 行用来调查被赋予参数的记录集 `rs` 的元素 `remembered_obj` 的子对象 `child` 是否在 `$from_car` 内。

`$from_car` 内的对象会被复制到 `to_car`。此时的 `to_car` 是发出引用的对象所属列车最末尾的车厢。如果 `to_car` 装不下这些对象，那么我们就新连接一节空车厢。搜索列车 1 的记录集以及车厢 1-1 的记录集时的情况分别如图 7.14 和图 7.15 所示。

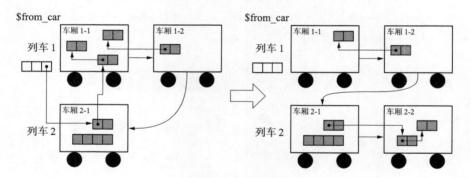

图7.14　搜索列车1的记录集

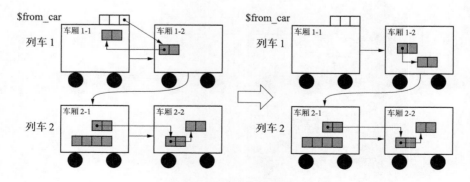

图7.15　搜索车厢1-1的记录集

让我们再次回到代码清单 7.8。在第 17 行回收 `$from_car`，在第 18 行将 `$from_car.next` 作为下一个 `$from_car`。

7.7.4　写入屏障

比起 Ungar 的分代垃圾回收中的写入屏障，列车垃圾回收中的写入屏障要稍微复杂一点。

代码清单 7.10：write_barrier() 函数

```
 1 | write_barrier(obj, field, new_obj){
 2 |   if(obj >= $old_start)
 3 |     if(new_obj < $old_start)
 4 |       add(obj, $young_rs)
 5 |     else
 6 |       src_car = obj_to_car(obj)
 7 |       dest_car = obj_to_car(new_obj)
 8 |       if(src_car.train_num > dest_car.train_num)
 9 |         add(obj, train_rs(dest_car))
10 |       else if(src_car.car_num > dest_car.car_num)
11 |         add(obj, car_rs(dest_car))
12 |
13 |   *field = new_obj
14 | }
```

在列车垃圾回收中，我们把发出引用的对象 `obj` 记录到了记录集中，但需要根据情况来灵活使用这个记录集。

首先在第 2 行调查 `obj` 是不是老年代对象。如果 `obj` 是新生代对象，就没必要把它记录到记录集里了。

然后在第 3 行调查引用的目标对象 `new_obj` 是不是新生代对象。如果是，就要将 `obj` 记录到新生代空间的记录集中。

如果 `new_obj` 是老年代对象，就要进一步调查 `obj` 和 `new_obj` 所属的列车及车厢，分情况使用记录集记录 `obj`。`src_car`、`dest_car` 是两个车厢，前者是指针发出引用的对象所属的车厢，后者是指针引用的目标对象所属的车厢。如果 `dest_car` 所属的列车位于 `src_car` 所属的列车的前面，那么我们就将发出引用的对象 `obj` 记录到 `dest_car` 所属列车的记录集中。如果 `dest_car` 位于 `src_car` 的前面，那么我们就把发出引用的对象 `obj` 记录到 `src_car` 的记录集中。

最后更新指针。

关于写入屏障的分情况讨论，大家是否有什么不理解的地方呢？列车垃圾回收只在记录集中记录了从后面车厢（列车）到前面车厢（列车）的引用，没有记录从前面车厢到后面车厢的引用。这是为什么呢？

答案就在老年代 GC 时车厢的选择方法里。列车垃圾回收将开头车厢作为 GC 的对象，所以当老年代 GC 开始执行时，当然就没有比作为 GC 对象的车厢更靠前的车厢了。

也就是说，在执行老年代 GC 时，只要考虑来自于根以及比作为 GC 对象的车厢更靠后的车厢的引用就可以了，因此需要搜索的对象就减少了。

这样一来，用写入屏障往记录集里记录对象时，通过调查引用的目标对象和发出引用的对象所属列车和车厢的前后关系，略微减少了需要记录的对象。

专 栏

记录集的溢出

事实上我们在前面介绍 `write_barrier()` 函数的伪代码时留了一个陷阱，那就是没有考虑到记录集满了的情况。

如果新生代空间的记录集满了，就必须执行新生代 GC 来清空新生代空间，要不然就没法继续进行分配。

另一方面，在老年代空间中，如果某个车厢 C 的记录集满了应该怎么办呢？此时车厢 C 不一定是老年代 GC 的对象车厢。就算我们硬要对车厢 C 执行 GC，也必须考虑 C 前面的列车及车厢对 C 的引用。此外，因为记录集已满，所以搜索记录集所需要的时间也会比平常所需时间长。

本来记录集满了就意味着此车厢里挤满了受欢迎（也就是被引用数非常大）的对象。这样的对象很难成为垃圾，每次执行 GC 都需要对其进行复制操作。

为了省去花费在这项复制操作上的时间，我们有个办法，那就是索性把车厢 C 排除到 GC 对象的范围之外去。这看上去像是白白浪费了一个车厢，不过考虑到车厢 C 中大多数对象都会在执行 GC 后存活下来，所以一开始就不对其执行 GC 可能要更为划算些。

因为这种处理不是算法本质上的处理，所以本书中就不再详述了。

7.7.5　优点

以 Ungar 的分代垃圾回收为代表的一般的分代垃圾回收都因为老年代 GC 而增加了 mutator 的最大暂停时间。这是因为分代垃圾回收将整个老年代空间这个比较大的堆当成了老年代 GC 的对象。而在列车垃圾回收中，一次老年代 GC 只将堆中非常小的一部分（即车厢）当成 GC 的对象，因此就能缩减各老年代 GC 所造成的 mutator 的最大暂停时间了。

此外，列车垃圾回收还能回收循环的大型垃圾，这一点不容忽视。列车垃圾回收之所以能回收跨多个块（在这里也就是车厢）的大型垃圾，是因为列车垃圾回收会把互相引用的对象安排在同一辆列车上。请大家回忆一下在老年代 GC 中是如何选择 `to_car` 的。在列车垃圾回收中，我们采用的方针是将要复制的对象跟发出引用的对象安排在同一辆列车上。这样一来，在重复执行老年代 GC 的过程中，所有构成垃圾的对象群早晚会被安排到同一辆列车上，因此我们就能整个回收这辆列车了。

　　如果我们没有考虑到这点会怎么样呢？打个比方，通过使用在第 4 章中提到的多空间复制算法，就可以跟列车垃圾回收一样，在一次老年代 GC 中只针对老年代空间的一个块执行 GC 了。

　　在此我们来考虑一下图 7.16(a) 这样的状况。

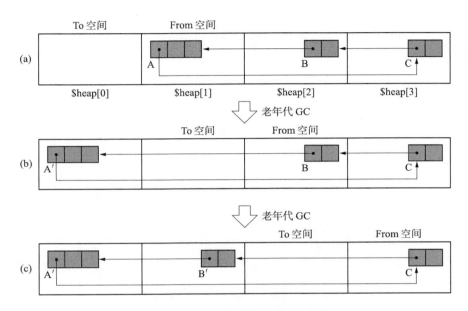

图7.16　通过多空间复制算法执行老年代 GC

　　对象群 A 到 C 形成了循环垃圾。在此状态下，如果我们将 $heap[1] 作为 From 空间，将 $heap[0] 作为 To 空间，以此来执行多空间复制算法，结果会如何呢？

　　虽然 A 本来是垃圾，不过因为它被其他块引用了，所以会被当成活动对象而复制到 heap[0] 去。同样，B、C 也会被按顺序复制过去。

　　像这样，在循环垃圾对象群跨复数个块时，因为多空间复制算法只能将已经成为垃圾的对象群进行部分移动，所以再怎么重复执行 GC，也没法回收这样的垃圾。

7.7.6　缺点

　　在列车垃圾回收中执行写入屏障所产生的额外负担，要比在 Ungar 的分代垃圾回收中执行时所产生的更大，因此在吞吐量方面，列车垃圾回收要比 Ungar 的分代垃圾回收差一些。

　　不止是这样。实际上 minor_gc() 函数和 major_gc() 函数的伪代码也有个很大的陷阱，那就是没有考虑到比车厢大的对象。列车垃圾回收是以每个对象都小于一个车厢为前提的。

　　本书中虽然没有提及，不过对于比车厢大的对象，需要将其安排到新生代空间和老年代空间以外的堆，使用跟列车垃圾回收不同的方法来执行 GC。

8 增量式垃圾回收

增量式垃圾回收(Incremental GC)是一种通过逐渐推进垃圾回收来控制 mutator 最大暂停时间的方法。

8.1 什么是增量式垃圾回收

通常的 GC 处理很繁重,一旦 GC 开始执行,不过多久 mutator 就没法执行了,这是常有的事。也就是说,GC 本来是从事幕后工作的,可是它却一下子嚣张起来,害得 mutator 这个主角都没法发挥作用了。我们将像这样的在执行时害得 mutator 完全停止运行的 GC 叫作停止型 GC[①]。停止型 GC 的示意图如图 8.1 所示。

图8.1　停止型 GC 的示意图

---

① 英语为 Stop-The-World-GC,即"停止世界而执行的 GC"。

根据应用程序（mutator）的用途不同，有时停止型 GC 是很要命的。

因此人们想出了增量式垃圾回收这种方法。增量（incremental）这个词有"慢慢发生变化"的意思。就如它的名字一样，增量式垃圾回收是将 GC 和 mutator 一点点交替运行的手法。增量式垃圾回收的示意图如图 8.2 所示。

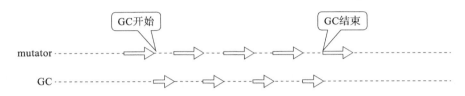

图8.2 增量式垃圾回收的示意图

在本章中我们将会介绍增量式垃圾回收的三种算法。

8.1.1 三色标记算法

描述增量式垃圾回收的算法时我们有个方便的概念，那就是 Edsger W. Dijkstra 等人提出的三色标记算法（Tri-color marking）[15]。顾名思义，这个算法就是将 GC 中的对象按照各自的情况分成三种，这三种颜色和所包含的意思分别如下所示。

- 白色：还未搜索过的对象
- 灰色：正在搜索的对象
- 黑色：搜索完成的对象

我们以 GC 标记 - 清除算法为例向大家再详细地说明一下。

GC 开始运行前所有的对象都是白色。GC 一开始运行，所有从根能到达的对象都会被标记，然后被堆到栈里。GC 只是发现了这样的对象，但还没有搜索完它们，所以这些对象就成了灰色对象。

灰色对象会被依次从栈中取出，其子对象也会被涂成灰色。当其所有的子对象都被涂成灰色时，对象就会被涂成黑色。

当 GC 结束时已经不存在灰色对象了，活动对象全部为黑色，垃圾则为白色。

这就是三色标记算法的概念。有一点需要我们注意，那就是为了表现黑色对象和灰色对象，不一定要在对象头里设置标志（事实上也有通过标志来表现黑色对象和灰色对象的情况）。在这里我们根据对象的情况，更抽象地把对象用三个颜色表现出来。每个对象是什么样的状况，意味着什么颜色，这些都根据算法的不同而不同。

此外，虽然本书中没有为大家详细说明，不过三色标记算法这个概念不仅能应用于 GC 标记 - 清除算法，还能应用于其他所有搜索型 GC 算法。

8.1.2　GC标记–清除算法的分割

那么，如果将 GC 标记 – 清除算法增量式运行会如何呢？

增量式的 GC 标记 – 清除算法可分为以下三个阶段。

- 根查找阶段
- 标记阶段
- 清除阶段

我们在根查找阶段把能直接从根引用的对象涂成灰色。在标记阶段查找灰色对象，将其子对象也涂成灰色，查找结束后将灰色对象涂成黑色。在清除阶段则查找堆，将白色对象连接到空闲链表，将黑色对象变回白色。

那么我们来一起看一下执行增量式垃圾回收的 incremental_gc() 函数吧。

代码清单8.1：incremental_gc() 函数

```
1  incremental_gc(){
2    case $gc_phase
3    when GC_ROOT_SCAN
4      root_scan_phase()
5    when GC_MARK
6      incremental_mark_phase()
7    else
8      incremental_sweep_phase()
9  }
```

首先在第 2 行检查变量 $gc_phase，判断应该进入哪个阶段。

当 $gc_phase 为 GC_ROOT_SCAN 时，进入根查找阶段。在根查找阶段中，我们将直接从根引用的对象打上标记，堆放到标记栈里。根查找阶段只在 GC 开始时运行一次。关于根查找的详细内容，我们将在 8.1.3 节进行说明。

当根查找阶段结束后，incremental_gc() 函数也告一段落，mutator 会再次开始运行。接下来再次执行 incremental_gc() 函数时会进入标记阶段。在标记阶段中会调用到 incremental_mark_phase() 函数。这个函数会从标记栈中取出和搜索对象。当操作进行过一定次数后，mutator 会再次开始运行。然后周而复始，直到标记栈为空时，标记阶段就结束了。之后的 GC 就到清除阶段了。详情请参考 8.1.4 节。

在清除阶段也会进行增量。incremental_sweep_phase() 函数不是一次性清除整个堆，而是每次只清除一定个数，然后中断 GC，再次运行 mutator。详情请参考 8.1.6 节。

如上所示，我们将 GC 标记 – 清除算法进行了细分处理。光看这些好像能很轻松地实现增量式垃圾回收，事实上并没有那么简单。

8.1.3 根查找阶段

根查找阶段非常简单。作为根查找实体的 `root_scan_phase()` 函数如代码清单 8.2 所示。

代码清单8.2：root_scan_phase() 函数

```
1  root_scan_phase(){
2    for(r : $roots)
3      mark(*r)
4    $gc_phase = GC_MARK
5  }
```

在第 2 行和第 3 行，对能直接从根找到的对象调用 `mark()` 函数。`mark()` 函数的伪代码如代码清单 8.3 所示。

代码清单8.3：mark() 函数

```
1  mark(obj){
2    if(obj.mark == FALSE)
3      obj.mark = TRUE
4      push(obj, $mark_stack)
5  }
```

如果参数 `obj` 还没有被标记，那么就将其标记后堆到标记栈。这个函数正是把 `obj` 由白色涂成灰色的函数。在下一节中我们将讲到标记阶段，那里面也出现了 `mark()` 函数。

当我们把所有直接从根引用的对象涂成了灰色时，根查找阶段就结束了，mutator 会继续执行。

此外，这时 `$gc_phase` 变成了 `GC_MARK`。也就是说，下一次 GC 时会进入标记阶段。

8.1.4 标记阶段

在代码清单 8.1 中出现的 `incremental_mark_phase()` 函数如代码清单 8.4 所示。

代码清单8.4：incremental_mark_phase() 函数

```
1   incremental_mark_phase(){
2     for(i : 1..MARK_MAX)
3       if(is_empty($mark_stack) == FALSE)
4         obj = pop($mark_stack)
5         for(child : children(obj))
6           mark(*child)
7       else
8         for(r : $roots)
9           mark(*r)
10        while(is_empty($mark_stack) == FALSE)
11          obj = pop($mark_stack)
```

```
12              for(child : children(obj))
13                mark(*child)
14
15          $gc_phase = GC_SWEEP
16          $sweeping = $heap_start
17          return
18  }
```

在第 3 行到第 6 行，从标记栈取出对象，将其子对象涂成灰色，将这一系列操作执行
MARK_MAX 次。在这里"MARK_MAX 次"是重点。不是一次处理所有的灰色对象，而是只处理一
定个数，然后暂停 GC，再次开始执行 mutator。这样一来，就能缩短 mutator 的最大暂停时间。

第 8 行到第 13 行是即将结束标记阶段时进行的处理，在这里重新标记能从根引用的对象。
因为 GC 中会把来自于根的引用更新，所以这项处理是用来应对这次更新的。在这里如果有
很多没被标记的活动对象，可能会导致 mutator 的暂停时间延长。第 15 行和第 16 行则是为
进入清除阶段而做的准备工作。

我们再来详细地看一下标记阶段。如果把标记阶段暂停，那么再次执行 mutator 会发生
什么事呢？请看图 8.3。

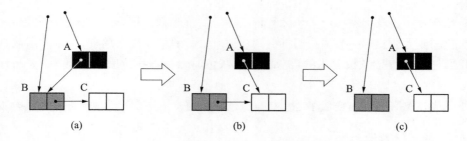

图8.3　活动对象的标记遗漏

图 8.3(a) 是刚刚暂停标记阶段后的状态，A 被涂成黑色，B 被涂成灰色。所以接下来就
要对 B 进行搜索了。在这里我们继续执行 mutator 吧。

图 8.3(b) 是 mutator 把从 A 指向 B 的引用更新为从 A 指向 C 之后的状态，然后再删除从
B 指向 C 的引用，就成了图 8.3(c) 这样。

那么，这个时候如果重新开始标记阶段会发生什么事呢？B 原本是灰色对象，经过搜索
后被涂成了黑色。然而尽管 C 是活动对象，程序却不会对它进行搜索。这是因为已经搜索完
有唯一指向 C 的引用的 A 了。

像这样单纯将 GC 标记 – 清除算法进行增量，搞不好会造成活动对象的"标记遗漏"。一
旦发生标记遗漏，就会造成在清除阶段中错误回收活动对象这种重大的问题。

在这里我们回头看图 8.3(c)，问题的原因出在从黑色对象指向白色对象的指针上。一旦

产生这种指针，活动对象就不会被标记。

为了防止发生这种情况，在改写指针时需要进行一些处理，于是我们在第 7 章中介绍的写入屏障又再次登场了。

8.1.5　写入屏障

分代垃圾回收中用到的写入屏障，事实上在增量式垃圾回收里也起着重要的作用。这里我们来看一下 Edsger W. Dijkstra 等人提出的写入屏障，详情如代码清单 8.5 所示 [15]。

代码清单 8.5：Dijkstra 的写入屏障

```
1  write_barrier(obj, field, newobj){
2    if(newobj.mark == FALSE)
3      newobj.mark = TRUE
4      push(newobj, $mark_stack)
5
6    *field = newobj
7  }
```

如果新引用的对象 newobj 没有被标记，那么就将其标记后堆到标记栈里。换句话说，如果 newobj 是白色对象，就把它涂成灰色。

下面让我们来看看如何通过这个写入屏障来防止图 8.3 中的标记遗漏问题。请看图 8.4。

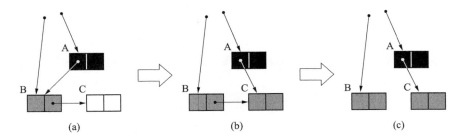

图 8.4　Dijkstra 的写入屏障

请大家注意图 8.4(b)。可以看到，这里不仅将从 A 指向 B 的指针更新为了从 A 指向 C，还将 C 从白色涂成了灰色。

即使在 mutator 更新指针后的图 8.4(c) 中，也没有产生从黑色对象指向白色对象的引用。这样一来我们就成功地防止了标记遗漏。

8.1.6　清除阶段

当标记栈为空时，GC 就会进入清除阶段。清除阶段比标记阶段要简单，如代码清单 8.6所示。

代码清单8.6：incremental_sweep_phase() 函数

```
1  incremental_sweep_phase(){
2    swept_count = 0
3    while(swept_count < SWEEP_MAX)
4      if($sweeping < $heap_end)
5        if($sweeping.mark == TRUE)
6          $sweeping.mark = FALSE
7        else
8          $sweeping.next = $free_list
9          $free_list = $sweeping
10         $free_size += $sweeping.size
11
12       $sweeping += $sweeping.size
13       swept_count++
14     else
15       $gc_phase = GC_ROOT_SCAN
16       return
17 }
```

我们只是对第 2 章中出现的 `sweep_phase()` 函数稍微动了动手脚，就将其变成了 `incremental_sweep_phase()` 函数。

基本上讲，该函数所进行的操作就是把没被标记的对象连接到空闲链表，取消已标记的对象的标志位。

然而，为了只对一定个数的对象执行清除操作，需要事先使用 `swept_count` 变量来记录已清除的对象的数量。当 `swept_count >= SWEEP_MAX` 时，就暂停清除阶段，再次执行 mutator。当把堆全部清除完毕时，就将 `$gc_phase` 设为 `GC_ROOT_SCAN`，结束 GC。

8.1.7　分配

这里的分配也和停止型 GC 标记 – 清除算法中的分配没什么两样。

代码清单8.7：newobj() 函数

```
1  newobj(size){
2    if($free_size < HEAP_SIZE * GC_THRESHOLD)
3      incremental_gc()
4
5    chunk = pickup_chunk(size, $free_list)
6    if(chunk != NULL)
7      chunk.size = size
8      $free_size -= size
9      if($gc_phase == GC_SWEEP && $sweeping <= chunk)
10       chunk.mark = TRUE
11
```

```
12      return chunk
13    else
14      allocation_fail()
15  }
```

首先在第 2 行调查分块的总量，如果分块的总量 $free_size 少于一定的量（HEAP_SIZE 的 GC_THRESHOLD 倍），就执行 GC。

停止型 GC 是在分块完全枯竭后才启动的。然而，因为增量式垃圾回收是逐步推进 GC 的，所以只调用一次 incremental_gc() 函数，分块的量不会增加。因此在分块枯竭前，我们需要静下心来，稳步推进 GC 的处理。

第 5 行的 pickup_chunk() 函数被用于搜索空闲链表，返回大小大于等于 size 的分块。大家想必还记得吧，该函数在第 2 章中也出现过。

在分配了分块的情况下，接下来在第 7 行设定分块的大小，在第 8 行对 $free_size 进行 size 大小的减量。如果在这里将这个分块返回 mutator 就危险了。

在清除阶段中进行这项分配的情况下，如果不给分配的对象设置标志位，它们就有可能被 GC 回收掉。因此在第 9 行调查现在 GC 有没有进入清除阶段，且 chunk 在不在已清除完毕的空间里。如果 chunk 在已清除完毕的空间里，就不用做什么处理。如果 chunk 在没有被清除完毕的空间里，就要在第 10 行明确地设置标志位。

这两种情况下的处理分别如图 8.5(a) 和图 8.5(b) 所示。

如果在代码清单 8.7 的第 5 行没能分配分块，分配就失败了。

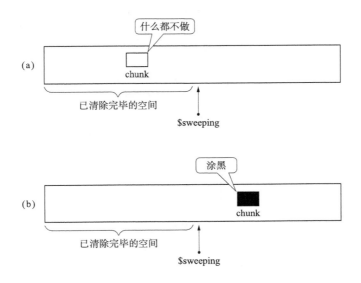

图8.5 清除阶段中的分配

8.2 优点和缺点

8.2.1 缩短最大暂停时间

增量式垃圾回收不是一口气运行 GC，而是和 mutator 交替运行的，因此不会长时间妨碍到 mutator 的运行。

增量式垃圾回收适合那些比起提高吞吐量，更重视缩短最大暂停时间的应用程序。

8.2.2 降低了吞吐量

就像我们在第 7 章中所说的那样，只要用到写入屏障，就会增加额外负担。在分代垃圾回收里，我们还能盼着通过缩短 GC 时间来抵消写入屏障带来的额外负担，但在增量式 GC 里就不用想了。因为我们的目的毕竟是缩短最大暂停时间，所以就要有做出一定的牺牲的心理准备。

如前所述，想要优先提高吞吐量，最大暂停时间就会增加；想要优先缩短最大暂停时间，吞吐量就会恶化。这两者是一个权衡关系。至于要优先哪一方，则要根据应用程序而定。

8.3 Steele 的算法

在这里我们为大家介绍一下 1975 年由 Guy L. Steele, Jr. 开发的算法 [24]。这个算法中使用的写入屏障要比 Dijkstra 的写入屏障条件更严格，它能减少 GC 中错误标记的对象。

8.3.1 mark() 函数

Steele 的算法中的 mark() 函数和 Dijkstra 的算法中的 mark() 函数有些不同，请看代码清单 8.8。

代码清单 8.8：mark() 函数

```
1  mark(obj){
2    if(obj.mark == FALSE)
3      push(obj, $mark_stack)
4  }
```

代码清单 8.8 和代码清单 8.3 的不同之处在于，在把对象堆积到标记栈时还没有标记 obj。在这个算法中，在从标记栈中取出对象时才为其设置标志位。也就是说，这里的灰色对象是 "堆在标记栈里的没有设置标志位的对象"，黑色对象是 "设置了标志位的对象"。

8.3.2　写入屏障

Steele 的写入屏障的伪代码如代码清单 8.9 所示。

代码清单 8.9：Steele 的写入屏障

```
1  write_barrier(obj, field, newobj){
2    if($gc_phase == GC_MARK &&
3       obj.mark == TRUE && newobj.mark == FALSE)
4      obj.mark = FALSE
5      push(obj, $mark_stack)
6
7    *field = newobj
8  }
```

当 `$gc_phase == GC_MARK`、`obj.mark == TRUE` 且 `newobj.mark == FALSE` 时，将 `obj.mark` 设定为 `FALSE`，将 `obj` 堆积到标记栈里。也就是说，如果在标记过程中发出引用的对象是黑色对象，且新的引用的目标对象为灰色或白色，那么我们就把发出引用的对象涂成灰色。

让我们来确认一下，通过这个写入屏障是否彻底防止了标记遗漏。请看图 8.6。

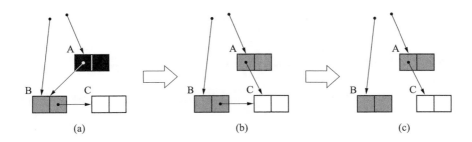

图 8.6　Steele 的写入屏障

由图可知，写入屏障在图 8.6(a) 到图 8.6(b) 中发挥了作用，对象 A 被涂成了灰色。结果图 8.6(c) 中就不存在从黑色对象指向白色对象的指针，也就不会出现把活动对象标记遗漏的状况了。

Steele 的写入屏障相比 Dijkstra 的写入屏障来说，`if` 语句的条件要严格一些。也就是说，相应地写入屏障带来的额外负担会增大。

然而另一方面，标记对象有很严格的限制条件。举个例子，图 8.6(a) 里的黑色对象 A 在图 8.6(c) 里变成了灰色。也就是说，对象 A 被再次搜索了。在这里我们假设在搜索对象 A 之前 C 已经成了垃圾，这样一来当我们搜索对象 A 时，就无法对 C 进行标记了。

而 Dijkstra 的写入屏障又如何呢？在 Dijkstra 的写入屏障中，因为已经把对象 C 涂成了灰色，所以即使之后对象 C 成了垃圾，程序也会对其进行搜索。结果垃圾对象 C 以及从 C

引用的其他垃圾对象都遗留了下来。

Steele 的写入屏障通过限制标记对象来减少被标记的对象，从而防止了因疏忽而造成垃圾残留的后果。

8.4　汤浅的算法

下面我们将为大家介绍 1990 年汤浅太一开发的算法 [25]。使用汤浅的写入屏障的算法，也称为"快照 GC"（Snapshot GC）。这是因为这种算法是以 GC 开始时对象间的引用关系（snapshot）为基础来执行 GC 的。因此，根据汤浅的算法，在 GC 开始时回收垃圾，保留 GC 开始时的活动对象和 GC 执行过程中被分配的对象。

8.4.1　标记阶段

汤浅算法中的标记阶段如代码清单 8.10 所示。

代码清单8.10：incremental_mark_phase() 函数

```
 1  incremental_mark_phase(){
 2    for(i : 1..MARK_MAX)
 3      if(is_empty($mark_stack) == FALSE)
 4        obj = pop($mark_stack)
 5        for(child : children(obj))
 6          mark(*child)
 7      else
 8        $gc_phase = GC_SWEEP
 9        $sweeping = $heap_start
10        return
11  }
```

标记阶段结束时的处理比代码清单 8.4 要简单。在汤浅的算法中，进入清除阶段前没有必要再搜索根。这是因为该算法遵循了"以 GC 开始时对象间的引用关系为基础执行 GC"这项原则。

在标记阶段中新的从根引用的对象在 GC 开始时应该会被别的对象所引用。因此，搜索 GC 开始时就存在的指针，就会发现这个对象已经在标记阶段被标记完毕了，所以没有必要从新的根重新标记它。这样一来就可以轻松地进行 GC 所必需的处理。

8.4.2　从黑色对象指向白色对象的指针

在 8.1.4 节中我们提到了通过写入屏障来防止产生从黑色对象指向白色对象的指针，然而就像我们之后看到的那样，汤浅的写入屏障里允许有从黑色对象指向白色对象的指针。为什么这样还能顺利地进行垃圾回收呢？秘密就在这个算法的原则里。汤浅的算法是基于在

GC 开始时保留活动对象这项原则的。

遵循这项原则，就没有必要在新生成指针时标记引用的目标对象了。即使生成了从黑色对象指向白色对象的指针，只要保留了 GC 开始时的指针，作为引用目标的白色对象早晚就会被标记。

其实指针被删除时的情况更应该引起我们的注意。指向对象的指针一经删除，就可能无法保留 GC 开始时的活动对象了。因此在汤浅的写入屏障里，在删除指向对象的指针时要进行一些特殊的处理。

8.4.3 写入屏障

汤浅的算法里的写入屏障的伪代码如代码清单 8.11 所示。

代码清单8.11：汤浅的写入屏障

```
1 | write_barrier(obj, field, newobj){
2 |   oldobj = *field
3 |   if(gc_phase == GC_MARK && oldobj.mark == FALSE)
4 |     oldobj.mark = TRUE
5 |     push(oldobj, $mark_stack)
6 |
7 |   *field = newobj
8 | }
```

在汤浅的写入屏障中，当 GC 进入到标记阶段且 oldobj 没被标记时，则标记 oldobj，并将其堆到栈里。

也就是说，在标记阶段中如果指针更新前引用的 oldobj 是白色对象，就将其涂成灰色。

下面让我们来看看如何使用这个写入屏障来防止出现图 8.3 中的标记遗漏问题。请看图 8.7。

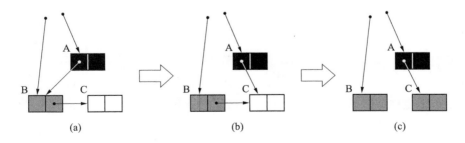

(a)   (b)   (c)

图8.7 汤浅的写入屏障

在从图 8.7(b) 转移到图 8.7(c) 的过程中写入屏障发挥了作用，它把 C 涂成了灰色，这样一来就防止了 C 的标记遗漏。

请大家注意，当处于图 8.7(b) 这种情况时生成了从黑色对象指向白色对象的指针。因为从 B 指向 C 的指针留了下来，所以汤浅的写入屏障在这时候不会进行特殊的处理。只有当从 B 指向 C 的指针被删除时，C 才会被涂成灰色。

8.4.4　分配

在汤浅的算法里，分配如代码清单 8.12 所示。

代码清单8.12：newobj() 函数

```
 1  newobj(size){
 2    if($free_size < HEAP_SIZE * GC_THRESHOLD)
 3      incremental_gc()
 4
 5    chunk = pickup_chunk(size, $free_list)
 6    if(chunk != NULL)
 7      chunk.size = size
 8      $free_size -= size
 9      if($gc_phase == GC_MARK)
10        chunk.mark = TRUE
11      else if($gc_phase == GC_SWEEP && $sweeping <= chunk)
12        chunk.mark = TRUE
13      return chunk
14
15    else
16      allocation_fail()
17  }
```

代码清单 8.12 大体上和代码清单 8.7 很相似，不过第 9 行和第 10 行却有所不同。在汤浅的算法里，在标记阶段进行分配时会无条件设置 obj 的标志位。也就是说，会把 obj 涂成黑色。这里比代码清单 8.7 要保守一些。汤浅的算法中写入屏障相对简单，所以保留了很多对象，可是最后事实上却无意间保留了很多垃圾对象。

清除阶段中的分配处理则与代码清单 8.7 完全一致。

8.5　比较各个写入屏障

下面我们用表格来简单地对比一下本章中介绍的 3 种写入屏障，它们所进行的操作以及执行这些操作所需要的条件如表 8.1 所示。

表8.1　比较3个写入屏障

提出者	A	B	C	时　机	动　作
Dijkstra	—	—	白	从(a)到(b)	将C涂成灰色
Steele	黑	—	白或者灰	从(a)到(b)	将A恢复为灰色
汤　浅	—	白	—	从(b)到(c)	将C涂成灰色

　　这样看来，它们 3 个各不相同。实际上不仅是写入屏障，在分配等方面也存在着差异，所以我们没法简单地进行比较。不过即使存在着这么大的差异，各种写入屏障也都能顺畅运行，这一点是比较耐人寻味的。

9 RC Immix算法

本章将为大家介绍 2013 年由 Rifat Shahriyar 等人开发的 RC Immix 算法（Reference Counting Immix）[27]。

9.1 目的

RC Immix 算法将引用计数法的一大缺点 —— 吞吐量低改善到了实用级别。本算法将改善了引用计数法的"合并型引用计数法"（Coalesced Reference Counting）[28] 和我们在第 5 章中介绍的 Immix 组合了起来。因此，本章中首先要介绍合并型引用计数法。

9.2 合并型引用计数法

合并型引用计数法是 2001 年由 Yossi Levanoni 和 Erez Petrank 开发的算法。

在第 3 章中我们向大家说明过，在吞吐量方面，引用计数法比不上搜索型 GC。原因之一就是"计数器增减频繁"。举个例子，某个对象 A 和对象 B 的计数器的变化如图 9.1 所示。

在从 (a) 到 (d) 的过程中，每当 X 的指针发生变更，A 和 B 的计数器都会有所增减。像这样，在引用计数法中，每当对象间的引用关系发生变化，都要增减该对象的计数器，以保证其数值一直是正确的。众所周知，这是通过写入屏障实现的。如果计数器频繁发生增减，那么写入屏障的执行频率就会增加，处理就会变得繁重。

在这里我们要注意一个容易被忽略的事实。如果对同一个对象分别进行一次增量和减量操作，因为两者会互相抵消，所以最终计数器的值并没有变化。举个例子，在图 9.1 中，因为 (i) 的 `dec_ref_cnt(A)` 和 (ii) 的 `inc_ref_cnt(A)` 抵消了，所以 (a) 和 (c) 中 A 的计数器值没有发生变化。同理，(i) 的 `inc_ref_cnt(B)` 和 (ii) 的 `dec_ref_cnt(B)` 也一样。

由此可知，比起一直保持计数器的正确状态，通过使计数器的增量和减量互相抵消，更能有效地管理计数器。

于是人们开发出了一种方法，就是把注意力放在某一时期最初和最后的状态上，在该期间内不进行计数器的增减。这就是**合并型引用计数法**（Coalesced Reference Counting）。在合并型引用计数法中，即使指针发生改动，计数器也不会增减。指针改动时的信息会被注册到**更改缓冲区**（Modified Buffer）。

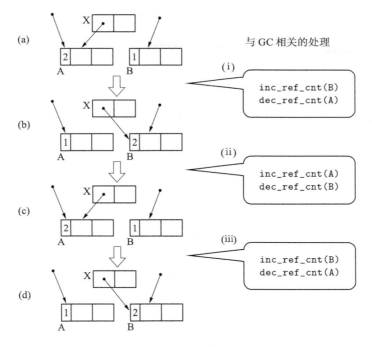

图9.1 引用计数法中计数器的变化

如果在对象间的引用关系发生变化时计数器没有增减的话，就会导致有一段时间计数器值是错误的。不过这跟我们在第 3 章中介绍的"延迟引用计数法"没什么两样。在延迟引用计数法中，如果 ZCT 满了的话，我们就要查找 ZCT，重新正确设置计数器的值。

另一方面，在合并型引用计数法中要将指针发生改动的对象和其所有子对象注册到更改缓冲区中。这项操作是通过写入屏障来执行的。不过因为这时候我们不更新计数器，所以计数器会保持错误的值。图 9.1(i) 中将对象注册到了更改缓冲区，此时的状态如图 9.2 所示。

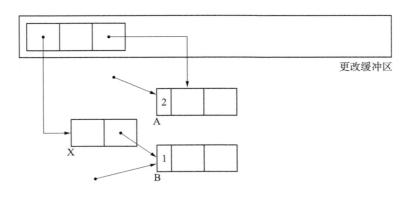

图9.2 更改缓冲区

我们将指针改动了的 X 和指针改动前被 X 引用的 A 注册到了更改缓冲区。因为没有更新计数器，所以 A 和 B 的计数器在这个时候是不正确的。这点请大家注意。

等到更改缓冲区满了，我们就要运行 GC。合并型引用计数法中的 GC 指的是查找更改缓冲区，并正确设置计数器值的操作。通过查找更改缓冲区，如何重新正确设定计数器的值呢？我们用图 9.1 来说明。

首先，X 将其指针从 A 变更到 B。此时我们把 X 和其子对象 A 注册到更改缓冲区（图 9.2）。

然后，假设 X 的原引用对象发生了 B → A → B 这样的变化。因为我们已经把 X 注册到更改缓冲区了，所以没必要重新进行注册。

接下来，假设在 (d) 阶段更改缓冲区满了，这时就该启动 GC 了。首先查找更改缓冲区，据此我们可以得到以下这些信息。

1. X 在 (i) 的阶段（也就是注册到更改缓冲区时）引用的是 A
2. X 现在引用的是 B

因此需要像下面这样，合理调整各对象的计数器。

1. 对 A 的计数器进行减量
2. 对 B 的计数器进行增量

在合并型引用计数法中，计数器的变化如图 9.3 所示。

可见，和图 9.1 所示的单纯的引用计数法相比，合并型引用计数法中计数器的增减次数减少，处理变得更加简单。

此外，这个例子中只出现了 A 和 B 这两个 X 的引用目标对象。不过，即使像 A → C → D → E → B 这样中途引用更多的对象，程序也能顺利运行。请大家试着确认一下。

上面我们简单地了解了一下合并型引用计数法的概要，下面就用伪代码来详细看一下吧。

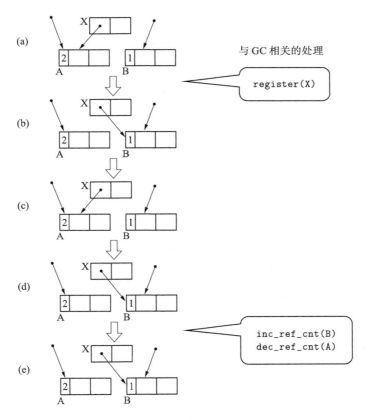

图9.3　合并型引用计数法中计数器的变化

9.2.1　伪代码

首先是写入屏障。

代码清单9.1：合并型引用计数法的写入屏障

```
1  write_barrier_coalesced_RC(obj, field, dst){
2    if(!obj.dirty)
3      register(obj)
4    obj.field = dst
5  }
```

这里的写入屏障和单纯的引用计数法中的写入屏障不同，它不执行计数器的增减，而是负责检查要改动指针的对象（obj）的标志（dirty）是否已注册完毕，如果没注册，就将其注册到更改缓冲区（$mod_buf）。执行"注册到更改缓冲区"的操作的是 register() 函数，下面我们来看一下。

代码清单9.2：register()函数

```
1  register(obj){
2    if($mod_buf.size <= $mod_buf.used_size)
3      garbage_collect()
4
5    entry.obj = obj
6    foreach(child_ptr : children(obj))
7      if(*child_ptr != null)
8        push(entry.children, *child_ptr)
9
10   push($mod_buf, entry)
11   obj.dirty = true
12 }
```

首先，当 $mod_buf 满了的时候，我们就要执行 GC 以确保有足够的空间。

接下来，我们在第 5 行到第 8 行准备 obj 的信息，以将其注册到更改缓冲区。这个 entry 是指向某对象及其所有子对象的指针的集合。我们将这个信息作为 $mod_buf 的一个元素进行注册。

在第 11 行设置 obj 的 dirtyflag，表明已经将其注册到了 $mod_buf。

最后我们来看看执行 GC 的函数。

代码清单9.3：garbage_collect()函数

```
1  garbage_collect(){
2    foreach(entry : $mod_buf)
3      obj = entry.obj
4      foreach(child : obj)
5        inc_ref_cnt(child)
6      foreach(child : entry.children)
7        dec_ref_cnt(child)
8      obj.dirty = false
9
10   clear($mod_buf)
11 }
```

就像我们上面讲的那样，合并型引用计数法是将某一时期最初的状态和最后的状态进行比较，合理调整计数器的算法。在 garbage_collect() 函数中，首先查找 $mod_buf，对于已经注册的对象 obj 进行如下处理。

1. 对 obj 现在的子对象的计数器进行增量（第 4 行、第 5 行）
2. 对 obj 以前的子对象的计数器进行减量（第 6 行、第 7 行）

第 1 项处理负责查看某个时期"最后的状态"，第 2 项处理负责查看某个时期"最初的状态"。查看对象最初和最后的状态后，合理调整计数器。此外，跟以往的引用计数法一个道理，先进行增量是为了确保 A 和 B 是同一对象时也能够顺利运行。

9.2.2　优点和缺点

合并型引用计数法的优点是增加了吞吐量。它不是逐次进行计数器的增减处理，而是在某种程度上一并执行，所以能无视增量和减量相抵消的部分。尤其在一个对象频繁更新指针的情况下，合并型引用计数法能起到很大的作用。

它的缺点就是增加了 mutator 的暂停时间，这是因为在查找更改缓冲区的过程中需要让 mutator 暂停。当然，如果更改缓冲区的大小比较小，就能相应缩短暂停时间，不过这种情况下就没法指望增加吞吐量。这方面需要我们加以权衡好好调整。

9.3　合并型引用计数法和Immix的融合

下面向大家说明怎么将合并型引用计数法和 Immix 相结合。

在以往的合并型引用计数法中，通过查找更改缓冲区，计数器值为 0 的对象会被连接到空闲链表，为之后的分配做准备。可见这和单纯的引用计数法是一样的。

另一方面，就如我们在第 5 章中介绍的那样，Immix 中不是以对象为单位，而是以线为单位进行内存管理的，因此不使用空闲链表。如果线内一个活动对象都没有了，就回收整个线。只要线内还有一个活动对象，这个线就无法作为分块回收。

RC Immix 中不仅对象有计数器，线也有计数器，这样就可以获悉线内是否存在活动对象。不过线的计数器和对象的计数器略有不同。对象的计数器表示的是指向这个对象的引用的数量，而线的计数器表示的是这个线里存在的活动对象的数量。如果这个数变成了 0，就要将线整个回收。图 9.4 表示的是线的计数器。

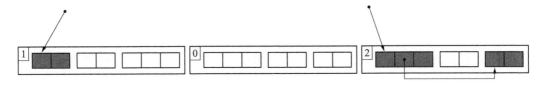

图9.4　线的计数器

为了减少额外负担，线的计数器里记录的不是"指向线内对象的引用的数量"，而是"线内活动对象的数量"。对象生成和废弃的频率要低于对象间引用关系变化的频率，这样一来更新计数器所产生的额外负担就小了。

下面就来解释一下 RC Immix 中是如何以线为单位进行内存管理的吧。我们来一起看一下 dec_ref_cnt() 函数。

代码清单 9.4：RC Immix 中的 dec_ref_cnt() 函数

```
1  dec_ref_cnt(obj){
2    obj.ref_cnt--
3    if(obj.ref_cnt == 0)
4      reclaim_obj(obj)
5      line = get_line(obj)
6      line.ref_cnt--
7      if(line.ref_cnt == 0)
8        reclaim_line(line)
9  }
```

没有什么特别难的地方。当对象的计数器为 0 时，对线的计数器进行减量操作。当线的计数器为 0 时，我们就可以将线整个回收再利用了。

这样一来，我们就成功地将合并型引用计数法和 Immix 组合到了一起。不过这样还不完整，因为虽然把内存管理方法从以对象为单位变成了以线 / 块为单位，但是却不能执行压缩。

在压缩中要进行复制对象的操作。要实现这项操作，不仅要如同字面意思写的那样复制对象，还要将引用此对象的指针全部改写。不过单纯的引用计数法中不会搜索堆中所有对象的指针，而是只在对象间的引用关系发生变化时关注变化的地方。因此压缩所需要的信息不足，无法执行。

于是 RC Immix 是通过限定对象来实现压缩的。这里的对象即**新对象**（New Object），下面我们就来看一下。

9.3.1　新对象

在 RC Immix 中，我们把没有经历过 GC 的对象称为新对象，以区别于其他对象。大家想必还记得分代垃圾回收中也有大致相同的概念吧。之所以这么区别，是因为通过查找更改缓冲区，可以找到所有指向新对象的指针。我们来详细说明一下。之前已经提到了，新对象没有经历过 GC。也就是说，它是在上一次 GC 之后生成的。因此指向新对象的所有指针也是在上一次 GC 之后生成的。

就像我们在 9.2 节中所说的那样，更改缓冲区里记录的是从上一次 GC 开始到现在为止指针改动过的对象。

所有指向新对象的指针都是在上一次 GC 之后生成的。也就是说，所有引用新对象的对象都被注册到了更改缓冲区。

因此，可以通过查找更改缓冲区来只对新对象进行复制操作。

利用这条性质，RC Immix 中以新对象为对象进行压缩，这称为**被动的碎片整理**（Reactive Defragmentation）[1]。

9.3.2 被动的碎片整理

RC Immix 和合并型引用计数法一样，在更改缓冲区满了的时候都会查找更改缓冲区，这时如果发现了新对象，就会把它复制到别的空间去。这项处理和前面第 4 章的 GC 复制算法以及第 5 章的 Immix GC 的内容基本一致。

我们准备一个空的块来当作目标空间。在复制过程中目标空间满了的情况下，就新采用一个空的块。我们不对旧对象执行被动的碎片整理。RC Immix 中的 `garbage_collect()` 函数如代码清单 9.5 所示。

代码清单9.5：RC Immix 中的 garbage_collect() 函数

```
 1  garbage_collect(){
 2    dst_block = get_empty_block()
 3    foreach(entry : $mod_buf)
 4      obj = entry.obj
 5      foreach(child_ptr : children(obj))
 6        inc_ref_cnt(*child_ptr)
 7        if(!(*child_ptr).old)
 8          reactive_defrag(child_ptr, dst_block)
 9      foreach(child : entry.children)
10        dec_ref_cnt(child)
11      obj.dirty = false
12  }
```

这里的 `garbage_collect()` 函数和合并型引用计数法中的 `garbage_collect()` 函数很像。基本流程都是查找更改缓冲区，根据情况进行增量或减量操作。代码清单 9.5 和代码清单 9.3 的不同之处在于第 8 行。这里对新对象调用了 `reactive_defrag()` 函数，这就是被动的碎片整理。那么我们来看看 `reactive_defrag()` 函数吧。

代码清单9.6：reactive_defrag() 函数

```
 1  reactive_defrag(ptr, dst_block){
 2    obj = *ptr
 3    if(obj.copied)
 4      *ptr = obj.forwarding
 5    else
 6      if(obj.size > dst_block.free_size)
 7        dst_block = get_empty_block()
```

---

[1] 碎片整理：跟Windows对文件系统进行碎片化整理的工具一样，这是一项整理碎片的处理，和压缩是一个意思。

```
 8 │    new_obj = dst_block.free_top
 9 │    copy_data(obj, new_obj, obj.size)
10 │    obj.forwarding = new_obj
11 │    *ptr = new_obj
12 │    obj.copied = true
13 │    new_obj.old = true
14 │    dst_block.free_top += obj.size
15 │    dst_block.free_size -= obj.size
16 │
17 │    line = get_line(obj)
18 │    line.ref_cnt++
19 │ }
```

　　大家也看到了，复制对象并设定 forwarding 指针的处理和我们在第 4 章中介绍的 Cheney 的 GC 复制算法是相同的。在 RC Immix 中我们还需要留意线的计数器。将对象复制到线时，也要对线的计数器进行增量。

　　通过被动的碎片整理，就可以以引用计数法为基础来执行压缩了。

　　不过，光这样还不够。被动的碎片整理只会对活动对象中的新对象进行压缩。这样一来，随着程序的逐步运行，旧对象可能会导致碎片化。此外，因为我们是以引用计数法为基础的，所以不能回收循环垃圾。为了解决如上问题，在 RC Immix 里还要进行一项压缩，那就是**积极的碎片整理**（Proactive Defragmentation）。

9.3.3　积极的碎片整理

　　被动的碎片整理有两处缺陷。

1. 无法对旧对象进行压缩
2. 无法回收有循环引用的垃圾

　　为了解决这些问题，在 RC Immix 中除了进行被动的碎片整理之外，还要进行另一项操作。为了使两者形成对比，我们称其为积极的碎片整理。

　　首先决定要复制到哪个块，然后把能够通过指针从根查找到的对象全部复制过去。这里用到的是之前在第 5 章中介绍的基本的 GC 标记 – 压缩算法。

　　通过积极的碎片整理，"对旧对象进行压缩"和"回收循环垃圾"都成为了可能。不过它还有一个好处，那就是可以重置计数器。以引用计数法为基础时，一般都会利用 Sticky 引用计数法。在 Sticky 引用计数法中，如果某个对象发生计数器溢出，那么之后就不能对其计数器进行增减，只能就此搁置。不过，如果执行积极的碎片整理，就会重新从根查找所有指针，也就能重新设定计数器的值。这样一来，有时不属于内存管理范围之内的对象也能被归到内存管理范围之内了。

　　与被动的碎片整理相比，积极的碎片整理处于辅助性的位置，因此不应该太过频繁地执行。当分块的总大小下降到一定值（例如全体堆的 10%）时再执行它为好。

9.4 优点和缺点

9.4.1　优点

　　通过 RC Immix，引用计数法最大的缺点 —— 吞吐量低得到了大幅度的改善。据论文记载，与以往的引用计数法相比，其吞吐量平均提升了 12%。根据基准测试程序的情况，甚至会超过搜索型 GC。

　　吞吐量得到改善的原因有两个。其一是导入了合并型引用计数法。因为没有通过写入屏障来执行计数器的增减操作，所以即使对象间的引用关系频繁发生变化，吞吐量也不会下降太多。

　　另一个原因是撤除了空闲链表。通过以线为单位来管理分块，只要在线内移动指针就可以进行分配了。此外，这里还省去了把分块重新连接到空闲链表的处理。这部分我们在第 4 章讲 GC 复制算法的优点时已经解释过了。

9.4.2　缺点

　　RC Immix 和合并型引用计数法一样，都会增加暂停时间。不过如前所述，可以通过调整更改缓冲区的大小来缩短暂停时间。

　　另一个缺点是"只要线内还有一个非垃圾对象，就无法将其回收"。在线的计数器是 1，也就是说线内还有一个活动对象的情况下，会白白消耗大部分线。

Garbage Collection

Algorithms and Implementations

实 现 篇

10 Python 的垃圾回收

本章中将为大家解说 Python 的垃圾回收是如何实现的。

10.1　本章前言

在了解 Python 的垃圾回收之前，我们先来做一些准备工作吧。关于 Python 的语言知识，我们会在"附录"中进行说明。有些读者可能想问 Python 这东西到底是什么，请往下看。

10.1.1　Python是什么

Python 是 Guido van Rossum 开发的一种动态类型、面向对象的脚本语言。
Python 比较著名的特征有以下两点。

1. 语法简单明确
2. 容易学会

这些特征来源于 Python 的开发策略，即"采用方便直接的语法，不采用方便但复杂的语法"。不过本书中基本上没有涉及 Python 出色的语法，敬请谅解。

10.1.2 Python的源代码

这次我们要为大家讲解的 GC 是由 Guido 主导开发的原创的 Python 解释器 [1]，采用的版本是本书执笔时（2009 年 6 月 10 日）最新的 3.0.1 版本。

请从以下网站下载 Python3.0.1 的源代码。

http://python.org/downloads/

Python 由约 60 万行的源代码构成，大体分类如下。

表10.1　源代码分布

语　言	源代码行数
Python	296 215
C	271 109
汇编语言	9 565

大家可以看到，Python 和 C 语言几乎各占一半。库基本上是用 Python 写的，Python 的核心部分基本上是用 C 语言写的。

我们将源代码整齐地按照目录进行了分割，这些目录及其概要如下所示。

表10.2　目录结构

目　录	概　要
Demo	采用了 Python 的演示应用程序
Doc	文档
Grammer	Python 的语法文件
Include	编译 Python 时引用的各种头文件
Lib	标准附加库
Mac	Mac 用的工具等
Misc	很多文件的集合（如 gdbinit 和 vimrc 等）
Modules	Python 的 C 语言扩展模块
Objects	Python 的对象用的 C 语言代码
PC	依存于 OS 等环境的程序
PCbuild	构造 Win32 和 x64 时使用
Parser	Python 用的解析器
Python	Python 的核心

其中与 Python 的垃圾回收相关的目录有"Python""Modules""Include"以及"Objects"。

---

[1] 原创的 Python 解释器：通常提起 Python，指的就是用 C 语言实现的 CPython，其他还有用 Java 实现的 Jython，在 .NET 上实现的 IronPython 等。

10.1.3　Python 的垃圾回收算法

Python 在垃圾回收中采用了引用计数法。关于引用计数的算法我们已经在第 3 章中解说过了，如果各位有不明白的地方，请参考该章。

10.2　对象管理

接下来我们要实际引用 Python 的源代码，对垃圾回收进行解读。

首先我们来一起看看 Python 中处理的对象类型事实上是怎样的结构吧。

对象的结构

Python 中将与"列表""元组"等内置数据类型对应的结构体在内部进行定义，其中的一部分如表 10.3 所示。

表 10.3　结构体和内置数据类型的对应

结构体名	对应的内置数据类型
PyListObject	列表型
PyTupleObject	元组型
PyDictObject	字典型
PyFloatObject	浮点型
PyLongObject	长整型

那么让我们来详细地看看表 10.3 中的浮点型和元组型吧。注释我们就省略了。

Include/floatobject.h

```
   /* 浮点型 */
14 typedef struct {
15     PyObject_HEAD
16     double ob_fval;
17 } PyFloatObject;
```

这里我们想请大家注意一下与垃圾回收相关的成员。Python 的垃圾回收采用的是引用计数法的方式。也就是说，应该有保持计数器的成员。

第 15 行的宏 PyObject_HEAD 定义如下。

Include/object.h

```
78 #define PyObject_HEAD    PyObject ob_base;
```

根据宏定义了 `PyObject` 型的成员 `ob_base`。

Include/tupleobject.h
```
     /* 元组 */
24   typedef struct {
25       PyObject_VAR_HEAD
26       PyObject *ob_item[1];

32   } PyTupleObject;
33
```

此外，元组这边第 25 行的宏 `PyObject_VAR_HEAD` 的定义如下。

Include/object.h
```
 93  #define PyObject_VAR_HEAD      PyVarObject ob_base;

107  typedef struct {
108      PyObject ob_base;
109      Py_ssize_t ob_size; /* 保持元素数量 */
110  } PyVarObject;
```

看上去好像是根据宏定义了 `PyVarObject` 型的成员 `ob_base`，实际上还是定义了 `PyObject` 结构体。

下面我们来看看 `PyObject` 的内容。

Include/object.h
```
101  typedef struct _object {
102      _PyObject_HEAD_EXTRA
103      Py_ssize_t ob_refcnt;
104      struct _typeobject *ob_type;
105  } PyObject;
```

这里面的 `ob_refcnt` 成员负责维持引用计数。

像这样，所有的内置型结构体都在开头保留了 `PyObject` 结构体。

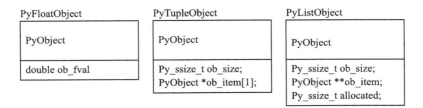

图 10.1　对象的结构

顺便提一句，PyObject 内的成员 ob_type 负责持有各种类型的信息，因为这方面跟 GC 关系不大，所以本书中就没有特别提及。

10.3　Python 的内存分配器

本节我们将为大家讲解 Python 分配内存的方法以及其分配的内存的结构。

举个例子，假设我们用 Python 脚本来实现如下这样的代码。

a=[]

在这个代码内部执行的是怎样的分配呢？我们将在这一节对此进行说明。

内存结构

在 Python 中，当要分配内存空间时，不单纯使用 malloc/free，而是在其基础上堆放 3 个独立的分层，有效率地进行分配。

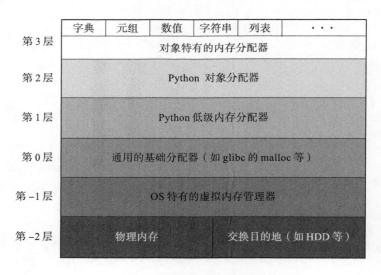

图10.2　Python 分配器的分层

第 0 层往下是 OS 的功能。第 −2 层是隐含和机器的物理性相关联的部分，OS 的虚拟内存管理器负责这部分功能。第 −1 层是与机器实际进行交互的部分，OS 会执行这部分功能。因为这部分的知识已经超出了本书的范围，我们就不额外加以说明了。

在第 3 层到第 0 层调用了一些具有代表性的函数，其调用图如下。这里我们以字典对象的生成为例。

```
PyDict_New()              ── 3层
 PyObject_GC_New()        ── 2层
  PyObject_Malloc()       ── 2层
   new_arena()            ── 1层
    malloc()              ── 0层
```

关于各个函数的具体内容我们会在后面为大家讲述，所以这里大家只要大致了解一下流程就够了。

下面我们就从第 0 层开始讲解。

10.4　第0层　通用的基础分配器

以 Linux 为例，第 0 层指的就是 glibc 的 malloc() 这样的分配器，是对 Linux 等 OS 申请内存的部分。

Python 中并不是在生成所有对象时都调用 malloc()，而是根据要分配的内存大小来改变分配的方法。申请的内存大小如果大于 256 字节，就老实地调用 malloc()；如果小于等于 256 字节，就要轮到第 1 层和第 2 层出场了。

实际的源代码如下所示。

Objects/obmalloc.c

```
723 │ void *
724 │ PyObject_Malloc(size_t nbytes)
725 │ {
726 │     block *bp;
727 │     poolp pool;
728 │     poolp next;
729 │     uint size;
730 │
    │     /* 这部分为异常处理，略去 */
    │
743 │     if ((nbytes - 1) < SMALL_REQUEST_THRESHOLD) {
    │
    │         /* 当申请的内存大小小于等于256字节时的内存分配（第1层和第2层）*/
    │
901 │     }
    │
    │     /* 当申请的内存大小大于256字节时的内存分配（第0层）*/
913 │     return (void *)malloc(nbytes);
914 │ }
```

程序会把想分配的对象大小传递给 PyObject_Malloc() 函数。if 语句的条件，即 SMALL_REQUEST_THRESHOLD 宏的定义如下所示。

Objects/obmalloc.c

```
134 │ #define SMALL_REQUEST_THRESHOLD   256
```

可见所申请的内存大小大于 256 字节时调用的是 malloc()。

10.5 第1层 Python 低级内存分配器

Python 中使用的对象基本上都小于等于 256 字节，并且净是一些马上就会被废弃的对象。请看下面的例子。

```
for x in range(100):
    print(x)
```

上述 Python 脚本是把从 0 到 99 的非负整数 [①] 转化成字符串并输出的程序。这个程序会大量使用一次性的小字符串。

在这种情况下，如果逐次查询第 0 层的分配器，就会发生频繁调用 malloc() 和 free() 的情况，这样一来效率就会降低。

因此，在分配非常小的对象时，Python 内部会采用特殊的处理。实际执行这项处理的就是第 1 层和第 2 层的内存分配器。

当需要分配小于等于 256 字节的对象时，就利用第 1 层的内存分配器。在这一层会事先从第 0 层开始迅速保留内存空间，将其蓄积起来。第 1 层的作用就是管理这部分蓄积的空间。

10.5.1 内存结构

我们来看看第 1 层中所处理的信息的内存结构吧。

根据所管理的内存空间的作用和大小的不同，它们各自的叫法也不相同。我们称最小的单位为 block，最终返回给申请者的就是这个 block 的地址。比 block 大的单位的是 pool，pool 内部包含 block。pool 再往上叫作 arena。

---

① 非负整数：指大于等于 0 的整数。

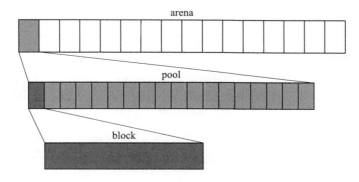

图 10.3　arena、pool、block 三者的关系

也就是说 arena > pool > block，感觉很像俄罗斯套娃吧。

为了避免频繁调用 `malloc()` 和 `free()`，第 0 层的分配器会以最大的单位 arena 来保留内存。pool 是用于有效管理空的 block 的单位。

arena 这个词有 "竞技场" 的意思。大家可以理解成竞技场里有很多个 pool，pool 里面漂浮着很多个 block，这样或许更容易理解一些。

10.5.2　arena

下面我们先从 arena 开始说明。

Objects/obmalloc.c

```
250   struct arena_object {
          /* malloc 后的 arena 的地址 */
256       uptr address;
257
258       /* 将 arena 的地址用于给 pool 使用而对齐的地址 */
259       block* pool_address;
260
          /* 此 arena 中空闲的 pool 数量 */
264       uint nfreepools;
265
266       /* 此 arena 中 pool 的总数 */
267       uint ntotalpools;
268
269       /* 连接空闲 pool 的单向链表 */
270       struct pool_header* freepools;
271
          /* 稍后说明 */
286       struct arena_object* nextarena;
287       struct arena_object* prevarena;
288   };
```

　　arena_object 结构体管理着 arena。

　　arena_object 的成员 address 里保存的是使用第 0 层内存分配器分配的 arena 的地址。arena 的大小固定为 256K 字节, 大小用以下宏定义。

Objects/obmalloc.c

```
172 │ #define ARENA_SIZE        (256 << 10)    /* 256K 字节 */
```

　　arena_object 的成员 pool_address 中保存的是 arena 里开头的 pool 的地址。不过这里有一个问题, 为什么除了域 address 之外还需要一个别的 pool 地址呢? arena 的地址和开头的 pool 地址应该是一致的啊!

　　事实上, 有时候 arena 的地址和 arena 内开头的 pool 的地址会有所不同。至于其原因, 我们会在下面的 10.5.3 节为大家详细说明。

　　arena_object 还承担着保持被分配的 pool 的数量、将空 pool 连接到单向链表的义务。

　　此外, arena_object 还被数组 arenas 管理。

Objects/obmalloc.c

```
472 │ /* 将 arena_object 作为元素的数组 */
473 │ static struct arena_object* arenas = NULL;
474 │ /* arenas 的元素数量 */
475 │ static uint maxarenas = 0;
```

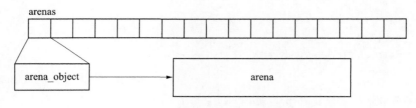

图 10.4　arenas 的结构

　　大家应该注意到了吧, 结构体 arena_object 的成员里有我们没见过的类型, 就是 "uptr" "block" "uint"。它们是用宏定义的别名。

Objects/obmalloc.c

```
219 │ #undef uchar
220 │ #define uchar      unsigned char     /* 约8位 */
221 │
222 │ #undef uint
223 │ #define uint       unsigned int      /* 约大于等于16位 */
224 │
225 │ #undef ulong
226 │ #define ulong      unsigned long     /* 约大于等于32位 */
```

```
227
228    #undef uptr
229    #define uptr      Py_uintptr_t

232    typedef uchar block;
```

　　uchar 和 uint 分别是 unsigned ××× 的略称。unsigned 指的是 "不带符号" 的意思，只有在处理非负整数时才会被用到。

　　那么我们来着重谈一下这其中的 Py_uintptr_t 吧。这个类型是整数型的一个别名，用来存放指针。其定义根据编译环境的不同会略有差异，不过一般定义如下。

Include/pyport.h
```
78    typedef uintptr_t      Py_uintptr_t;
```

　　uintptr_t 是由从 C99 开始导入的 stdint.h 提供的，在将 C 指针转化成整数时，它起着很大的作用。

　　C 指针大小根据环境而变化。举个例子，当 CPU 是 32 位的时候，指针（几乎）都是 4 字节的，当 CPU 是 64 位时，指针则是 8 字节的。我们在 32 位 PC 上将指针转化成 int 没什么问题，但是在 64 位 PC 上将指针转化成 int 就会造成溢出。

　　uintptr_t 正是负责填补这种环境差异的。uintptr_t 会根据环境变换成 4 字节或 8 字节，将指针安全地转化，避免发生溢出的问题。

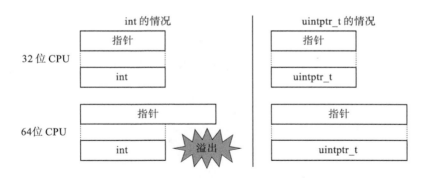

图10.5　将指针转换为整数时的uintptr_t

10.5.3　pool

　　arena 内部各个 pool 的大小固定在 4K 字节。因为几乎对所有 OS 而言，其虚拟内存的页面大小都是 4K 字节，所以我们也相应地把 pool 的大小设定为 4K 字节。

Objects/obmalloc.c

```
147 #define SYSTEM_PAGE_SIZE       (4 * 1024)

182 #define POOL_SIZE        SYSTEM_PAGE_SIZE     /* must be 2^N */
```

大多数 OS 都是以页面为单位来管理内存的。把页面大小和 pool 大小设定成相同的值，我们就能让 OS 以 pool 为单位来管理内存。

arena 内的 pool 被划分为 4K 字节的大小，不过划分时需要下一番功夫，就是要把 pool 开头的地址按照 4K 字节的倍数进行对齐。也就是说，每个 pool 开头的地址为 4K 字节(2 的 12 次方)的倍数。前一节中我们曾经提到过，arena 的地址和 arena 内开头 pool 的地址是不一致的，原因就在 pool 地址的对齐。

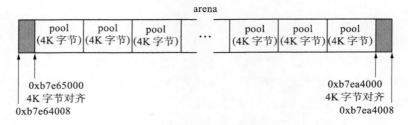

图 10.6 pool 的对齐

在从 pool 搜索 block 的时候，上面这一番功夫能起到非常大的作用。关于这点我们将在 10.6.20 节为大家说明。

接下来我们为大家介绍的是管理 pool 的结构体。

关于各个成员我们会在之后进行说明，这里大家只要知道有这种东西就够了。

Objects/obmalloc.c

```
235 struct pool_header {
        /* 分配到pool里的block的数量 */
236     union { block *_padding;
237        uint count; } ref;
        /* block的空闲链表的开头 */
238     block *freeblock;
        /* 指向下一个pool的指针(双向链表) */
239     struct pool_header *nextpool;
        /* 指向前一个pool的指针(双向链表) */
240     struct pool_header *prevpool;
        /* 自己所属的arena的索引(对于arenas而言) */
241     uint arenaindex;
        /* 分配的block的大小 */
```

```
242    uint szidx;
       /* 到下一个block的偏移 */
243    uint nextoffset;
       /* 到能分配下一个block之前的偏移 */
244    uint maxnextoffset;
245  };
```

结构体 `pool_header` 就跟它的名字一样，必须安排在各个 pool 开头。`pool_header` 在 arena 内将各个 pool 相连接，保持 pool 内的 block 的大小和个数。

10.5.4　new_arena()

以之前的内容为前提，下面让我们来实际阅读一下生成 arena 的代码吧。

生成 arena 的代码是用 `new_arena()` 函数写的，所以我们先来粗略地看一下 `new_arena()` 函数的整体结构。

Objects/obmalloc.c:new_arena()

```
508  static struct arena_object*
509  new_arena(void)
510  {
511      struct arena_object* arenaobj;

518      if (unused_arena_objects == NULL) {

             /* 生成arena_object */

             /* 把生成的arena_object 补充到arenas和unused_arena_objects里
              */

558      }

         /* 把arena分配给未使用的arena_object */

         /* 把arena内部分割成pool */

594      return arenaobj; /* 返回新的arena_object */
595  }
```

因为 `new_arena()` 函数是超过 100 行的大函数，所以我们一部分一部分地来讲。

Objects/obmalloc.c:new_arena()

```
508  static struct arena_object*
509  new_arena(void)
510  {
```

```
511        struct arena_object* arenaobj;
512        uint excess;
513
518        if (unused_arena_objects == NULL) {
```

在这里出现的 `unused_arena_objects` 是什么呢？

Objects/obmalloc.c
```
480   static struct arena_object* unused_arena_objects = NULL;
```

`unused_arena_objects` 指的是现在未使用的 `arena_object` 的单向链表。`unused_arena_objects` 中含有新生成的 `arena_object` 和已经使用过的、已废弃的 `arena_object`。

因为这个链表的初始值是 NULL，所以当没有可以使用的 arena 时，`if` 语句为真。

下面我们就来看看这个 `if` 语句的内容吧。

Objects/obmalloc.c:new_arena()
```
518        if (unused_arena_objects == NULL) {
519            uint i;
520            uint numarenas;
521            size_t nbytes;
522
526            numarenas = maxarenas ? maxarenas << 1 : INITIAL_ARENA_OBJECTS;
527            if (numarenas <= maxarenas)
528                return NULL; /* 溢出 */
```

在这里决定新分配的 arena 的数量。

`maxarenas` 表示的是 `arenas`（所有的 arena 的数组）现在的元素数量。当然，刚开始调用 `new_arena()` 的时候一个 `arena_object` 都没有，所以 `maxarenas` 也是 0。

此外，这时候 `numarenas` 会被设置成 `INITIAL_ARENA_OBJECTS`。

Objects/obmalloc.c
```
490   /* 首先分配的 arena_object 的数量 */
491   #define INITIAL_ARENA_OBJECTS 16
```

除此之外的情况下 `numarenas` 会被设置为 `maxarenas` 的 2 倍。如果结果（`numarenas`）发生溢出，程序就断定不能再增加 arena 了，于是在第 528 行返回 NULL。

Objects/obmalloc.c
```
533            nbytes = numarenas * sizeof(*arenas);
               /* 在第 1 个参数为 NULL 时，realloc 与 malloc 相同 */
534            arenaobj = (struct arena_object *)realloc(arenas, nbytes);
535            if (arenaobj == NULL)
```

```
536              return NULL;
537          arenas = arenaobj;
538
```

之后保留所设定数量的 `arena_object`，将其存入静态全局变量 `arenas`（所有 arena 的数组）中。这部分 `realloc()` 函数的调用是第 0 层的分配器的调用。

Objects/obmalloc.c:new_arena()

```
548          /* unused_arena_objects 生成列表 */
549          for (i = maxarenas; i < numarenas; ++i) {
                  /* 标记尚未分配 arena */
550              arenas[i].address = 0;
                  /* 只在末尾存入 NULL，除此之外都指向下一个指针 */
551              arenas[i].nextarena = i < numarenas - 1 ?
552                          &arenas[i+1] : NULL;
553          }
554
555          /* 反映到全局变量中 */
556          unused_arena_objects = &arenas[maxarenas];
557          maxarenas = numarenas;
558      }
```

我们把新分配的 `arena_object` 作为“未被使用的 `arena_object`”连接到一个链表。这时 `arena_object` 结构体的成员 `nextarena` 是作为单向链表使用的。

除此之外，我们同时把 0 加入 `arena_object` 的成员 `address` 中。成员 `address` 里通常包含指向 arena 的指针，不过在 `arena_object` 不持有 arena 的时候，将其明确设置为 0，使用 arena 未被保留的标志。

最终我们将用单向链表连接的 `arena_object` 开头的指针存入 `unused_arena_objects` 中。

另外，我们把更新后的数组 `arenas` 内的 `arena_object` 的数量存入 `maxarenas` 里。

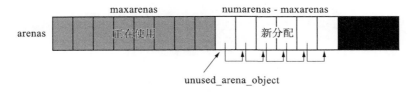

图 10.7　连接到 unused_arena_objects

这样我们就完成了数组 `arenas` 的初始化。接下来我们必须保留其重要内容——arena。

Objects/obmalloc.c:new_arena()

```
          /* 取出未被使用的 arena_object */
562   arenaobj = unused_arena_objects;
563   unused_arena_objects = arenaobj->nextarena; /* 取出 */


          /* 分配 arena ( 256K 字节 ) */
565   arenaobj->address = (uptr)malloc(ARENA_SIZE);
566   if (arenaobj->address == 0) {
567       /* 分配失败 */
570       arenaobj->nextarena = unused_arena_objects;
571       unused_arena_objects = arenaobj;
572       return NULL;
573   }
```

我们从 unused_arena_objects 中取出一个未被使用的 arena_object，为其分配给 arena。

如果 arena 分配失败，就将取出的 arena_object 再次连接到 unused_arena_objects，返回 NULL。也就是说，在这个函数的调用方，必须和 malloc() 函数一样对返回值进行 NULL 检查，一旦失败就必须采用适当的对策来处理。

接下来我们将分配到的 arena 内部分割为 pool。

Objects/obmalloc.c:new_arena()

```
581   arenaobj->freepools = NULL;
582   /* pool_address <- 对齐后开头 pool 的地址
583      nfreepools <- 对齐后 arena 中 pool 的数量 */
584   arenaobj->pool_address = (block*)arenaobj->address;
585   arenaobj->nfreepools = ARENA_SIZE / POOL_SIZE;

587   excess = (uint)(arenaobj->address & POOL_SIZE_MASK);
588   if (excess != 0) {
589       --arenaobj->nfreepools;
590       arenaobj->pool_address += POOL_SIZE - excess;
591   }
592   arenaobj->ntotalpools = arenaobj->nfreepools;
593
594   return arenaobj;
595 }
```

结构体 arena_object 的成员 pool_address 中存有以 4K 字节对齐的 pool 的地址。

在此使用 POOL_SIZE_MASK 来对用 malloc() 保留的 arena 的地址进行屏蔽处理，计算超过的量（excess）。

如果超过的量（excess）为 0，因为 arena 的地址刚好是 4K 字节（2 的 12 次方）的倍数，所以程序会原样返回分配的 arena_object。这时候因为 arena 内已经被 pool 填满了，所以可以通过计算 arena 的大小或 pool 的大小来求出 arena 内 pool 的数量。

　　如果超过的量不为 0，程序就会计算"arena 的地址 ＋ 超过的量"，将其设置为成员 `pool_address`。此时 arena 内前后加起来会产生一个 pool 的空白，所以要减去这部分，将其设置为 `nfreepools`。

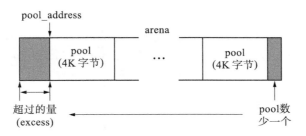

图10.8　设置pool_address以及调整pool 数量

　　这样我们就成功生成了一个 arena。

10.5.5　usable_arenas和unused_arena_objects

　　我们再详细讲一下管理 arena 的全局变量 usable_arenas 和 unused_arena_objects 吧。大家还记得 unused_arena_objects 在 new_arena() 函数中出现过吧。

　　因为这些源代码中已经有详细的注释，所以我们就直接将其翻译过来了。

Objects/obmalloc.c

> unused_arena_objects
>
>> 将现在未被使用的 arena_object 连接到单向链表。
>> （可以说 arena 还未得到保留）
>> arena_object 是从 new_arena() 内列表的开头取的。
>> 此外，在 PyObject_Free() 时 arena 为空的情况下，arena_object 会被追加到这个列表的开头。
>> 注意：只有当结构体 arena_object 的成员 address 为 0 时，才将其存入这个列表。
>
> usable_arenas
>
>> 这是持有 arena 的 arena_object 的双向链表，其中 arena 分配了可利用的 pool。
>> 这个 pool 正在等待被再次使用，或者还未被使用过。
>> 这个链表按照 block 数量最多的 arena 的顺序排列。
>> （基于成员 nfreepools 升序排列）
>> 这意味着下次分配会从使用得最多的 arena 开始取。
>> 然后它也会给很多将几乎为空的 arena 返回系统的机会。
>> 根据我的测试，这项改善能够在很大程度上释放 arena。

在没有能用的 arena 时，我们使用 unused_arena_objects。如果在分配时没有 arena，就从这个链表中取出一个 arena_object，分配新的 arena。

在没有能用的 pool 时，则使用 usable_arenas。如果在分配时没有 pool，就从这个链表中取出 arena_object，从分配到的 arena 里取出一个 pool。

usable_arenas 是通过 arena_object 的成员 nfreepools 排序的链表。从 Python2.5 开始改善了这一点。

这里有一点需要注意，那就是 unused_arena_objects 是单向链表，usable_arenas 是双向链表。当我们采用 unused_arena_objects 时，只能使用结构体 arena_object 的成员 nextarena；而当我们采用 usable_arenas 时，则可以使用成员 nextarena 和成员 prevarena。

arena_object 的 nextarena 和 prevarena 在不同情况下用法是不同的，请大家记住这一点。

10.5.6　第1层总结

第1层分配器的任务就是生成 arena 和 pool，将其存入 arenas 里，或者连接到 unused_arena_objects。

第1层的任务可以用一句话来总结，那就是"管理 arena"。

本节中我们也涉及了 block，不过实际分配 block 的是第2层。

10.6　第2层　Python 对象分配器

第2层的分配器负责管理 pool 内的 block。

这一层实际上是将 block 的开头地址返回给申请者，并释放 block 等。

那么我们来看看这一层是如何管理 block 的吧。

10.6.1　block

pool 被分割成一个个的 block。我们在 Python 中生成对象时，最终都会被分配这个 block（在要求大小不大于 256 字节的情况下）。

以 block 为单位来划分，这是从 pool 初始化时就决定好的。这是因为我们一开始利用 pool 的时候就决定了"这是供 8 字节的 block 使用的 pool"。

我们将每个 block 的大小定为 8 的倍数，相应地 block 的地址肯定也是 8 的倍数，这理所当然，因为 pool 是按 4K 字节（2 的 12 次方）对齐的。

为什么要将 block 按 8 的倍数对齐呢？这是因为这样一来 block 的地址在 64 位 CPU 和 32 位 CPU 中都不会出现问题。如果不返回适应 CPU 的地址，那么在有些环境下访问时就可能会出现"非法对齐"。为了避免这一问题，所以才按 8 字节来对齐的。

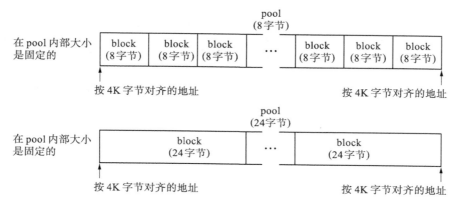

图10.9　对齐block

申请的大小和对应的 block 的大小如表 10.4 所示。

表10.4　申请的大小和对应的block的大小

申请的大小（字节）	对应的block的大小（字节）
1 ~ 8	8
9 ~ 16	16
17 ~ 24	24
25 ~ 32	32
⋮	⋮
241 ~ 248	248
249 ~ 256	256

专栏

利用地址对齐的 hack

　　`malloc()` 返回的地址事实上是按照一定大小对齐的。虽然根据 CPU 的不同而有所区别，不过在 32 位 CPU 的情况下，glibc malloc 返回的是以 8 字节对齐的地址。

　　这跟 CPU 有着很大的关系。CPU 原则上能从对齐的地址取出数据。相应地，`malloc()` 分配的地址也应配合 CPU 对齐来返回数据。

　　利用这一点的著名 hack 就是将地址的低 3 位用作标志。

　　假设在结构体内存入某个指针。如果从 `malloc()` 返回的地址是按 8 字节对齐的，那么其指针的低 3 位肯定为 "0"。于是我们想到了在这里设置位，将其作为标志来使用。当我们真的要访问这个指针时，就将低 3 位设为 0，无视标志。

这是一个非常大胆的 hack，但事实上 glibc malloc 却实现了这个 hack。

大家可以从下面的网站获得 glibc 的源代码。

http://www.gnu.org/software/libc/development.html

如果大家去仔细研究一下 `malloc.c` 的 `set_head()` 函数，就能发现一些很有趣的事情。有兴趣的读者不妨一窥究竟。

10.6.2　usedpools

Python 的分配器采用 Best - fit 的分配战略，即极力让分配的 block 的大小接近申请的大小。为此需要在一开始就找到有合适大小的 block 的 pool，也就是说，block 的大小刚好符合要分配的大小。

这里需要大家回忆一下，我们是以 block 为单位划分 pool 的，也就是说，pool 内所有 block 的大小都相等。因此，要想找到与所申请的大小相对应的 block，首先必须找到有这个 block 的 pool。

此外，搜索这个 pool 的过程必须是高速的。因为在每次分配时都会进行这项搜索处理，所以如果这里的性能不佳的话，就会大幅影响应用程序的整体性能。

反过来，当我们找到 pool 后，不管大小如何，只要在发现的 pool 内找到一个空的 block，就能轻松地划分 block。

那么 Python 中为了实现高速搜索 pool 都下了什么样的功夫呢？答案就在于 `usedpools` 这个全局变量。

`usedpools` 是保持 pool 的数组，其结构如图 10.10 所示。

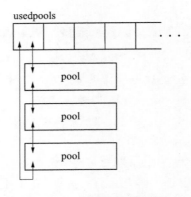

图 10.10　usedpools 的结构

每个 pool 用双向链表相连，形成了一个双向循环链表。`usedpools` 里存储的是指向开头

pool 的指针。

usedpools 负责从众多 pool 中找出那些 block 的大小符合要求的 pool，并将其高速返回。因此数组 usedpools 的索引及 pool 内部的 block 的大小这两者的对应关系如下。

表10.5　申请的大小和索引的对应关系

申请的大小（字节）	对应的block的大小（字节）	索　引
1 ~ 8	8	0
9 ~ 16	16	1
17 ~ 24	24	2
⋮	⋮	⋮
241 ~ 248	248	30
249 ~ 256	256	31

也就是说，如果申请的大小是 20 字节，我们就参照上面的表 10.5 取出索引 2 的元素中的 pool，那么这个 pool 肯定有着用于 24 字节的 block。

这样一来，我们就能以 O(1) 的搜索时间搜索符合所申请大小的 pool 了。

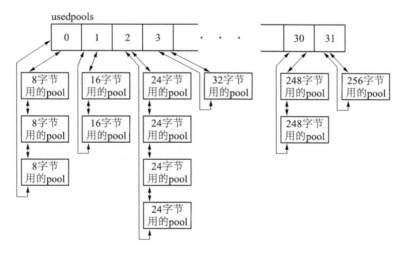

图10.11　与usedpools的索引相对应的pool

这里需要大家注意的是，这个 usedpools 内的 pool 链表是用双向链表连接的。事实上，一旦 pool 内部的所有 block 都被释放，它就会被作为一个"空 pool"返回给 arena。我们并不知道是哪个 pool 释放的 block。因此这就增加了从 usedpools 中的 pool 链表的中途释放 block 的可能性。

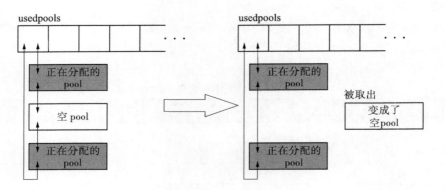

图 10.12 取出空 pool

在这种情况下，我们就必须从链表中途取出 pool。而之所以采用双向链表来连接 usedpools 的元素，就是因为从结构上来说，双向链表更擅长处理元素的取出和插入。

10.6.3 复杂的 usedpools

要把 usedpools 讲完并没有那么简单，再来看一下 usedpools 的初始化部分，其代码是非常复杂的。

Objects/obmalloc.c

```
412  static poolp usedpools[2 * ((NB_SMALL_SIZE_CLASSES + 7) / 8) * 8] = {
413      PT(0), PT(1), PT(2), PT(3), PT(4), PT(5), PT(6), PT(7)
414  #if NB_SMALL_SIZE_CLASSES > 8
415      , PT(8), PT(9), PT(10), PT(11), PT(12), PT(13), PT(14), PT(15)
416  #if NB_SMALL_SIZE_CLASSES > 16
417      , PT(16), PT(17), PT(18), PT(19), PT(20), PT(21), PT(22), PT(23)
418  #if NB_SMALL_SIZE_CLASSES > 24
419      , PT(24), PT(25), PT(26), PT(27), PT(28), PT(29), PT(30), PT(31)
420  #if NB_SMALL_SIZE_CLASSES > 32
421      , PT(32), PT(33), PT(34), PT(35), PT(36), PT(37), PT(38), PT(39)
422  #if NB_SMALL_SIZE_CLASSES > 40
423      , PT(40), PT(41), PT(42), PT(43), PT(44), PT(45), PT(46), PT(47)
424  #if NB_SMALL_SIZE_CLASSES > 48
425      , PT(48), PT(49), PT(50), PT(51), PT(52), PT(53), PT(54), PT(55)
426  #if NB_SMALL_SIZE_CLASSES > 56
427      , PT(56), PT(57), PT(58), PT(59), PT(60), PT(61), PT(62), PT(63)
428  #endif /* NB_SMALL_SIZE_CLASSES > 56 */
429  #endif /* NB_SMALL_SIZE_CLASSES > 48 */
430  #endif /* NB_SMALL_SIZE_CLASSES > 40 */
431  #endif /* NB_SMALL_SIZE_CLASSES > 32 */
432  #endif /* NB_SMALL_SIZE_CLASSES > 24 */
```

```
433  #endif /* NB_SMALL_SIZE_CLASSES > 16 */
434  #endif /* NB_SMALL_SIZE_CLASSES > 8 */
435  };
```

大家完全不知道这是在干什么吧。首先我们要理解 usedpools 是什么数组。

Objects/obmalloc.c
```
247  typedef struct pool_header *poolp;
```

poolp 大概是 pool_header 的指针型的别名。也就是说，usedpools 是 pool_header 的指针型的数组。

接下来我们来看看宏 NB_SMALL_SIZE_CLASSES 的内容。

Objects/obmalloc.c
```
115  #define ALIGNMENT           8            /* 有必要为2的N次方 */

134  #define SMALL_REQUEST_THRESHOLD    256
135  #define NB_SMALL_SIZE_CLASSES      (SMALL_REQUEST_THRESHOLD / ALIGNMENT)
```

NB_SMALL_SIZE_CLASSES 是 "256 / 对齐的字节数"。256 指的是 256 字节，也就是第 1 层和第 2 层分配器可接受的字节数的上限。也就是说，在这个计算中我们求出的是 block 的大小有多少种。只要不更改对齐的字节数，这个宏的计算结果就是 32。

在此基础上删去不需要的宏，如下所示。

Objects/obmalloc.c简略版
```
static poolp usedpools[64] = {
    PT(0), PT(1), PT(2), PT(3), PT(4), PT(5), PT(6), PT(7)
    , PT(8), PT(9), PT(10), PT(11), PT(12), PT(13), PT(14), PT(15)
    , PT(16), PT(17), PT(18), PT(19), PT(20), PT(21), PT(22), PT(23)
    , PT(24), PT(25), PT(26), PT(27), PT(28), PT(29), PT(30), PT(31)
};
```

这样就清楚多了吧。

看来 usedpools 的元素数量是 64，但申请大小的种类却只有 32 种，为什么呈倍数关系呢？事实上为了用双向链表连接 pool，usedpools 的元素是分成两两一组的，因此所分配的数组的元素数量才会是 32 的倍数 64。

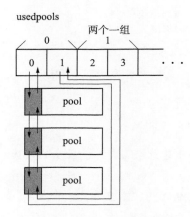

图10.13 usedpools 的分组索引

下面我们来看看宏 PT() 的内容，这个宏被定义在 usedpools 的元素内部。

Objects/obmalloc.c

```
410 #define PT(x)    PTA(x), PTA(x)
```

宏 PT() 以两个一组的形式调用宏 PTA()。

下面我们来看看被调用的宏 PTA()。

Objects/obmalloc.c

```
409 #define PTA(x)    ((poolp )((uchar *)&(usedpools[2*(x)]) - 2*sizeof(block *)))
```

这个宏定义了一个指针，这个指针指向的位置是从一组的开头再往前"两个 block 指针型的大小"。

问题是我们为什么非要把事情搞得这么复杂呢？请大家回忆一下，usedpools 是指向结构体 pool_header 的指针数组。

Objects/obmalloc.c 重新执行

```
235 struct pool_header {
236     union { block *_padding;
237         uint count; } ref;
238     block *freeblock;
239     struct pool_header *nextpool;
240     struct pool_header *prevpool;
241     uint arenaindex;
242     uint szidx;
243     uint nextoffset;
244     uint maxnextoffset;
245 };
```

这里双向链表的成员是 nextpool 和 prevpool。

往前移动两个 block 指针型的大小，就是往前移动第 236 行、第 237 行的成员 ref 和第 238 行的成员 freeblock 的大小。为了这次处理，我们将成员 ref 定义为 union 的 block 指针型的成员 _padding。成员 _padding 实际上没有被使用。

在此基础上就可以像下面这样使用 usedpools 了。

```
byte = 20 /* 申请的字节数 */
byte = (20 - 1) >> 3 /* 对齐：结果 2 */
pool = usedpools[byte+byte] /* 因为是两两一组，所以索引加倍：index 4 */
```

这时，取出的 pool 存在如下关系。

```
pool; == pool->nextpool
pool; == pool->prevpool
pool->nextpool == pool->prevpool
```

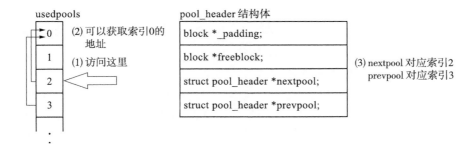

图 10.14　usedpools 的初始化

"这代码真是太复杂了，何必这么费劲，只要把 usedpools 拿来当结构体 pool_header 的数组不就完了吗？"读到这里的时候，笔者曾这样想到。但是这段代码是有着历史背景的，当笔者看到源代码中的下面这条注释时，不禁大吃一惊。

usedpools 的安装不知为何如此复杂。

这话说得也太痛快了吧。

不过之后作者倒是清楚地写出了原因，这样一来笔者悬着的心也就落地了。

在需要缓存的时候，能够尽可能地让缓存少承载一些引用表。

（只需要 pool_header 中两个内部的指针成员）

原来如此。如果直接保留 pool_header 的话，往往就会出现 usedpools 变得太大，缓存承载不下的状况。因为我们要频繁引用数组 usedpools，所以让它小一些才会减轻缓存的压力。

此外，因为我们只使用 pool_header 内双向链表的成员，所以会浪费掉除此之外的部分。作者应该是想要在这上面下点功夫，看看能不能用两个成员就解决问题，所以才想出了这么复杂的方法吧。

10.6.4　block 的状态管理

pool 内被 block 完全填满了，那么 pool 是怎么进行 block 的状态管理的呢？
block 只有以下三种状态。

1. 已经分配
2. 使用完毕
3. 未使用

使用完毕的 block 指的是使用过一次、已经被释放的 block。未使用的 block 指的是一次都没被使用过的 block。

当 mutator 申请分配 block 时，pool 必须迅速地把使用完毕或未使用的 block 传递过去。为此，pool 中分别用不同的方法来管理使用完毕的 block 和未使用的 block。

首先是使用完毕的 block 的管理。

所有使用完毕的 block 都会被连接到一个叫作 freeblock 的空闲链表进行管理。block 是在释放的时候被连接到空闲链表的。因为使用完毕的 block 肯定经过了使用→释放的流程，所以释放时空闲链表开头的地址就会被直接写入作为释放对象的 block 内。之后我们将释放完毕的 block 的地址存入 freeblock 中。这个 freeblock 是由 pool_header 定义的。我们将 freeblock 放在开头，形成 block 的空闲链表。

大家可能会想说："往 block 内部写入是不是不太好呢？"不过这个 block 是作为释放对象的 block，写入什么都是 OK 的。反过来，因为原则上分配申请者（用户）有权利改写已经分配的 block，所以我们不能随便往里面写入。

下面该说未使用的 block 了。因为它没有经过释放处理，所以不能像使用完毕的 block 那样用链表来连接。当然我们可以用循环让 block 形成空闲链表，但不管怎样，分配部分重要的是速度，我们不能写这么楞的代码。

因此我们决定通过从 pool 开头的偏移量来对其进行管理。pool_header 的成员 nextoffset 中保留着偏移量。

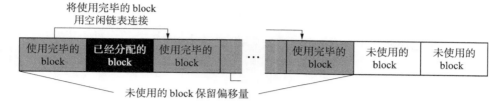

图 10.15　pool 的 block 管理

据此我们分配的未使用的 block 是连续的 block。因为分配时是从 pool 的开头开始分配 block 的，所以其中不会出现使用完毕的 block 和已经分配的 block。因此我们只要将偏移量偏移到下一个 block，就知道它确实是未使用的 block 了。

10.6.5　PyObject_Malloc()

至此关于 usedpools 的内容就介绍完了，现在让我们来看看实际分配 block 的操作吧。

我们使用在介绍第 0 层时提到的 PyObject_Malloc() 函数来分配 block。Python 中使用的绝大部分对象都是用这个 PyObject_Malloc() 函数来分配的。这个函数有三个作用，分别是"分配 block""分配 pool"以及"分配 arena"。

PyObject_Malloc() 函数也跟 new_arena() 一样，是一个长达 200 行的大函数。下面我们将其拆开来看。

函数的整体样子如下所示。

Objects/obmalloc.c:PyObject_Malloc()

```
723  void*
724  PyObject_Malloc(size_t nbytes)
725  {
         /* 是否小于等于256字节？ */
743      if ((nbytes - 1) < SMALL_REQUEST_THRESHOLD) {

             /* (A)从usedpools中取出pool */

750          if (pool != pool->nextpool) {

                 /* (B)返回pool内的block */

781          }

             /* 是否存在可以使用的arena？ */
782
786          if (usable_arenas == NULL) {

                 /* (C)调用new_arena() */
801          }
```

```
803
804              /* 从arena取出使用完毕的pool */
805              pool = usable_arenas->freepools;

                 /* 是否存在使用完毕的pool？ */
806              if (pool != NULL) {

                     /* (D)初始化使用完毕的pool */

                     /* (E)初始化pool并返回block */

874              }
899

                 /* (F)初始化空pool */

                 /* (E)初始化pool并返回block */

901          }

905     redirect:
             /* 当大于等于256字节时，按一般情况调用malloc */
913          return (void *)malloc(nbytes);
914     }
```

10.6.6　（A）从usedpools中取出pool

Objects/obmalloc.c:PyObject_Malloc()：（A）从usedpools中取出pool

```
723     void *
724     PyObject_Malloc(size_t nbytes)
725     {

743         if ((nbytes - 1) < SMALL_REQUEST_THRESHOLD) {
744             LOCK(); /* 线程锁 */
745
746
747             /* 变换成索引 */
748             size = (uint)(nbytes - 1) >> ALIGNMENT_SHIFT;
749             pool = usedpools[size + size]; /* 取出pool */
750             if (pool != pool->nextpool) {
```

在第748行将申请的字节数变换成usedpools的指定索引。申请的字节数除以对齐值就是索引。因此，宏ALIGNMENT_SHIFT的定义如下所示。

Objects/obmalloc.c

```
115 | #define ALIGNMENT           8
116 | #define ALIGNMENT_SHIFT            3
```

在 PyObject_Malloc() 的第 750 行调查 pool 是否已经连接到了索引指定的 usedpools 的元素。如果已经连接到了，pool 和 pool->nextpool 的地址应该会不同。

10.6.7　（B）返回pool内的block

当 pool 被分配完毕时，我们就要进入"（B）返回 pool 内的 block"这一处理阶段了。

Objects/obmalloc.c:PyObject_Malloc():（B）返回pool内的block

```
750 |         if (pool != pool->nextpool) {
                    /* pool 内分配的 block 的数量 */
755 |             ++pool->ref.count;
756 |             bp = pool->freeblock;
                    /* 通过空闲链表取出 block（使用完毕的 block）*/
758 |             if ((pool->freeblock = *(block **)bp) != NULL) {
759 |                 UNLOCK(); /* 解除线程锁 */
760 |                 return (void *)bp;
761 |             }
762 |
                    /* 通过偏移量取出 block（未使用的 block）*/
765 |             if (pool->nextoffset <= pool->maxnextoffset) {
767 |                 pool->freeblock = (block*)pool +
768 |                         pool->nextoffset;
                        /* 设定到下一个空 block 的偏移量 */
769 |                 pool->nextoffset += INDEX2SIZE(size);
770 |                 *(block **)(pool->freeblock) = NULL;
771 |                 UNLOCK();
772 |                 return (void *)bp;
773 |             }
774 |             /* 没有能分配到 pool 内的 block 了 */
775 |             next = pool->nextpool;
776 |             pool = pool->prevpool;
777 |             next->prevpool = pool;
778 |             pool->nextpool = next;
779 |             UNLOCK();
780 |             return (void *)bp;
784 |         }
```

我们已经讲过如何从空闲链表取出 block（使用完毕的 block）以及如何通过偏移量取出 block（未使用的 block）了。首先我们来尝试从空闲链表中取出 block。

当 block 内的链表（下一个空 block 的地址）为 NULL 时，通过偏移量取出 block。

第 769 行的宏 INDEX2SIZE() 的定义如下所示。

Objects/obmalloc.c

```
120 │ #define INDEX2SIZE(I) (((uint)(I) + 1) << ALIGNMENT_SHIFT)
```

可见我们只要把索引改为 block 的大小（字节数）就行了。

到了第 775 行到第 778 行这里，pool 内就没有能分配的 block 了。这时我们把 pool 从其所在的 usedpools 中移除。

10.6.8　（C）调用 new_arena()

接下来我们将介绍在调用 PyObject_Malloc() 函数时没有空 block 的情况下该如何处理。首先我们来一起看看"（C）调用 new_arena()"这部分吧。

Objects/obmalloc.c:PyObject_Malloc():（C）调用 new_arena()

```
786 │         if (usable_arenas == NULL) {
787 │             /* 分配新的 arena_object */

794 │             usable_arenas = new_arena();
795 │             if (usable_arenas == NULL) {
796 │                 UNLOCK();
797 │                 goto redirect;
798 │             }
799 │             usable_arenas->nextarena =
800 │                 usable_arenas->prevarena = NULL;
801 │         }
```

当没有可用的 arena 时，就调用 new_arena() 函数，将新的 arena_object 设置到 usable_arenas 中。如果 new_arena() 函数失败，就跳到 redirect 标签调用 malloc()。

因为我们设置的 usable_arenas 前后都没有连着 arena_object，所以要把双向链表的两个方向都设定为 NULL。也就是说，usable_arenas 中只设置了一个这里分配的 arena_object。

10.6.9　（D）初始化使用完毕的 pool

下面我们来看看"（D）初始化使用完毕的 pool"这部分吧。

Objects/obmalloc.c:PyObject_Malloc():（D）初始化使用完毕的 pool

```
804 │         /* 取出 arena 内使用完毕的 pool */
805 │         pool = usable_arenas->freepools;
806 │         if (pool != NULL) {
807 │             /* 把使用完毕的 pool 从链表中取出 */
808 │             usable_arenas->freepools = pool->nextpool;
```

```
816                 /* 从arena内可用的pool数中减去一个 */
817                 --usable_arenas->nfreepools;
818                 if (usable_arenas->nfreepools == 0) {
                        /* 设定下一个arena */
825                     usable_arenas = usable_arenas->nextarena;
826                     if (usable_arenas != NULL) {
827                         usable_arenas->prevarena = NULL;
829                     }
830                 }
```

　　usable_arenas 是一个将可用的 arena_object 排序完毕的双向链表。第 805 行和第 806 行负责检查这个 usable_arenas 开头的 arena_object 的成员 freepools 里还有没有空的 pool。

　　如果有使用完毕的 pool，就在成员 freepools 里设置下一个使用完毕的 pool。

　　在之后的第 818 行到第 829 行，arena 里面已经没有可用的 pool 了，这时我们将下一个 arena_object 设置到 usable_arenas 里。因为我们设置的 usable_arenas 位于链表的开头，所以不存在更靠前的链表。因此我们在第 827 行将成员 prevarena 设为 NULL。

10.6.10　（E）初始化pool并返回block

　　下面我们来看一下 "（E）初始化 pool 并返回 block" 这部分。

Objects/obmalloc.c:PyObject_Malloc():（E）初始化pool并返回block

```
842         init_pool:
843             /* 连接到usedpools的开头 */
844             next = usedpools[size + size]; /* == prev */
845             pool->nextpool = next;
846             pool->prevpool = next;
847             next->nextpool = pool;
848             next->prevpool = pool;
849             pool->ref.count = 1;
850             if (pool->szidx == size) {
                    /* 比较申请的大小和pool中固定的block大小，
                    /* 如果大小一样，那么不初始化也无所谓
                     */
855                 bp = pool->freeblock;
                    /* 设定下一个空block的地址 */
856                 pool->freeblock = *(block **)bp;
857                 UNLOCK();
858                 return (void *)bp;
859             }

865             pool->szidx = size;
866             size = INDEX2SIZE(size);
```

```
867            bp = (block *)pool + POOL_OVERHEAD;
868            pool->nextoffset = POOL_OVERHEAD + (size << 1);
869            pool->maxnextoffset = POOL_SIZE - size;
870            pool->freeblock = bp + size;
871            *(block **)(pool->freeblock) = NULL;
872            UNLOCK();
873            return (void *)bp;
874        }
```

通过第 844 行到第 848 行的操作，把从 arena 取出的 pool 插入到 usedpools 的开头。

在第 849 行将 pool_header 的成员 ref.count 设为 1。这个计数器表示的是 pool 内已经分配的 block 的数量。接下来因为要分配一个 block，所以用 1 来初始化。

然后检查 pool 内固定的 block 大小和申请的 block 大小是否相同。这项检查只对曾经使用过一次的 pool 有效。对于新使用的 pool，因为还没有为其设定固定的 block 大小，所以这项检查不会为真。如果这项检查为真，就要从 pool 取出 block 的地址并将其返回。

如果这项检查为假，就初始化 pool。进行这项操作的是第 865 行到第 871 行的代码。因为这部分比较难理解，所以让我们结合图来看。

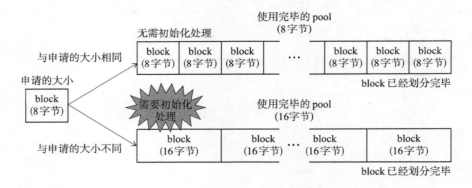

图 10.16   pool 的初始化判断

在第 867 行出现的宏 POOL_OVERHEAD 是结构体 pool_header 的大小。

Objects/obmalloc.c

```
291  #define ROUNDUP(x)        (((x) + ALIGNMENT_MASK) & ~ALIGNMENT_MASK)
292  #define POOL_OVERHEAD        ROUNDUP(sizeof(struct pool_header))
```

10.6.11 （F）初始化空pool

最后我们来看看"（F）初始化空 pool"这部分吧。

Objects/obmalloc.c:PyObject_Malloc(): (F)初始化空pool

```
879        pool = (poolp)usable_arenas->pool_address;
           /* 设定 arena_object 的位置 */
882        pool->arenaindex = usable_arenas - arenas;
           /* 输入一个虚拟的大值 */
884        pool->szidx = DUMMY_SIZE_IDX;
885        usable_arenas->pool_address += POOL_SIZE;
886        --usable_arenas->nfreepools;
887
888        if (usable_arenas->nfreepools == 0) {
892            /* 如果没有可用的 pool，就设定下一个 arena */
893            usable_arenas = usable_arenas->nextarena;
894            if (usable_arenas != NULL) {
895                usable_arenas->prevarena = NULL;
897            }
898        }
899
900        goto init_pool; /* (E) 初始化 pool 并返回 block */
901    }
```

在此有一处需要重点跟大家讲解一下，就是如何使用宏 DUMMY_SIZE_IDX。

Objects/obmalloc.c

```
294 #define DUMMY_SIZE_IDX        0xffff
```

为了不跟申请的 block 大小重复，我们将新 pool 的成员 szindx 设成一个大的虚拟值。这样就可以使用 goto 语句跳转到 init_pool，在初始化 pool 的时候，确实将大小和偏移量初始化。

这样我们也就讲完了长长的 PyObject_Malloc() 函数。

10.6.12　PyObject_Free()

保留的内存空间必须释放掉。通过接下来要讲的 PyObject_Free() 函数就可以释放用 PyObject_Malloc() 函数保留的内存空间。

这个函数有三个作用，分别是"释放 block""释放 pool"以及"释放 arena"。

下面我们就来看看这个 PyObject_Free() 函数吧。

PyObject_Free() 也是一个非常大的函数。这部分的函数都很大，确实比较难理解。

Objects/obmalloc.c:PyObject_Free()

```
919  void
920  PyObject_Free(void *p)
921  {
929
930      pool = POOL_ADDR(p);
931      if (Py_ADDRESS_IN_RANGE(p, pool)) {

933          LOCK();

941          /* (A) 把作为释放对象的 block 连接到 freeblock */

             /* 这个 pool 中最后 free 的 block 是否为 NULL？ */
943          if (lastfree) {

949              /* pool 中有已经分配的 block */
950              if (--pool->ref.count != 0) {
951                  /* 不执行任何操作 */
952                  UNLOCK();
953                  return;
954              }

                 /* (B) 将 pool 返回 arena */

                 /* 当 arena 内所有 pool 为空时 */
985              if (nf == ao->ntotalpools) {
                     /* (C) 释放 arena */
                     return;
1025             }

                 /* arena 还剩一个空 pool */
1026             if (nf == 1) {
                     /* (D) 移动到 usable_arenas 的开头 */
                     return;
1041             }

                 /* (E) 对 usable_arenas 进行排序 */
1102             return;
1103         }

             /* (F) 插入 pool */
1121         return;
1122     }
1123
1124     /* (G) 释放其他空间 */
1125     free(p);
1126 }
```

10.6.13 （A）把作为释放对象的block连接到freeblock

Objects/obmalloc.c:PyObject_Free():（A）把作为释放对象的block连接到freeblock

```
919  void
920  PyObject_Free(void *p)
921  {
922      poolp pool;
923      block *lastfree;
924      poolp next, prev;
925      uint size;
926      /* 为NULL时不执行任何操作 */
927      if (p == NULL)
928          return;
929
930      pool = POOL_ADDR(p);
931      if (Py_ADDRESS_IN_RANGE(p, pool)) {
933          LOCK();

             /* 从pool中取出freeblock */
941          *(block **)p = lastfree = pool->freeblock;

             /* 将释放的block连接到freeblock的开头 */
942          pool->freeblock = (block *)p;
```

首先使用宏 POOL_ADDR()，从作为释放对象的地址取出其所属的 pool。关于宏 POOL_ADDR()，因为在细节上用到了一些有趣的技巧，所以我们会特别拿出一节来为大家说明，请参考 10.6.20 节。

第 931 行的宏 Py_ADDRESS_IN_RANGE() 负责检查用宏 POOL_ADDR() 获得的 pool 是否正确。

如果通过检查，就从 pool 取出 freeblock，设其为作为释放对象的 block。之前我们在 10.6.4 节中所说的将使用完毕的 block 连接到空闲链表指的就是这项处理。

之后，设作为释放对象的 block 的地址为 pool 的 freeblock。

10.6.14 （B）将pool返回arena

下面是 "（B）将 pool 返回 arena" 这部分。

Objects/obmalloc.c:PyObject_Free():（B）将pool返回arena

```
943          if (lastfree) {
944              struct arena_object* ao;
945              uint nf; /* ao->nfreepools */
946
```

```
949              /* pool 里有已经分配的 block */
950              if (--pool->ref.count != 0) {
951                  /* pool 正在被使用 */
952                  UNLOCK();
953                  return;
954              }

                 /* prev <-> pool <-> next */
                 /* prev <--> next */
960              next = pool->nextpool;
961              prev = pool->prevpool;
962              next->prevpool = prev;
963              prev->nextpool = next;
964

                 /* 将 pool 返回 arena */
968              ao = &arenas[pool->arenaindex];
969              pool->nextpool = ao->freepools;
970              ao->freepools = pool;
971              nf = ++ao->nfreepools;
```

第 943 行中的局部变量 lastfree 里放的是前一个的 freeblock。当这里不为 NULL 时，我们就执行这个 if 语句中的命令。

在第 950 行检查 pool 里是否有已经分配的 block，如果有的话，就不执行任何操作，直接 return。

如果 pool 内没有已经分配的 block，那么这个 pool 就完全没有被使用，这时就必须将其连接到 arena 的 freepools。通过第 960 行到第 963 行的处理将对象的 pool 从 usedpools 中取出，然后在第 968 行到第 971 行将 pool 返回 arena。

10.6.15 （C）释放 arena

Objects/obmalloc.c:PyObject_Free()：（C）释放 arena

```
985              if (nf == ao->ntotalpools) {
                     /* 从 usable_arenas 取出 arena_object */
996                  if (ao->prevarena == NULL) {
997                      usable_arenas = ao->nextarena;
1000                 }
1001                 else {
1003                     ao->prevarena->nextarena =
1004                         ao->nextarena;
1005                 }
1006
```

```
1007                    if (ao->nextarena != NULL) {
1009                        ao->nextarena->prevarena =
1010                            ao->prevarena;
1011                    }
1012
1013
1014                    /* 为了再利用 arena_object
                         * 连接到 unused_arena_objects
                         */
1015                    ao->nextarena = unused_arena_objects;
1016                    unused_arena_objects = ao;
1017
1018                    /* 释放 arena */
1019                    free((void *)ao->address);
                        /* "arena 尚未被分配" 的标记 */
1020                    ao->address = 0;
1021                    --narenas_currently_allocated;
1022
1023                    UNLOCK();
1024                    return;
1025                }
```

　　当 arena 内全是空 pool 的时候，这个 arena 就完全没有被使用了，所以将其释放。

　　在第 996 行到第 1011 行，从 usable_arenas（可用的 arena 链表）取出对象 arena_object，在第 1015 行将其连接到 unused_arena_objects（未使用的 arena 链表）。

　　之后释放 arena。在释放 arena 后，为了识别 "arena 尚未被分配"，将 arena_object 的成员 address 设为 0。

10.6.16　（D）移动到 usable_arenas 的开头

Objects/obmalloc.c:PyObject_Free()：（D）移动到 usable_arenas 的开头

```
                    /* arena 只有一个空 pool */
1026                if (nf == 1) {
                        /* 连接到 usable_arenas 的开头 */
1032                    ao->nextarena = usable_arenas;
1033                    ao->prevarena = NULL;
1034                    if (usable_arenas)
1035                        usable_arenas->prevarena = ao;
1036                    usable_arenas = ao;
1038
1039                    UNLOCK();
1040                    return;
1041                }
```

下一个条件是"arena 只有一个空 pool"的情况。

这一个空 pool 指的就是"（B）将 pool 返回 arena"这部分返回的 pool。也就是说，直到调用这次的 `PyObject_Free()` 函数为止，这个 arena 中所有的 pool 都是正在被使用的状态。

因为所有的 pool 都正在被使用，所以 `arena_object` 本来就没有连接到 `usable_arenas`，需要重新插入。执行这项操作的是第 1032 行到第 1036 行的代码。

10.6.17　（E）对 usable_arenas 进行排序

终于到尾声了，我们来看看"（E）对 `usable_arenas` 进行排序"这部分处理吧。

Objects/obmalloc.c:PyObject_Free():（E）对 usable_arenas 进行排序

```
1049            if (ao->nextarena == NULL ||
1050                    nf <= ao->nextarena->nfreepools) {
1051                /* 不执行任何操作 */
1052                UNLOCK();
1053                return;
1054            }

1060            if (ao->prevarena != NULL) {
1061                /* ao isn't at the head of the list */
1063                ao->prevarena->nextarena = ao->nextarena;
1064            }
1065            else {
1066                /* ao is at the head of the list */
1068                usable_arenas = ao->nextarena;
1069            }
1070            ao->nextarena->prevarena = ao->prevarena;
1071

1075            while (ao->nextarena != NULL &&
1076                    nf > ao->nextarena->nfreepools) {
1077                ao->prevarena = ao->nextarena;
1078                ao->nextarena = ao->nextarena->nextarena;
1079            }
1080
1086            ao->prevarena->nextarena = ao;
1087            if (ao->nextarena != NULL)
1088                ao->nextarena->prevarena = ao;
1089
1101            UNLOCK();
1102            return;
1103        }
```

在第 1049 行将刚返回 pool 的 `arena_object` 的空 pool 数和下一个 `arena_object` 的空 pool 数进行比较。如果之前的 `arena_object` 比下一个 `arena_object` 小，那么就不执行任何操作，直接 `return`。

如果并非如此，则必须对 `usable_arenas` 进行排序，按 arena 内空 pool 的数量从小到大的顺序进行排列。

第 1060 行到第 1071 行负责从 `usable_arenas` 取出对象 `arena_object`。

然后在第 1075 行到第 1079 行找到下一个插入位置，进行插入操作。

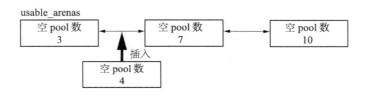

图 10.17　对 usable_arenas 进行插入

下面就到了这个函数最后的部分了，即"(F)插入 pool"。

10.6.18　（F）插入 pool

Objects/obmalloc.c:PyObject_Free(): (F) 插入 pool

```
1110            --pool->ref.count;

1112            size = pool->szidx;
1113            next = usedpools[size + size];
1114            prev = next->prevpool;
1115            /* 在 usedpools 的开头插入 : prev <-> pool <-> next */
1116            pool->nextpool = next;
1117            pool->prevpool = prev;
1118            next->prevpool = pool;
1119            prev->nextpool = pool;
1120            UNLOCK();
1121            return;
1122        }
1123
1124        /* We didn't allocate this address. */
1125        free(p);
1126    }
```

请大家回忆一下，我们走到这一步的前提条件是变量 `lastfree` 为 NULL。也就是说，在执行这次释放 block 的操作之前，这个 pool 内的 block 都已经被分配完毕了。

将这样的 pool 从 usedpools 中取出，再次将这个 pool 插入 usedpools 的开头。

这就是第 1112 行到第 1119 行代码所进行的处理。

这样我们就讲完了 PyObject_Free() 函数。后半部分几乎全在讲 arena 的管理，这部分虽然由第 1 层分配器负责，不过从方便讲解的角度，我们就在此一起为大家说明了。

10.6.19　arena 和 pool 的释放策略

在 PyObject_Free() 函数中我们用到了几个小技巧，其中的一个就是"优先使用被利用最多的内存空间"。

举个例子，大家请回忆一下之前的 10.6.18 节的内容。

在插入 pool 的过程中，当从 usedpools 取出的 pool（pool 内的所有 block 都已经分配）通过释放 block 的操作返回 usedpools 时，这个 pool 已经被插入了 usedpools 的元素内的开头。

大家明白了吧，这就是"优先使用被利用最多的 pool"。

此外，将 usable_arenas 按照空 pool 的数量进行排序，也是"优先使用被利用最多的 arena"。

那么这么做给性能带来了何种改善呢？

首先，"优先使用被利用最多的内存空间"指的是优先使用可用空间少的内存空间。这样一来，可用空间多的内存空间（没怎么用过的内存空间）肯定会被排到后面。

像这样，通过尽量不使用那些可用空间多的内存空间，增加了使其完全变为空的机会。如果这部分内存空间完全为空，那么就能将其释放。

这可以说是促使内存空间释放的策略。

10.6.20　从 block 搜索 pool 的技巧

下面我们来讲一下之前提到的宏 POOL_ADDR()。

首先是宏 POOL_ADDR() 的定义。这个宏负责从 block 的指针搜索该 block 所属的 pool 并返回。

Objects/obmalloc.c

```
147 | #define SYSTEM_PAGE_SIZE        (4 * 1024)
148 | #define SYSTEM_PAGE_SIZE_MASK     (SYSTEM_PAGE_SIZE - 1)
183 | #define POOL_SIZE_MASK            SYSTEM_PAGE_SIZE_MASK

297 | #define POOL_ADDR(P) ((poolp)((uptr)(P) & ~(uptr)POOL_SIZE_MASK))
```

光这么看有些难理解，我们试着展开宏，去掉多余的东西。

Objects/obmalloc.c：POOL_ADDR()（省略版）

```
297 #define POOL_ADDR(P) (P & 0xfffff000)
```

这里好像对参数 P 进行了标记处理。那为什么这样就能获得 pool 的地址呢？

大家请回忆一下 pool 地址对齐的知识。没错，是按 4K 字节对齐的。也就是说，只要从 pool 内部某处 block 的地址开始用 0xfffff000 标记，肯定能取到 pool 的开头。

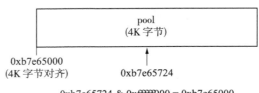

图 10.18　用标记处理获取 pool 地址

一般认为从地址去找所属的 pool 是一项非常花时间的处理。比较笨的办法就是取出一个 pool，检查其范围内是否有对象的地址，如果没有就再取出下一个 pool……但是这样一来，每次 pool 增加时计算量也会相应地增加。

通过使用这个对齐手法，仅仅需要一次标记处理就能找到对象的 pool。这是 O(1) 的算法，是一个很棒的技巧。

10.7　第3层 对象特有的分配器

对象有列表和元组等多种多样的类型，在生成它们的时候要使用各自特有的分配器。

在这里我们以生成对象的代码最为简单的字典为例，一起来看看吧。

在字典对象中定义的空闲链表很简单，如下所示。

Objects/dictobject.c

```
205 #ifndef PyDict_MAXFREELIST
206 #define PyDict_MAXFREELIST 80
207 #endif
208 static PyDictObject *free_list[PyDict_MAXFREELIST];
209 static int numfree = 0;
```

这里将空闲链表定义为有着 80 个元素的数组，使用完毕的链表对象会被初始化并存入空闲链表中。

负责释放字典对象的函数如下所示，这里省略掉了不需要讲解的部分。

Objects/dictobject.c

```
929  static void
930  dict_dealloc(register PyDictObject *mp)
931  {
         /* 省略部分：释放字典对象内的元素 */

         /* 检查空闲链表是否为空 */
         /* 检查释放对象是否为字典型 */
945      if (numfree < PyDict_MAXFREELIST && Py_TYPE(mp) == &PyDict_Type)
946          free_list[numfree++] = mp;
947      else
948          Py_TYPE(mp)->tp_free((PyObject *)mp);

950  }
```

　　像这样，如果在释放字典对象时空闲链表有空间，那么就将使用完毕的字典对象存入空闲链表。另一方面，如果使用完毕的字典对象把用于空闲链表的数组填满了，就认为已经没必要再为空闲链表保留对象，直接调用释放操作。

　　接下来是非常重要的部分——分配字典对象，请看下面的源代码。

Objects/dictobject.c

```
223  PyObject *
224  PyDict_New(void)
225  {
226      register PyDictObject *mp;
         /* 检查空闲链表内是否有对象 */
238      if (numfree) {
239          mp = free_list[--numfree];

242          _Py_NewReference((PyObject *)mp);

256      } else {
             /* 如果没有对象就新分配对象 */
257          mp = PyObject_GC_New(PyDictObject, &PyDict_Type);
258          if (mp == NULL)
259              return NULL;

264      }

270      return (PyObject *)mp;
271  }
```

如果空闲链表里有对象，函数就返回它。如果空闲链表里没有对象，就分配新的对象。用到这个空闲链表的分配器就是第1层的"对象特有的分配器"。

这个对象特有的分配器还实现了"列表""元组"等。这些型会频繁地生成和删除对象，如果每次都要调用第2层、第1层、第0层的分配器，那么处理起来将会很麻烦。因此我们通过空闲链表重复利用一定个数。

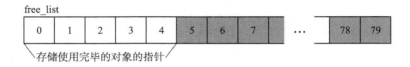

图 10.19　对象特有的空闲链表

此外，这个空闲链表和栈一样采用 FILO 的方式。也就是说，在往空闲链表中存入数据时，最新的数据会在最上面，在从空闲链表中取出数据时，会优先取出位于最上面的新数据。

分配器的总结

前面讲过的第0层到第3层的分配器可总结为下图。

Python 在生成字典对象的时候，分配器所进行的交互如图 10.20 所示。

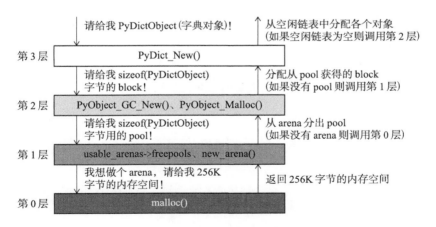

图 10.20　分配器层的总结

10.8　引用计数法

接下来让我们一起来看看在 Python 内是如何实现引用计数法的。

10.8.1　增量

在引用计数法中，各个对象的内部都有着计数器。如果对象的引用数量增加，就在计数器上加 1，反过来如果引用数量减少，就在计数器上减去 1。

实际的计数操作是由宏 `Py_INCREF()` 执行的，这里省去了宏内用于 debug 的处理。

Include/object.h

```
648 | #define Py_INCREF(op) (                       \
650 |     ((PyObject*)(op))->ob_refcnt++)
```

此外还有一并执行 NULL 检查的宏 `Py_XINCREF()`。

Include/object.h

```
703 | #define Py_XINCREF(op) if ((op) == NULL) ; else Py_INCREF(op)
```

我们经常在 C 语言的源代码中看到宏名称中的字母 X，这是 "eXtend"（扩展）的缩写。拿宏 `Py_XINCREF()` 来说，意思就是含有 NULL 检查操作的宏 `Py_INCREF()`。

10.8.2　Q：计数器不会出现溢出吗？

关于这个问题我们已经在第 3 章中讲过了。大家应该还记得，当时准备了一个被所有指针指着也不要紧的计数器。

下面我们就来看看在 Python 中实际是如何避免溢出的。

Include/object.h：再次运行

```
101 | typedef struct _object {
102 |     _PyObject_HEAD_EXTRA
103 |     Py_ssize_t ob_refcnt;
104 |     struct _typeobject *ob_type;
105 | } PyObject;
```

用 `Py_ssize_t` 型定义成员 `ob_refcnt`（引用计数器）。

Include/object.h

```
102 | typedef ssize_t        Py_ssize_t;
```

用 `ssize_t` 型定义 `Py_ssize_t` 型。

`ssize_t` 型在 32 位环境下就是 `int` 型，在 64 位环境下就是 `long` 型，可见各自跟它们的指针的大小一样。

因为有符号位，所以只有一半数值能用非负整数表示。但是因为指针基本上都是按 4 字节对齐的，所以即使引用计数器被所有指针引用，也不会溢出。

这就有了一个新的疑问：为什么计数器会允许存在负数呢？用无符号型不就好了吗？

实际上这样是为了 debug。当引用计数器存在负数时，就有减量操作过度或增量操作遗漏的可能。允许引用计数器存在负值就是为了进行检查。

Include/object.h

```
597  #define _Py_CHECK_REFCNT(OP)                          \
598  {    if (((PyObject*)OP)->ob_refcnt < 0)              \
599          _Py_NegativeRefcount(__FILE__, __LINE__,      \
600                  (PyObject *)(OP));                     \
601  }
```

如果这项处理是构建 Python 以用于 debug 的，那么就会被插入减量操作。_Py_NegativeRefcount() 函数会把变为负数的对象信息当成错误信息输出。

10.8.3　减量操作

下面该讲减量操作了。

省略不需要的 debug 处理，整理后代码如下所示。

Include/object.h

```
652  #define Py_DECREF(op)                           \
     if (--((PyObject*)(op))->ob_refcnt != 0)      \
655      _Py_CHECK_REFCNT(op)                        \
656  else                                           \
657      _Py_Dealloc((PyObject *)(op))
```

先将计数器减量，如果得出 0 以外的数值，就调用宏 _Py_CHECK_REFCNT()。_Py_CHECK_REFCNT() 是用于 debug 的宏，它负责检查引用计数器是否变为了负数。

如果计数器为 0，那么就调用宏 _Py_Dealloc()。

Include/object.h

```
643  #define _Py_Dealloc(op) (                       \
645      (*Py_TYPE(op)->tp_dealloc)((PyObject *)(op)))
```

跟增量操作一样，这里也有 NULL 检查扩展的减量操作。

Include/object.h

```
704  #define Py_XDECREF(op) if ((op) == NULL) ; else Py_DECREF(op)
```

　　成员 tp_dealloc 里存着负责释放各个对象的函数指针，比如下面这个负责释放元组对象的函数指针。

Objects/tupleobject.c

```
160  static void
161  tupledealloc(register PyTupleObject *op)
162  {
163      register Py_ssize_t i;
164      register Py_ssize_t len = Py_SIZE(op);

167      if (len > 0) {
168          i = len;
             /* 将元组内的元素进行减量 */
169          while (--i >= 0)
170              Py_XDECREF(op->ob_item[i]);

182      }
         /* 释放元组对象 */
183      Py_TYPE(op)->tp_free((PyObject *)op);

185      Py_TRASHCAN_SAFE_END(op)
186  }
```

　　为了释放元组对象，函数对元组中元素的引用计数器进行减量操作，之后调用对象的成员 tp_free 中的函数指针。

　　成员 tp_free 里也存着各个对象的释放处理数据。不过大部分情况下调用的都是 PyObject_GC_Del() 函数。

Modules/gcmodule.c

```
1380  void
1381  PyObject_GC_Del(void *op)
1382  {
1383      PyGC_Head *g = AS_GC(op);
          /* 省略部分：释放前的处理 */
1389      PyObject_FREE(g);
1390  }
```

　　这里出现的 PyObject_FREE() 就是之前在 10.3 节中出现的 PyObject_Free() 函数。这下终于跟 10.3 节接轨了。

Include/objimpl.h

```
121  #define PyObject_FREE        PyObject_Free
```

元组减量操作的调用图如下所示。

```
Py_DECREF                    —— 减量操作
  _Py_Dealloc
    tupledealloc             —— 元组释放处理
      PyObject_GC_Del
        PyObject_FREE
          PyObject_Free      —— 释放内存
```

10.8.4　终结器

既然讲到了释放对象的话题，不如就在这里介绍一下终结器（finalizer）吧。

终结器指的是与对象的释放处理挂钩，进行某些处理的功能。

列表和字典等内置数据类型的对象基本上是不能设置终结器的，能定义终结器的只有用户创建的类。

我们可以像下面这样定义终结器。

```
class Foo:

  def __del__(self):        # 定义终结器
    print("Bye...")
```

这种情况下会生成 Foo 类的实例，从内存中释放这个实例时会输出"Bye..."。

那么 Foo 类实例实际上是怎样调用的呢？肯定是在释放对象的时候调用的吧。

释放 Foo 类实例的调用图如下所示。

```
Py_DECREF                    —— 减量操作
  _Py_Dealloc
    subtype_dealloc         —— 实例释放处理
      slot_tp_del           —— 终结器
```

subtype_dealloc() 函数看上去很怪。赶紧来一起看看它吧。函数虽然比较大，不过单独把终结器的部分拿出来看就不怎么难了。

Objects/typeobject.c:subtype_dealloc()：单独拿出终结器的部分

```
846  static void
847  subtype_dealloc(PyObject *self)
848  {
849      PyTypeObject *type, *base;
850      destructor basedealloc;
851
```

```
853        type = Py_TYPE(self);

920        if (type->tp_del) {
921            _PyObject_GC_TRACK(self);
922            type->tp_del(self);

938        }

           /* 省略 */

1074   }
```

实例的情况下，变量 `tp_del` 中保存着执行终结器所需的 `slot_tp_del()` 函数。这也是一个大函数，不过除去 debug 和错误检查处理，其实还是很简单的。

Objects/typeobject.c:slot_tp_del()

```
5257   static void
5258   slot_tp_del(PyObject *self)
5259   {
5260       static PyObject *del_str = NULL;
5261       PyObject *del, *res;

5266       self->ob_refcnt = 1;
5267
5271       /* 如果有 __del__ 就执行它 */
5272       del = lookup_maybe(self, "__del__", &del_str);
5273       if (del != NULL) {
5274           res = PyEval_CallObject(del, NULL);

               /* 省略部分: 错误检查和后处理等 */
5280       }
5281

5289       if (--self->ob_refcnt == 0)
5290           return; /* 退出函数 */

           /* 省略部分: 最终化时有引用的情况下的应对处理 */

5315   }
```

先用 `lookup_maybe()` 函数取出实例中的 `__del__()` 方法，然后用 `PyEval_CallObject()` 函数对其进行求值。以 Foo 类为例，此时会输出“Bye...”。

第 5266 行代码将对象的引用计数器设为 1。

在第 5289 行对这个计数器进行减量，在第 5290 行退出函数。

如果最终化(finalize)过程中对象 (self) 有新的引用，那么在第 5289 行引用计数器就不会为 0。因此，之后的处理不会对对象进行内存释放。这项处理跟最终化的本质无关，所以不予赘述。

10.8.5　插入计数处理

阅读 Python 的源代码时，大家经常会看到引用计数的增量操作和减量操作。

事实上，在加工 Python 的处理程序时，就必须适当进行增量操作和减量操作。在 Python 中可以编写 C 的扩展模块，不过也同样需要留意引用计数。

引用计数中像增量和减量这样的计数处理基本上都是在生成指向对象的引用时进行的。进行引用的一方不一定是 Python 的对象，也可以是 C 语言的全局变量或局部变量。

不过计数处理不是放在哪里都行的。

举个例子，当从局部变量引用时，绝大多数情况下都可以不执行计数处理。就算从局部变量引用时进行了增量操作，最后退出作用域时还是要进行减量操作。因为从结果上来说引用计数器的值是不变的，所以即使进行了计数处理，也没有什么意义（当然也可以进行计数处理，不过会带来额外负担）。

本来引用计数法的计数处理就有"保护某个正在使用的东西引用的对象（不让其释放）"的意思。

如果对象的引用计数器大于等于 1，那它就已经进入了被保护的状态，如果这个对象的计数最后能抵消的话，就可以省去计数操作本身。

但是在局部变量作用域内对象的引用计数器可能为 0 的情况下，就必须切实执行计数处理和保护操作。

像这样，有根据时间和场合来插入计数的情况，也有可以不插入计数的情况。这完全由程序员自己判断，不过如果不知道该怎么办的话，还是执行计数处理比较好，这样才不会引发错误。

此外，在 C 的层面上对 Python 的对象进行操作时，有必要留意计数处理。在 Python 的层面上写程序的时候，语言处理程序会适当地执行计数处理，所以作为语言使用者，我们不用特别去关注引用计数。请大家认识到这一点。

10.9　引用的所有权

谈到引用计数法和调用各个函数的知识，就涉及了"引用的所有权"。

在这里笔者想让大家注意一点，就是所有权不是对于"对象"，而是对于"引用"而言的（顺便一提，对象中是没有所有权这个概念的）。

谁持有引用的所有权，谁就得承担在不需要此引用时将对象的引用计数器减量（Py_DECREF()）的责任。也就是说，引用结束的时候要负责收拾烂摊子。

这个"引用的所有权"对函数的返回值和参数有着重大意义。

10.9.1 传递引用的所有权（返回值）

"传递引用的所有权"指的是函数方把引用的所有权和返回值一起交给调用方。

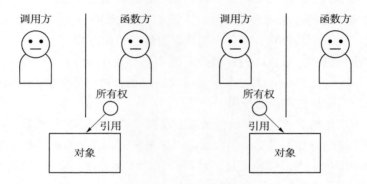

图10.21 传递引用的所有权

把指向对象的引用返回给调用方的函数一般都会将所有权一起交给调用方。

如果函数的调用方拿到了引用的所有权，那么在指向对象的引用结束时就要负起责任执行减量操作。

生成新对象的所有函数负责把引用的所有权交给调用方。举个例子，在以前讲过的 PyDict_New() 函数里也有负责传递引用所有权的地方。

Objects/dictobject.c

```
223  PyObject *
224  PyDict_New(void)
225  {
226      register PyDictObject *mp;
         /* 检查空闲链表内是否有对象 */
238      if (numfree) {
239          mp = free_list[--numfree];
              /* 追加新的引用 */
242          _Py_NewReference((PyObject *)mp);

256      } else {
             /* 如果没有就新分配对象（省略）*/
264      }

270      return (PyObject *)mp;
271  }
```

宏 _Py_NewReference() 的定义如下所示。

Include/object.h：省略 debug 处理

```
112  #define Py_REFCNT(ob)           ((((PyObject*)(ob))->ob_refcnt)

636  #define _Py_NewReference(op) (                    \
639      Py_REFCNT(op) = 1)
```

可见引用计数器被设置成了 1。

像这样，在 PyDict_New() 中将对象的引用计数器设置为 1，返回调用方。引用计数器的值 1 的意思是"调用方的引用"。也就是说，这个引用计数器需要调用方来进行减量操作，这就是在传递所有权。

```
PyObject *dict = PyDict_New();
Py_DECREF(dict);
dict = NULL;
```

因为调用方已经拿到了引用的所有权（成了所有者），所以在引用结束时就需要切实执行减量操作。

10.9.2　出借引用的所有权（返回值）

"出借引用的所有权"指的是函数方只把返回值交给调用方，至于引用的所有权则只是出借而已。

当调用方借到了引用的所有权时，就不能对这个引用调用减量操作了。因为只是借走了所有权，如果随便破坏所有权的话，真正的所有者想必会勃然大怒吧。

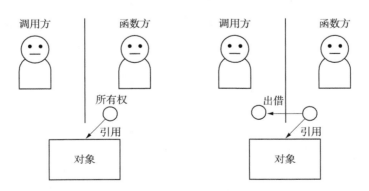

图 10.22　出借引用的所有权

　　此外，借方只能在贷方（所有者）指定的期限内持有对象。这是因为贷方只能确保在指定期限内持有对象，一旦超过了期限，就可能释放对象了，所以借方必须遵守所有者定下的规矩。

　　出借引用所有权的代表性函数有 PyTuple_GetItem()。一旦调用 PyTuple_GetItem()，元组指定的索引元素就会被返回给调用方。

Objects/tupleobject.c：**省略检查操作**

```
 97 | PyObject *
 98 | PyTuple_GetItem(register PyObject *op, register Py_ssize_t i)
 99 | {
       /* 省略检查元素的操作 */

108 |     return ((PyTupleObject *)op) -> ob_item[i];
109 | }
```

　　在这里没有增加引用计数器以让调用方引用。也就是说，没有把引用的所有权交给调用方。

```
PyObject *tuple;

PyObject *item = PyTuple_GetItem(tuple, 0);
item = NULL;
/* Py_DECREF(item); 不能这么干！！ */
```

　　因为调用方只是借到了引用的所有权，所以即使引用结束也不能对其执行减量操作。

　　笔者一开始觉得很不可思议："为什么要这样？把引用的所有权全部交给调用方不就简单多了吗？"

　　然而，如果调用方只是借到了引用的所有权，那么写代码的时候就不用在意对象的减量操作了。如果只是"想取得少量链表里的元素并输出"的话，这种方法用起来显然更简单，也很难因为忘记执行减量操作而产生 BUG。

　　执行出借所有权操作的函数还有 PyList_GetItem()、PyDict_GetItem() 等。它们都是负责从集合中取出元素的函数。

10.9.3　占据引用的所有权（参数）

　　前面我们一直在谈函数的返回值，这次该说参数了。

　　当调用方把参数传递给函数时，函数方有时会占据这个参数的引用所有权。

　　当对象的引用所有权被占据时，调用方就没有责任对这个对象进行减量操作了。

　　占据所有权的代表性函数有 PyTuple_SetItem() 函数。

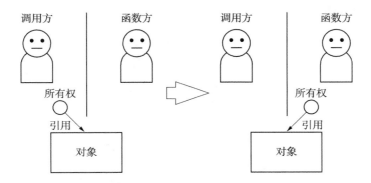

图10.23　占据引用的所有权

Objects/tupleobject.c：省略检查操作

```
111  int
112  PyTuple_SetItem(register PyObject *op,
                     register Py_ssize_t i, PyObject *newitem)
113  {
114      register PyObject *olditem;
115      register PyObject **p;

127      p = ((PyTupleObject *)op) -> ob_item + i;
128      olditem = *p; /* 取出原本存有的对象 */
129      *p = newitem; /* 追加到元组 */
130      Py_XDECREF(olditem); /* 对取出的对象进行减量操作 */
131      return 0;
132  }
```

　　这个函数负责将元素追加到元组。函数的参数分别为元组、索引以及要追加的元素。

　　需要大家注意的是，这里没有对追加到元组的元素进行增量操作。因为给对象增加了一个新的引用，按理说必须进行增量操作才对……

　　事实上这正是"占据引用的所有权"的真面目。

　　调用方所持有的引用所有权，实际上是对象内计数器的1个计数。也就是说，虽然这里是从元组引用的，但故意不对这个引用进行增量操作，以此夺取调用方的1个计数。

　　我们该怎么使用这个"占据引用的所有权"呢？"占据所有权"乍一听很难听，不过要是能妥善利用，编程就会变得非常轻松。

　　举个例子，系统通过调用函数把引用的所有权交给调用方的时候，直接让下一个调用函数把所有权偷走，这样就能很灵活地写出代码。

```
PyObject *tuple, *dict;

tuple = PyTuple_New(3);
dict = PyDict_New();        /* 跟引用的所有权一起生成空的字典 */
PyTuple_SetItem(tuple, 0, dict);      /* 追加字典 */
dict = NULL;
/* 没有必要执行减量操作 */
```

在往元组里追加元素的时候，实际上持有元素的不是调用方，而是元组。这样的话，元组持有引用的所有权才更自然吧。

占据参数的引用所有权的函数还有 `PyList_SetItem()` 函数，它和 `PyTuple_SetItem()` 函数相同，都是往链表中追加元素的函数。

10.9.4　出借引用的所有权（参数）

调用方把参数的引用所有权借给函数方是很常见的。

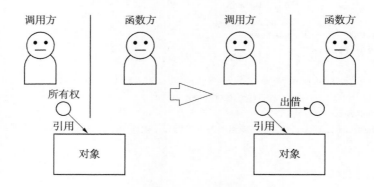

图10.24　出借引用的所有权

当函数的调用方要出借引用的所有权时，从把对象交给函数之后直到函数执行结束为止，这段时间调用方都必须保留指向对象的引用的所有权。

对于这个对象，只要调用方有一个所有权，那么就直接把对象交给函数也无妨。但如果调用方一个所有权也没有，那么对象就可能会被释放，因此这里必须执行增量操作来保留引用的所有权。

10.9.5　使用引用计数法会留下 BUG 吗

说到这里，大家应该差不多明白了，在引用计数法中，程序员必须时刻留意着对象的引用来编程。当然，如果是在 Python 的层面上，就不用在乎引用计数法了，不过想要扩展

Python 时还是需要在乎引用计数法的。

不过我们毕竟是人，在这一点上不能保证完全不出错。举个例子，我们可能会因为单纯忘记了执行减量操作而造成对象没有释放，或者把对象交给引用所有权被盗走的函数后又执行了减量操作，结果释放了活动对象等。

考虑到这里，笔者认为比起标记 – 清除算法等算法来说，还是引用计数法更容易产生BUG。

不过话说回来，虽说容易产生 BUG，但并不意味着就不能使用引用计数法了。就像之前在第 3 章中所讲的那样，引用计数法有着很多优点，比如 mutator 的最大暂停时间较短等。这里应该权衡它的优点和缺点，根据语言和应用程序的特性来判断适不适合采用引用计数法。

专栏

机械性的计数操作

使用引用计数法容易留下 BUG 隐患的原因是程序员进行了计数操作。然而世间还有一些东西，可以通过机械性的计数操作来排除人类导致的错误。

其中著名的是 C++ 的 shared_ptr。shared_ptr 会机械性地执行计数操作，当不再需要某个对象时（即引用计数器为 0 时），就会废弃这个对象。

这样一来，即便同样是引用计数法，也可以通过改变计数操作的方法来消除 BUG。

那么，为什么 Python 的语言处理程序内没有采用机械性的计数操作呢？答案是机械性的计数操作太慢了。一旦执行机械性计数，就不得不进行故障保护来计数，这样一来有时就会造成计数操作过多。

对于 Python 而言，计数操作很大程度上关系到语言处理程序的性能，所以不能随便决定去机械性地执行它。

10.10　如何应对有循环引用的垃圾对象

作为本章的结尾，我们来介绍一下 Python 是采用何种途径解决循环引用问题的。

引用计数法有一个致命的问题，即无法释放有循环引用的垃圾，这一点在第 2 章中已经提到过了。当然，Python 也一样存在这个问题。

我们在第 2 章中讲过部分标记 – 清除算法。Python 的垃圾回收则在此基础上加以改良，据此来解决循环引用的问题。

10.10.1　循环引用垃圾回收的算法

首先从算法部分开始说明。

图 10.25(1) 表示的是对象之间的引用关系。从自对象指向他对象的引用用黑箭头表示。每个对象里都正确记录着引用计数器。此外，请大家确认在图中有循环引用的垃圾对象群。

我们继续进行下一个步骤，来去除这个循环引用。

由图 10.25(2) 可见，对象的引用计数器已经被复制到了自对象内的另一个存储空间里。

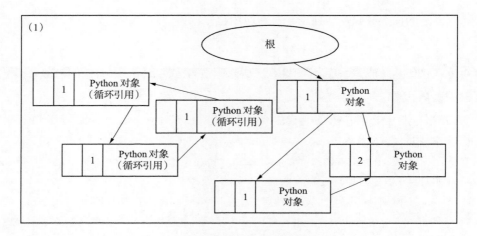

图 10.25　循环引用释放算法 (1)

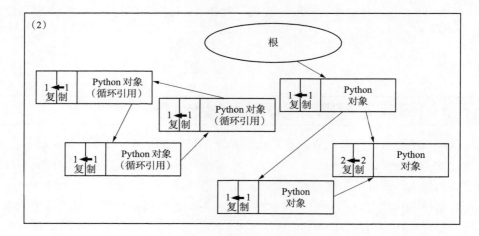

图 10.25　循环引用释放算法 (2)

事实上各个对象都是用对象链表连接的，如图 10.26(3) 所示。对象在生成的时候被连接到链表，我们不采用一次连接所有对象的方法。

由图 10.26(4) 可知，因为存在对自对象的引用复制后的计数器被执行了减量操作。有人可能会想："都已经复制引用计数器了，这么做不就害得计数器全部归零了吗？"

然而这里最重要的一点就是，只对从 Python 对象的引用执行减量操作。像从根这类非 Python 对象的引用，是不对其进行减量处理的。

这样一来，就只有那些从根引用的对象的计数器值为 1 了。

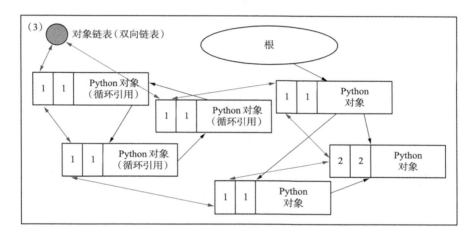

图10.26　循环引用释放算法(3)

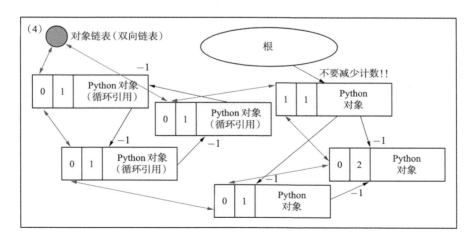

图10.26　循环引用释放算法(4)

执行完减量操作后，再把对象分成两类分别放入以下链表中。

1. 可能到达对象的链表
2. 不可能到达对象的链表

接下来将这些对象分别用双向链表连接。把程序可能到达的对象（活动对象）连接到第 1 类链表，把程序不可能到达的对象（非活动对象）连接到第 2 类链表。

之后将具备如下条件的对象连接到"可能到达对象的链表"。

1. 经过 (4) 的减量操作后计数器值大于等于 1。
2. 有从活动对象的引用。

另外，再将具备如下条件的对象连接到"不可能到达对象的链表"。

1. 经过 (4) 的减量操作后计数器值为 0
2. 没有从活动对象的引用

这样一来，分类结果就如图 10.27(5) 所示了。

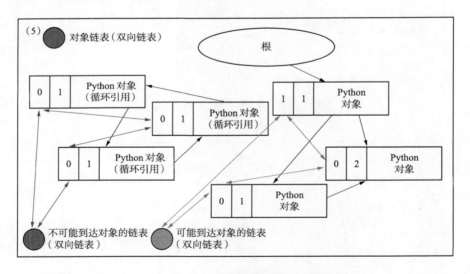

图 10.27　循环引用释放算法 (5)

　　大家应该明白了吧，最终所有循环引用的垃圾对象群都被连接到了"不可能到达对象的链表"，这就意味着能够发现全部有着循环引用的垃圾对象群了。

　　到了这一步，接下来就是我们说的算了。按顺序释放"不可能到达的对象"，再把"可能到达的对象"按原样连接到对象链表，结果如图 10.27(6) 所示。

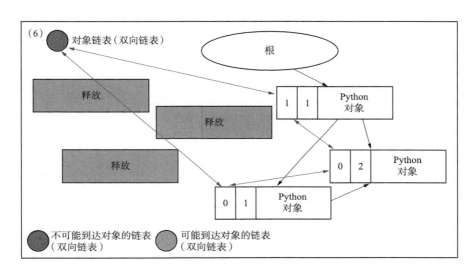

图 10.27　循环引用释放算法 (6)

　　像这样，在 Python 中只要将"部分标记 – 清除算法"稍加变形，就解决了循环引用问题。

　　因为这个循环引用释放算法是对那些有循环引用关系的垃圾对象群进行垃圾回收，所以本书中将其称为循环引用垃圾回收。

10.10.2　容器对象

　　并不是所有 Python 对象身上都会发生循环引用。有些对象可能保留了指向其他对象的引用，这些对象也可能引起循环引用。

　　而这些"可能保留了指向其他对象的引用的对象"就被称为容器对象。

　　具有代表性的容器对象有元组、列表和字典。这些对象能保留指向其他对象的引用。

　　非容器对象有字符串和数值等。这些对象不能保留指向其他对象的引用。

　　循环引用垃圾回收的对象只有这些容器对象。因为字符串等对象没有循环引用的可能性，所以它们被排除在循环引用垃圾回收的对象范围之外。

　　容器对象中都被分配了用于循环引用垃圾回收的头结构体。

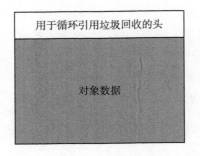

图10.28　容器对象的结构

这个用于循环引用垃圾回收的头包含以下信息。

1. 用于容器对象的双向链表的成员
2. 用于复制引用计数器的成员

其定义如下所示。

Include/objimpl.h

```
242  typedef union _gc_head {
243      struct {
244          union _gc_head *gc_next; /* 用于双向链表 */
245          union _gc_head *gc_prev; /* 用于双向链表 */
246          Py_ssize_t gc_refs;      /* 用于复制 */
247      } gc;
248      long double dummy;
249  } PyGC_Head;
```

结构体 PyGC_Head 里面是结构体 gc 和成员 dummy 的联合体。

在这里成员 dummy 起到了一定的作用：即使结构体 gc 的大小为 9 字节这样不上不下的数值，它也会将整个结构体 PyGC_Head 的大小对齐为 long double 型。因为结构体 gc 的大小不太可能变成这样不上不下的数值，所以事实上 dummy 起到了一个以防万一的作用。

10.10.3　生成容器对象

在生成容器对象时，必须分配用于循环引用垃圾回收的头。下面让我们来一起看一下这部分操作。

在这里由 _PyObject_GC_Malloc() 函数来执行分配头的操作。这个函数是负责分配所有容器对象的函数。

Modules/gcmodule.c: _PyObject_GC_Malloc()：只有分配头的部分

```
1320  PyObject *
1321  _PyObject_GC_Malloc(size_t basicsize)
1322  {
1323      PyObject *op;
1324      PyGC_Head *g;

1327      g = (PyGC_Head *)PyObject_MALLOC(
1328                  sizeof(PyGC_Head) + basicsize);

1331      g->gc.gc_refs = GC_UNTRACKED;

          /* 开始进行循环引用垃圾回收：后述 */

1342      op = FROM_GC(g);
1343      return op;
1344  }
```

第 1327 行代码分配了对象。需要大家注意的是，这里一起额外分配了结构体 PyGC_Head 的大小。可见在分配对象的同时，也额外分配了用于循环引用垃圾回收的头大小。

接下来在第 1331 行将 GC_UNTRACKED 存入用于循环引用垃圾回收的头内的成员 gc_refs 中。

这个标志的意思是"这个容器对象没有被追踪"。当出现这个标志的时候，GC 会认为这个容器对象没有连接到对象链表。

Include/objimpl.h：GC_UNTRACKED 的别名

```
255  #define _PyGC_REFS_UNTRACKED      (-2)
```

这个 _PyGC_REFS_UNTRACKED 是 GC_UNTRACKED 的别名。gc_ref 是用于复制对象的引用计数器的成员，不过它是用负值作为标志的。

刚开始笔者想："另外定义一个用于标志的成员不就好了吗？"不过这样是不行的。因为所有容器对象都带有用于循环引用垃圾回收的头，所以必须尽可能地缩小头。因此才让成员 gc_ref 去承担标志的作用。

最后在第 1342 行和第 1343 行调用宏 FROM_GC()，返回结果。

Modules/gcmodule.c

```
33  #define FROM_GC(g) ((PyObject *)(((PyGC_Head *)g)+1))
```

这个宏会偏移用于循环引用垃圾回收的头的长度，返回正确的对象地址。正是因为有这项操作，调用方才不用区别对待带有用于循环引用垃圾回收的头的容器对象和其他对象。

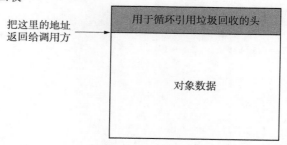

图10.29　返回的地址

如果结构体 PyGC_Head 的大小没有对齐，FROM_GC() 返回的地址就是没有被对齐的不上不下的值，因此需要按合适的大小对齐结构体 PyGC_Head 的大小。

10.10.4　追踪容器对象

为了释放循环引用，需要将容器对象用对象链表（双向链表）连接。在生成容器对象之后就要马上连接链表。

下面就以容器对象 —— 字典为例来看看吧。

Objects/dictobject.c

```
223  PyObject *
224  PyDict_New(void)
225  {
226      register PyDictObject *mp;

         /* 生成对象的操作 */

269      _PyObject_GC_TRACK(mp);
270      return (PyObject *)mp;
271  }
```

第 269 行的宏 _PyObject_GC_TRACK() 负责连接链表的操作。这次同样也省略了错误检查操作。

Include/objimpl.h

```
261  #define _PyObject_GC_TRACK(o) do { \
262      PyGC_Head *g = _Py_AS_GC(o); \

265      g->gc.gc_refs = _PyGC_REFS_REACHABLE; \
266      g->gc.gc_next = _PyGC_generation0; \
267      g->gc.gc_prev = _PyGC_generation0->gc.gc_prev; \
268      g->gc.gc_prev->gc.gc_next = g; \
269      _PyGC_generation0->gc.gc_prev = g; \
270  } while (0);
```

在这个宏里有一点需要大家注意，那就是第 261 行到第 270 行用 do{...}while(0) 括起来的地方。这里不是为了循环，而是写宏的技巧（或许这技巧不怎么好），这样一来涉及多个语句的操作看起来就像一个语句了。读代码时可以将其无视。

那么来看看宏的内容吧。首先从对象取出用于循环引用垃圾回收的头。第 262 行的宏 _Py_AS_GC() 的定义如下所示。

Include/objimpl.h

```
253 | #define _Py_AS_GC(o) ((PyGC_Head *)(o)-1)
```

先从对象的开头地址开始，将头地址偏移相应的大小，取出用于循环引用垃圾回收的头。

接下来把 _PyGC_REFS_REACHABLE 这个标志存入成员 gc_refs 中。这个标志有"程序可能到达的对象"的意思。

最后拿出连接了所有容器对象的全局性容器对象链表，把对象连接到这个链表。我们在第 265 行到第 299 行进行这项操作（关于全局变量 _PyGC_generation0，请参考 10.10.6 节）。

这样一来就把所有容器对象都连接到了作为容器对象链表的双向链表中。循环引用垃圾回收就是用这个容器对象链表来释放循环引用对象的。

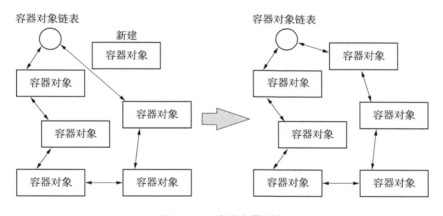

图 10.30　追踪容器对象

10.10.5　结束追踪容器对象

在通过引用计数法释放容器对象之前，要把作为对象的容器对象从容器对象链表中去除。因为我们没必要去追踪已经释放了的对象，所以这么做也是理所应当的。

依然以字典为例，下面是释放字典的函数。

Objects/dictobject.c

```
929   static void
930   dict_dealloc(register PyDictObject *mp)
931   {
932       register PyDictEntry *ep;
933       Py_ssize_t fill = mp->ma_fill;
934       PyObject_GC_UnTrack(mp); /* 追踪结束 */

         /* 字典对象的释放操作 */

950   }
```

这里用第 934 行的 `PyObject_GC_UnTrack()` 函数来执行结束追踪对象的操作。

Modules/gcmodule.c

```
1303   void
1304   PyObject_GC_UnTrack(void *op)
1305   {

1309       if (IS_TRACKED(op))
1310           _PyObject_GC_UNTRACK(op);
1311   }
```

用宏 `IS_TRACKED()` 判断对象是不是正在追踪的对象。

Modules/gcmodule.c

```
125   #define IS_TRACKED(o) ((AS_GC(o))->gc.gc_refs != GC_UNTRACKED)
```

宏 `AS_GC()` 是之前讲过的宏 `_Py_AS_GC()` 的别名，用于从对象中取出用于循环引用垃圾回收的头。

如果是正在追踪的对象，就结束追踪。

Include/objimpl.h

```
276   #define _PyObject_GC_UNTRACK(o) do { \
277       PyGC_Head *g = _Py_AS_GC(o); \

279       g->gc.gc_refs = _PyGC_REFS_UNTRACKED; \
280       g->gc.gc_prev->gc.gc_next = g->gc.gc_next; \
281       g->gc.gc_next->gc.gc_prev = g->gc.gc_prev; \
282       g->gc.gc_next = NULL; \
283       } while (0);
```

这里只是将追踪对象以外的标志（`_PyGC_REFS_UNTRACKED`）存入成员 `gc_refs`，并从容器对象链表中去除而已。

顺便一提，大多数情况下都是通过引用计数法的减量操作来释放容器对象的。因为通过循环引用垃圾回收释放的只是具有循环引用关系的对象群，所以数量并没有那么多。

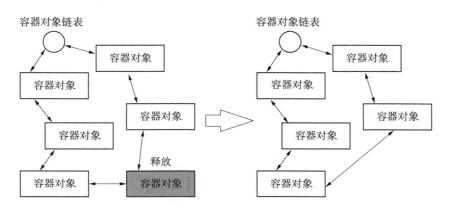

图 10.31　结束追踪容器对象

10.10.6　分代容器对象链表

令人吃惊的是，容器对象链表分为 3 代。没错，循环引用垃圾回收事实上是分代垃圾回收……

有些读者可能会想："那循环引用垃圾回收的算法原来是骗人的吗？"不是这样的。容器对象链表只是单纯分为 3 代，要做的事情还是一样的。

这些容器对象链表分别称为"0 代""1 代""2 代"。

系统通过下面的结构体来管理各代的容器对象链表。

Modules/gcmodule.c

```
37   struct gc_generation {
38       PyGC_Head head;
39       int threshold; /* 开始GC的阈值 */
40       int count; /* 该代的对象数 */

42   };
```

现在将容器对象连接到成员 head。

然后对成员 threshold 设定启动循环引用垃圾回收的阈值。

在需要对管理的那一代执行 GC 时，成员 count 是不可或缺的，它决定了什么时候执行 GC。当成员 count 的值超过了成员 threshold 的阈值时，程序就对这一代执行 GC。

代不同，成员 count 计数的对象也不同，如下表所示。

表10.6　各代的作用

代　名	计数对象（成员count）
0代	生成的容器对象的数量 − 删除的容器对象的数量
1代	0代经过GC的次数
2代	1代经过GC的次数

我们用下面这样的全局变量来初始化各代的容器对象链表。

Modules/gcmodule.c
```
45  #define GEN_HEAD(n) (&generations[n].head)
46
47  /* linked lists of container objects */
48  static struct gc_generation generations[NUM_GENERATIONS] = {
49      /* PyGC_Head,                  threshold,     count */
50      {{{GEN_HEAD(0), GEN_HEAD(0), 0}},      700,          0},
51      {{{GEN_HEAD(1), GEN_HEAD(1), 0}},       10,          0},
52      {{{GEN_HEAD(2), GEN_HEAD(2), 0}},       10,          0},
53  };
```

至于各代的 PyGC_Head，双向链表是以引用自身的形式被初始化的。另外，成员 gc_refs 当然为 0。

在这里来讲一下在 10.10.4 节没有解说的全局变量 _PyGC_generation0 吧。

Modules/gcmodule.c
```
55  PyGC_Head *_PyGC_generation0 = GEN_HEAD(0);
```

这是 0 代的容器对象。

一开始所有的容器对象都连接着 0 代的对象。此外，从新生代到老年代，只有经过循环引用垃圾回收活下来的容器对象才能够晋升。也就是说，1 代的容器对象链表里装的是活过了 1 次循环引用垃圾回收的对象，2 代的容器对象链表里装的是活过了 2 次循环引用垃圾回收的对象。

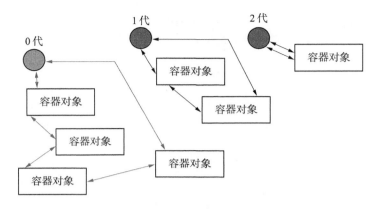

图10.32　分代容器对象链表

10.10.7　何时执行循环引用垃圾回收

从内部来说，在生成容器对象的时候执行循环引用垃圾回收。关于生成对象的操作我们之前已经讲过了，这里就不再赘述了。

Modules/gcmodule.c

```
1320  PyObject *
1321  _PyObject_GC_Malloc(size_t basicsize)
1322  {
1323      PyObject *op;
1324      PyGC_Head *g;

          /* 生成对象的操作 */

          /* 对分配的对象数进行增量操作 */

1332      generations[0].count++;
1333      if (generations[0].count > generations[0].threshold &&
1334          enabled &&
1335          generations[0].threshold &&
1336          !collecting &&
1337          !PyErr_Occurred()) {
1338          collecting = 1;
1339          collect_generations();
1340          collecting = 0;
1341      }
1342      op = FROM_GC(g);
1343      return op;
1344  }
```

在第 1332 行对 0 代的成员 count 执行增量操作。

接下来检查是否能执行循环引用垃圾回收。首先在第 1333 行检查 0 代的 count 有没有超过设定的阈值。

然后在第 1334 行确认全局变量 enabled 是 0 以外的数值。这个变量准备了可以在 Python 的层面操作的 API。只有在用户不想运行循环引用垃圾回收时，这个变量的值才会为 0。

下面在第 1335 行确认 threshold 不为 0，在第 1336 行确认循环引用垃圾回收是否正在执行。最后用 PyErr_Occurred() 函数来检查有没有发生异常。

如果这些检查全都合格，就执行循环引用垃圾回收。

在运行循环引用垃圾回收时，将全局变量 collecting 设为 1（正在执行 GC），调用 collect_generations() 函数。这就是调用循环引用垃圾回收的部分。

因为 collect_generations() 函数很简单，就顺便一起来看看吧。

Modules/gcmodule.c

```
882  static Py_ssize_t
883  collect_generations(void)
884  {
885      int i;
886      Py_ssize_t n = 0;

891      for (i = NUM_GENERATIONS-1; i >= 0; i--) {
892          if (generations[i].count > generations[i].threshold) {
893              n = collect(i); /* 执行循环引用垃圾回收！ */
894              break;
895          }
896      }
897      return n;
898  }
```

在这里检查各代的计数器和阈值，对超过阈值的代执行 GC，这样一来循环引用垃圾回收的所有内容就都装入了程序调用的 collect() 函数里。

10.10.8　循环引用垃圾回收

那么来看一下 collect() 函数。这个函数实现起来非常简单，也很容易看懂（跟 PyObject_Malloc() 大相径庭）。这次也略去了 debug 处理等部分。

Modules/gcmodule.c

```
732  static Py_ssize_t
733  collect(int generation)
734  {
735      int i;
738      PyGC_Head *young; /* 即将查找的一代 */
```

```
739    PyGC_Head *old; /* 下一代 */
740    PyGC_Head unreachable; /* 无异样不能到达对象的链表 */
741    PyGC_Head finalizers;

762    /* 更新计数器 */
763    if (generation+1 < NUM_GENERATIONS)
764        generations[generation+1].count += 1;
765    for (i = 0; i <= generation; i++)
766        generations[i].count = 0;
767
768    /* 合并指定的代及其以下的代的链表 */
769    for (i = 0; i < generation; i++) {
770        gc_list_merge(GEN_HEAD(i), GEN_HEAD(generation));
771    }
772
773    /* 给old变量赋值 */
774    young = GEN_HEAD(generation);
775    if (generation < NUM_GENERATIONS-1)
776        old = GEN_HEAD(generation+1);
777    else
778        old = young;

785    update_refs(young);        /* 把引用计数器复制到用于循环引用垃圾回收的头里 */
786    subtract_refs(young);      /* 删除实际的引用 */

       /* 将计数器值为0的对象移动到不可能到达对象的链表 */
794    gc_list_init(&unreachable);
795    move_unreachable(young, &unreachable);
       /* 将从循环引用垃圾回收中幸存的对象移动到下一代 */
798    if (young != old)
799        gc_list_merge(young, old);

       /* 移出不可能到达对象的链表内有终结器的对象 */
808    gc_list_init(&finalizers);
809    move_finalizers(&unreachable, &finalizers);
814    move_finalizer_reachable(&finalizers);

       /* 释放循环引用的对象群 */
834    delete_garbage(&unreachable, old);

       /* 将finalizers链表注册为“不能释放的垃圾” */
865    (void)handle_finalizers(&finalizers, old);

880    }
```

　　首先对一个老年代的计数器执行增量操作，将所指定的代的计数器值设为 0。之后将所指定的代及其以下代的链表合并到自己所属的代中。

　　然后把引用计数器复制到用于循环引用垃圾回收的头里，从这个计数器删除实际的引用。

　　这样一来，正如之前在 10.10.1 节中提到的那样，循环引用的对象的计数器值会变为 0，所以要将其存入不可能到达对象的链表。

　　之后把从 GC 中幸存下来的对象连同链表一起合并到下一代，让代晋升。

　　因为某些原因，程序无法释放有终结器的循环引用的垃圾对象，所以要将其移出。

　　最后只要将不可能到达对象的链表里的对象全部释放，就完全释放了循环引用的对象群。

　　我们把 collect() 函数分成了几个简明易懂且大小适当的函数，大家应该非常容易理解吧。不过光说这些感觉还不够，下面就让我们一起来看看各自调用的函数吧。

10.10.9　gc_list_merge()

　　这个函数负责执行合并双向链表的操作。

Modules/gcmodule.c

```
187  static void
188  gc_list_merge(PyGC_Head *from, PyGC_Head *to)
189  {
190      PyGC_Head *tail;
191      assert(from != to);
192      if (!gc_list_is_empty(from)) {
193          tail = to->gc.gc_prev;
194          tail->gc.gc_next = from->gc.gc_next;
195          tail->gc.gc_next->gc.gc_prev = tail;
196          to->gc.gc_prev = from->gc.gc_prev;
197          to->gc.gc_prev->gc.gc_next = to;
198      }
199      gc_list_init(from);
200  }
```

　　事实上执行起来很简单，就是把 from 链表连接到 to 链表的末尾。

10.10.10　update_refs()

　　这个函数负责把引用计数器的值复制到容器对象链表内对象的所有 gc_refs 成员里。

Modules/gcmodule.c

```
238  static void
239  update_refs(PyGC_Head *containers)
240  {
241      PyGC_Head *gc = containers->gc.gc_next;
242      for (; gc != containers; gc = gc->gc.gc_next) {
```

```
244         gc->gc.gc_refs = Py_REFCNT(FROM_GC(gc));
264     }
265 }
```

这里查找所有容器对象链表，复制引用计数器。

10.10.11 subtract_refs()

这个函数负责查找所有容器对象链表的引用，减去找到的容器对象的成员 `gc_refs` 的计数器值。

Modules/gcmodule.c
```
290 static void
291 subtract_refs(PyGC_Head *containers)
292 {
293     traverseproc traverse;
294     PyGC_Head *gc = containers->gc.gc_next;
295     for (; gc != containers; gc=gc->gc.gc_next) {
296         traverse = Py_TYPE(FROM_GC(gc))->tp_traverse;
297         (void) traverse(FROM_GC(gc),
298                     (visitproc)visit_decref,
299                     NULL);
300     }
301 }
```

在这里对容器对象链表内的所有对象调用 `traverse()` 函数。

这个函数使用了设计模式中的访问者模式 [33]。第 296 行的成员 `tp_traverse` 内存有各个型特有的遍历函数。打个比方，链表的情况下就是以下函数。

Objects/listobject.c
```
2158 static int
2159 list_traverse(PyListObject *o, visitproc visit, void *arg)
2160 {
2161     Py_ssize_t i;
2162
2163     for (i = Py_SIZE(o); --i >= 0; )
2164         Py_VISIT(o->ob_item[i]);
2165     return 0;
2166 }
```

对链表内的所有元素调用宏 `Py_VISIT()`。

Include/objimpl.h

```
303  #define Py_VISIT(op)                                         \
304       do {                                                     \
305            if (op) {                                            \
306                 int vret = visit((PyObject *)(op), arg);\
307                 if (vret)                                       \
308                     return vret;                                \
309            }                                                     \
310       } while (0)
```

在宏 Py_VISIT() 中，对参数 op 调用 visit。这个 visit 是作为参数传递给 list_traverse() 函数的。此外，在这里把 arg 也一起作为 visit 的参数传递给 list_traverse() 函数。

这样一来，遍历函数就能对所有保留其型的对象调用指定的函数。在这种情况下，这就意味着调用 visit_decref() 函数。

当要访问的函数和被访问的函数都作为组件并需要替换时，可以采用访问者模式。在这种情况下，被访问的函数是遍历函数。我们必须用各种各样的函数替换遍历函数，如元组用的函数、字典用的函数等。当然，根据不同的用途，也必须能够更改要访问的函数。因此才在这里使用访问者模式。笔者认为这是一个相当不错的使用范例。对了，在之后的章节中也会经常出现访问者模式，请大家务必牢记。

下面让我们回到正题，来看看 visit_decref() 函数吧。

Modules/gcmodule.c

```
268  static int
269  visit_decref(PyObject *op, void *data)
270  {
271       assert(op != NULL);
272   if (PyObject_IS_GC(op)) {
273       PyGC_Head *gc = AS_GC(op);
279       if (gc->gc.gc_refs > 0)
280           gc->gc.gc_refs--;
281   }
282   return 0;
283  }
```

链表的情况下，这个函数的参数 op 变成了链表内的元素。因为已经被链表引用了，所以需要对这个对象的成员 gc_refs 执行减量操作。

10.10.12　move_unreachable()

这个函数负责把循环引用的对象群移动到不可能到达对象的链表。

Modules/gcmodule.c

```
354  static void
355  move_unreachable(PyGC_Head *young, PyGC_Head *unreachable)
356  {
357      PyGC_Head *gc = young->gc.gc_next;
367
368      while (gc != young) {
369          PyGC_Head *next;
370
371          if (gc->gc.gc_refs) {
380              PyObject *op = FROM_GC(gc);
381              traverseproc traverse = Py_TYPE(op)->tp_traverse;
383              gc->gc.gc_refs = GC_REACHABLE;
384              (void) traverse(op,
385                              (visitproc)visit_reachable,
386                              (void *)young);
387              next = gc->gc.gc_next;
388          }
389          else {
397              next = gc->gc.gc_next;
398              gc_list_move(gc, unreachable);
399              gc->gc.gc_refs = GC_TENTATIVELY_UNREACHABLE;
400          }
401          gc = next;
402      }
403  }
```

这里使用 while 语句遍历 young 的容器对象链表。

首先从 if 语句的 else 语句开始说明吧。当对象的成员 gc_refs 为 0 时，需要把对象移动到 unreachable（不可能到达）链表，给 gc_refs 设置标志 GC_TENTATIVELY_UNREACHABLE，意思是 "总之先放到不可能到达对象的链表里"。为什么要设定这个标志呢？因为这个时候对象还有可能被移出 unreachable 链表。举个例子，如果对象有终结器，那么就要将其从 unreachable（不可能到达）链表移出。

接下来该谈谈对象的成员 gc_refs 不为 0 时的情况了。这时候要给 gc_refs 设置标志 GC_REACHABLE，它的意思是 "活动对象"，也就是非循环引用。然后使用访问者的遍历函数调用 visit_reachable() 函数。

Modules/gcmodule.c：省略检查操作

```
304  static int
305  visit_reachable(PyObject *op, PyGC_Head *reachable)
306  {
307      if (PyObject_IS_GC(op)) {
308          PyGC_Head *gc = AS_GC(op);
309          const Py_ssize_t gc_refs = gc->gc.gc_refs;
310
311          if (gc_refs == 0) {
317              gc->gc.gc_refs = 1;
318          }
319          else if (gc_refs == GC_TENTATIVELY_UNREACHABLE) {
326              gc_list_move(gc, reachable);
327              gc->gc.gc_refs = 1;
328          }
342      }
343      return 0;
344  }
```

如果 gc_refs 为 0，就将其设定为 1，以准确表示引用关系。

如果 gc_refs 是 GC_TENTATIVELY_UNREACHABLE，说明里面已经存入了非活动对象，所以就必须把它们从里面救出来。这里我们将其移动到 reachable 链表（young 的容器对象链表），将 gc_refs 设置为 1。

10.10.13　move_finalizers()

这个函数的作用是移出那些容器对象链表内有终结器的非活动对象。至于为什么要移出，我们会在之后的 10.10.17 节为大家解说。

Modules/gcmodule.c

```
419  static void
420  move_finalizers(PyGC_Head *unreachable, PyGC_Head *finalizers)
421  {
422      PyGC_Head *gc;
423      PyGC_Head *next;
424
428      for (gc = unreachable->gc.gc_next; gc != unreachable; gc = next) {
429          PyObject *op = FROM_GC(gc);
430
432          next = gc->gc.gc_next;
433
434          if (has_finalizer(op)) {
```

```
435              gc_list_move(gc, finalizers);
436              gc->gc.gc_refs = GC_REACHABLE;
437          }
438      }
439  }
```

这里没有什么需要特别说明的地方。只是遍历 unreachable 链表，把有终结器的对象移到 finalizers 链表而已。

10.10.14　move_finalizer_reachable()

这个函数负责从已经移出的有终结器的对象开始往下查找，移出该对象引用的对象。执行这项操作是为了在最终化的时候不发生"保留的对象被释放了"的情况。

Modules/gcmodule.c

```
458  static void
459  move_finalizer_reachable(PyGC_Head *finalizers)
460  {
461      traverseproc traverse;
462      PyGC_Head *gc = finalizers->gc.gc_next;
463      for (; gc != finalizers; gc = gc->gc.gc_next) {
465          traverse = Py_TYPE(FROM_GC(gc))->tp_traverse;
466          (void) traverse(FROM_GC(gc),
467                  (visitproc)visit_move,
468                  (void *)finalizers);
469      }
470  }
```

这里访问者模式也发挥了很大的作用。

Modules/gcmodule.c

```
442  static int
443  visit_move(PyObject *op, PyGC_Head *tolist)
444  {
445      if (PyObject_IS_GC(op)) {
446          if (IS_TENTATIVELY_UNREACHABLE(op)) {
447              PyGC_Head *gc = AS_GC(op);
448              gc_list_move(gc, tolist);
449              gc->gc.gc_refs = GC_REACHABLE;
450          }
451      }
452      return 0;
453  }
```

这里做的只是把对象保存到 `finalizers` 链表而已。

10.10.15　delete_garbage()

下面终于要用这个函数来释放循环引用对象群了。

Modules/gcmodule.c

```
668   static void
669   delete_garbage(PyGC_Head *collectable, PyGC_Head *old)
670   {
671       inquiry clear;
672
673       while (!gc_list_is_empty(collectable)) {
674           PyGC_Head *gc = collectable->gc.gc_next;
675           PyObject *op = FROM_GC(gc);

682           if ((clear = Py_TYPE(op)->tp_clear) != NULL) {
683               Py_INCREF(op);
684               clear(op);
685               Py_DECREF(op);
686           }

688           if (collectable->gc.gc_next == gc) {
690               gc_list_move(gc, old);
691               gc->gc.gc_refs = GC_REACHABLE;
692           }
693       }
694   }
```

首先在第 682 行获得各个型的 `clear()` 函数。`clear()` 函数是清除对象内容的函数。打个比方，在链表中就有对元素内的对象执行减量操作，并将其从链表中去除的函数。

然后在第 683 行对对象执行一次增量操作。考虑到释放对象是循环引用的对象群，可能会因为 `clear()` 函数的连锁反应造成自身被消除，为了避免出现这种情况，在调用 `clear()` 函数之前先执行增量操作，之后再调用 `clear()` 函数。

然后马上进行减量操作。在进行此项操作时，按理说对象的引用计数器值会变成 0，对象会得到释放。

不过，也有可能因为某种原因导致对象无法得到释放（大多数情况下是出现了忘记执行减量操作等 BUG）。第 688 行到第 691 行的代码考虑到了这种情况。

如果用减量操作释放了对象，那么 `collectable->gc.gc_next` 所指向的对象应该与之前不同。利用这一点，如果 `collectable->gc.gc_next` 所指向的对象与之前一样，就将这个对象视为尚未被释放的对象（也就是说这个对象是活动对象），并返回原来的容器对象链表。

10.10.16　handle_finalizers()

在这个函数中对全局变量 garbage 注册之前保存的 finalizers 链表。

Modules/gcmodule.c

```
641  static int
642  handle_finalizers(PyGC_Head *finalizers, PyGC_Head *old)
643  {
644      PyGC_Head *gc = finalizers->gc.gc_next;
645
646      if (garbage == NULL) {
647          garbage = PyList_New(0);
648          if (garbage == NULL)
649              Py_FatalError("gc couldn't create gc.garbage list");
650      }
651      for (; gc != finalizers; gc = gc->gc.gc_next) {
652          PyObject *op = FROM_GC(gc);
653
             if (has_finalizer(op)) {
655              if (PyList_Append(garbage, op) < 0)
656                  return -1;
657          }
658      }
659
660      gc_list_merge(finalizers, old);
661      return 0;
662  }
```

使用 PyList_New() 函数给 garbage 赋值，这一点就证明了它是在 Python 中处理的变量。事实上为了能在 Python 的层面上处理全局变量 garbage，开发者准备了相应的 API。

```
import gc
gc.garbage # []
```

上述代码是在 Python 中取出变量 garbage 的简单代码。代码中的 import 是用于读取函数库的语法。在这里它的意思是"读取 gc 模块"。之后只要一调用 gc.garbage，就能访问用这个 handle_finalizers() 函数注册的对象。

10.10.17　循环引用中终结器的问题

循环引用垃圾回收把带有终结器的对象排除在处理范围之外，这是为什么呢？

事实上，想要释放循环引用的有终结器的对象是非常麻烦的。

举个例子，假设两个对象是互相引用（循环引用）的关系，如果它们分别持有自己的终结器，那么先调用哪个才好呢？

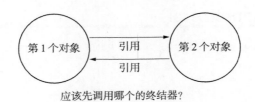

应该先调用哪个的终结器？

图 10.33　循环引用对象的终结器

在将第 1 个对象最终化后，如果想将第 2 个对象最终化，那么或许会在最终化过程中引用到第 1 个对象。也就是说，在这种情况下是无法释放（无法最终化）第 1 个对象的。从理论上来说这看似很矛盾，不过反过来想，最后还是会得出一样的结论。

因为这个问题没有解决的办法，所以在循环引用垃圾回收中，有终结器的循环引用垃圾对象是排除在 GC 的对象范围之外的。

相反地，有终结器的循环引用对象能够作为链表在 Python 内进行处理。前面提到的变量 garbage 就是这样。如果出现有终结器的循环引用垃圾对象，我们就需要利用这项功能，从应用程序的角度来去除对象的循环引用。

10.10.18　不需要写入屏障吗

循环引用垃圾回收虽然是分代垃圾回收，但它并不需要写入屏障。

写入屏障是一个用于记录从老年代指向新生代的引用的机制。要说为什么需要记录，那是为了防止出现偏差 —— 被认作垃圾的新生代对象其实是老年代引用的活动对象。

然而在循环引用垃圾回收中，即使记录了来自于老年代的引用也没有任何意义。

事实上即使不加入写入屏障，程序也已经通过引用计数法把从老年代的引用切实记录到每个对象了。想必大家还记得吧，循环引用垃圾回收中首先将引用计数器复制到了成员 `gc_refs` 里。

在 Python 的循环引用垃圾回收中，我们按照对象的被引用数量对成员 `gc_refs` 执行了减量操作，并将变成 0 的成员看作循环引用的对象群。另外，对于从老年代的引用，不会对 `gc_refs` 减量。也就是说，这个对象的 `gc_refs` 绝对不会为 0，该对象肯定会被看作活动对象。因此，即使没有写入屏障也不会出现差错。

10.11 性能调整的建议

在本章最后，我们来谈一下 PythonGC 的性能调整的相关内容。

10.11.1 gc.set_debug()

GC 常有的一个问题就是 "应用程序无响应"。特别是对于像游戏这种重视实时性的应用程序而言，这就是个非常严重的大问题了。

因为 Python 的垃圾回收采用的是引用计数法，所以基本上不会出现应用程序无响应的情况。然而循环引用垃圾回收在某种程度上要花掉相当多的时间，所以也难免会出现应用无响应的情况。

在这种情况下，首先要使用 gc 模块的 set_debug() 来查找原因。

```
import gc
gc.set_debug(gc.DEBUG_STATS)
gc.collect()
# gc: collecting generation 2...
# gc: objects in each generation: 10 0 13607
# gc: done, 0.0087s elapsed.
```

一旦用 set_debug() 设定了 gc.DEBUG_STATS 标志，那么每次进行循环引用垃圾回收，就都会输出以下信息。

1. GC 对象的代
2. 各代内对象的数量
3. 循环引用垃圾回收所花费的时间

除了 DEBUG_STATS 以外，还可以在 set_debug() 里设定各种各样的标志。关于这些标志各自的含义在 gc 模块的参考文档[①]中已经有详细记载，请大家查阅这部分。

10.11.2 gc.collect()

如果调查了原因并进行了改善，结果还是无响应的话，这时候可能就要用到 gc.collect() 了。

使用 gc.collect() 的话，就能在应用程序运行过程中的任意时刻执行循环引用垃圾回收了。也就是说，这样一来就可以在应用程序空闲或者等待执行的期间执行 GC 了。

---

① gc模块的文档：http://www.python.jp/doc/release/lib/module-gc.html。

10.11.3 gc.disable()

如果还不行，就干脆用 `gc.disable()` 试试吧，这也是一种手段。

一旦调用 `gc.disable()`，循环引用垃圾回收就停止运作了。也就是说，循环引用的垃圾对象群一直不会得到释放。

然而从应用程序整体的角度来看，如果循环引用的对象的大小可以忽视，那么这个方法也不失为一个好方法。这就需要我们自己来权衡了。

11 DalvikVM 的垃圾回收

本章将为大家介绍 DalvikVM 的垃圾回收。说到 DalvikVM 大家或许不熟悉，但如果说"Google 手机"上搭载的 VM，大家就该有印象了吧。

11.1　本章前言

在讲 DalvikVM 之前，首先来说说 Android 吧。Android 的源代码中经常出现 Android 平台固有的代码。在看源代码之前，我们需要事先了解这些信息。

11.1.1　什么是Android

Android 是 Google 公司发布的手机平台的名称。

Android 包含手机 OS、通讯录之类的基本应用程序，以及窗口管理器之类的中间件等软件群，作为首个免费的移动平台，它备受瞩目。

大家常说的"Google 手机"指的就是搭载了 Android 平台的"Android 终端"。日本也于 2009 年 7 月 10 日通过 NTT DOCOMO[1] 发售了型号为 HT-03[2] 的 Google 手机。

---

① NTT DOCOMO是日本的一家电信公司，是日本最大的移动通信运营商，拥有超过6千万的签约用户。——译者注

② HT-03A：http://www.nttdocomo.co.jp/product/foma/pro/ht03a/。

11.1.2　Android架构

Android 的结构如下图所示。

| 应用程序 |
| 应用程序框架 |
| DalvikVM |
| 中间件 |
| Linux 内核 |
| 硬件（Android 终端）|

图 11.1　Android 架构

Android 平台中，在和图 11.1 最下方的硬件进行交互时使用 Linux 内核。其上方有中间件，那里有 libc 和 SQLite 等函数库。

然后再往上是 DalvikVM，它是这次的主角。在 Android 平台上运行的应用程序原则上都是在这个 DalvikVM 中运行的。

应用程序框架中含有包管理器和窗口管理器等。

再往上看，最上方是应用程序。Android 应用利用应用框架实现其功能。用户看到的电话本和 Web 浏览器等应用都位于这里。

Android 应用的描述语言是 Java。Java 的源代码最终会被输出为用于 DalvikVM 的字节码。DalvikVM 会执行输出的字节码，在 Android 平台上运行应用程序。

11.1.3　DalvikVM 的特征

DalvikVM 是由 Dan Bornstein 及 Google 公司的工程师开发的。Dalvik 这个独特的名字来源于原开发者 Dan 的祖先所居住的一个小渔村，渔村位于冰岛的 Eyjafjörður（意思是 "冰岛峡湾"），渔村的名字叫 Dalvík（意思是 "山谷中的港湾"）。

DalvikVM 解释和执行的字节码和 Sun 公司的 JVM（Java 虚拟机）解释和执行的字节码没有兼容性。DalvikVM 解释和执行的字节码被称为 Dalvik Executable（扩展名为 dex）。通过修改 Sun 提供的 Java 编译器输出的 Java 类文件（扩展名为 class），就可以得到 Dalvik Executable。修改过程中则使用 Android SDK 所包含的工具 dx。

为了收集必要的型信息和方法（method）信息，这个 .dex 文件要比通常的 .class 文件小。这样一来导入到 Android 终端的应用程序的体积就会变小，我们就能有效率地使用有限的资源。

此外，DalvikVM 的设计目标之一就是在运作时尽可能地节约内存。因为 Android 终端是受内存限制的，所以这么设计可以说是理所当然的。

11.1.4　Android 是多任务的

Android 的应用程序支持多任务操作。例如可以在浏览网页的同时记笔记、边看地图边写邮件等，很方便。

令人吃惊的是，每个应用程序都运行得很流畅，基本上不会出现程序卡顿的情况，因此人们很在意它的实现。在 Android 平台上是如何实现多任务的呢？

Android 刚开始启动时会启动一个叫作 Zygote 的进程。Zygote 这个进程是所有 Android 应用程序的父进程，每当启动一个应用程序的时候，Zygote 就会 fork 出一个子进程。

因为 Zygote 有很多函数库，所以启动要花一段时间，不过一旦完成启动，就能非常高速地生成子进程了。此外，因为子进程和父进程共用一块内存空间，所以内存消耗量也减少了。

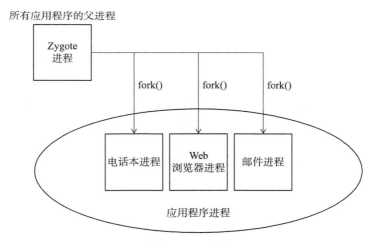

图 11.2　Zygote 和应用程序的关系

11.1.5　bionic

bionic 是 Android 平台的 libc，也就是 C 库。Linux 发行版中一般会加入一种叫作 glibc 的 C 库，不过 Android 却有它独自的 C 库——bionic。glibc 用于嵌入也未免太大了。

话虽这么说，bionic 并不全部是原创的，它就好比是 "把 BSD libc 改良成了一个用于 Android 的东西"。

11.1.6　ashmem

ashmem 为 android 而生，是一个共享内存的设备。它是作为模块嵌入 Linux 内核的。有 Android 手机的读者可以试着 ls "/dev"，应该能够确认存在 /dev/ashmem 这个设备。

ashmem 是 Anonymous Shared Memory Subsystem（匿名共享内存子系统）的简称。就如它的名字一样，ashmem 是为了有效处理共享内存而生的系统。

通过 ashmem 分配内存空间时，需要开启 /dev/ashmem 设备，使用 mmap。一旦执行mmap，计算机就会经由 ashmem 最终从 tmpfs[①] 取得数据。

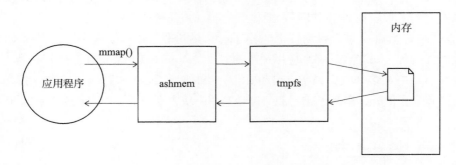

图11.3　通过ashmem设备来分配内存

ashmem 另一个特别的功能就是缓存功能。如果我们在 ashmem 分配的内存空间中设置一块标明了"这个可以删了"的内存空间，它就会擅自把这块空间返回给 OS。

在 Android 中，开发者准备了一个类来当作 ashmem 的 Java 级别的 API，这个类叫作android.os.MemoryFile。我们先把它记下，说不定之后碰上什么情况就能派上用场呢。

一般情况下，应用程序（Java）的内存管理是由 GC 全权负责的。然而即使对象被回收了，对象保留的内存空间也不会马上返回给 OS。大多数情况下这些内存空间都被缓存在某处，而没有返回给 OS。

不过使用 ashmem 的话就不一样了。在 ashmem 中，释放的内存空间会被直接返回给OS。因此，使用 ashmem 能非常轻松高效地进行缓存操作。

/kernel/mm/ashmem.c 里有源代码，对 ashmem 的实现有兴趣的读者请自行查阅（后面将告诉大家如何获得源代码）。

11.1.7　dlmalloc

接下来谈谈 Android 的 malloc 吧（话题渐渐转向 GC 了呢）。

bionic 中包含的 malloc 当然不是 glibc malloc。Doug Lea 开发了一个替代 glibc malloc 的分配器，世人称为 dlmalloc。

不过话说回来，glibc malloc 也是由 dlmalloc 衍生而来的。glibc 的 malloc 已经过时了，因此 Android 平台上选用了更有原创性的 dlmalloc。

---

① tmpfs：可以在Linux机器内存中生成的文件系统。因为文件是在内存中生成的，所以只要机器一断电，文件就会被删除。

那么我们就来学学怎么用这个 dlmalloc 吧。笔者想用 dlmalloc 生成一个自用的 `malloc()`。

```
static mspace mymspace = create_mspace(0,0);
#define mymalloc(bytes)  mspace_malloc(mymspace, bytes)
```

光用这两句代码就能定义一个自制的内存分配函数 `mymalloc()`。当然，定义时需要编译并链接 dlmalloc.c。

在 dlmalloc 中，我们首先要用 `create_mspace()` 函数生成一个用于 malloc 的内存空间。返回的 `mspace` 是一个指针，指向保留这个空间的结构体。事实上在进行分配的时候，程序会将之前生成的 `mspace` 和想要的内存空间大小传递给 `mspace_malloc()` 函数，执行调用。

想详细了解 dlmalloc 的读者请查阅 Doug Lea 的网站 [1]。

11.2　重新学习 mmap

mmap 在 Dalvik VM 中非常活跃。下面我们将对 mmap 进行简单的说明，很熟悉 mmap 的读者可以跳过这一节。

11.2.1　什么是 mmap

首先我们来看看 mmap（内存映射文件）是如何产生的。

OS 提供的文件的 API 很难随机访问。假设有一个程序，它是按照 "第 2 个字节→第 30 个字节→第 12 个字节→第 7 个字节" 的顺序来读取的。在这种情况下，就会重复如下操作。

- 移动到指定字节
- 将文件内容读取到内存（缓存）
- 从内存读取

这样不太有效率，于是 mmap 就诞生了。

mmap 是一个将文件内容整体映射到内存的系统调用。因为内存比文件更擅长随机访问，所以这样一来就能非常高速地运行之前那个程序了。对之前的程序而言，如果使用 mmap 的话，只要执行以下操作就够了。

顺带一提，mmap 连设备文件都可以映射到内存空间。至于 mmap 的兼容性，因为函数是用 POSIX [2] 定义的，所以只要是以 POSIX 为标准的 OS，使用起来就没有问题。

---

① dlmalloc：http://g.oswego.edu/dl/html/malloc.html。

② POSIX：Portable Operating System Interface（可移植操作系统接口），为以不同方式实现的 UNIX OS 定义的共同的 API 标准。

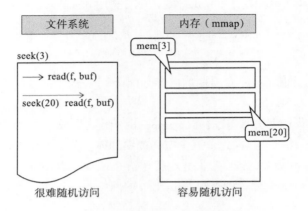

图11.4　对比文件和内存的随机访问

11.2.2　活用分配

实际上，在这种情况下诞生的 mmap 基本没有用在文件的映射方面，而是用于分配的情况比较多。

有一个叫作 /dev/zero 的设备文件，该文件非常特殊，简单来说就是 "0" 无限持续。我们打开这个设备文件，并执行 mmap，就能确保没有实体文件的内存空间。不管怎么读取这个设备文件，它都只会出来 "0"，即使对其执行写入操作，数据也不会留在文件里。因为文件本身就没有实体，所以即使我们用 mmap 对映射的内存空间执行写入操作，只要电脑的电源一断，这些数据就会消失得无影无踪。也就是说，如果我们将 /dev/zero 这个设备文件mmap，电脑就只会确保指定大小（在写入了 "0" 的状态下）的内存空间。

```
fd = open("/dev/zero", O_RDONLY);
ret = mmap(NULL, (4 * 1024), PROT_WRITE, MAP_PRIVATE, fd, 0);
```

此外，使用 MAP_ANONYMOUS 也同样可以分配。

```
ret = mmap(NULL, (4 * 1024), PROT_WRITE, (MAP_PRIVATE|MAP_ANONYMOUS), -1, 0);
```

通常在分配的时候我们会使用一个叫作 brk 的系统调用，这是扩展 C 的堆的系统调用。不过 C 的堆大小的上限是由进程决定的，即使我们想用 brk 扩展堆也做不到。

不过，如果使用指定了 /dev/zero 的 mmap，就能从适当的场所随意保留内存空间了。也就是说，这样一来就可以获得比 brk 限制少且体积大的内存空间。因此当我们想一下子获取一大块内存空间时，这个方法就很方便。不过大家要注意一点，mmap 只能以页面单位（4K字节）来分配。

其实在之前介绍的 dlmalloc 的内部分配小体积的内存空间时采用的就是 brk，不过在分配大体积的内存空间时，就要用 mmap 了。

11.2.3　请求页面调度

我们用 mmap 把文件映射到内存。不过这并不意味着把 1G 字节的文件直接分配给物理内存，这么办的话，有多少内存空间都不够。

当 mmap 结束时，实际上物理内存并没有被执行任何分配，只是作为虚拟内存被映射了。那么该在什么时候分配物理内存呢？

答案是在访问虚拟内存的时候执行分配。因为物理内存没有被分配到虚拟内存，所以访问的时候会发生页面错误。我们捕获页面错误，实际进行物理内存的分配。

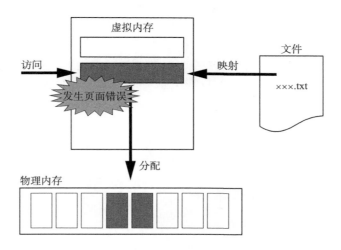

图11.5　请求页面调度

像这样在执行访问时分配物理内存的方式称为"请求页面调度"（demand paging）。

11.2.4　共享映射与私有映射

在执行 mmap 时，有"共享映射"和"私有映射"两种映射方式可供选择。

当指定共享映射来执行 mmap 时，虽然每个进程的地址空间不同，但它们引用的物理内存是一样的。也就是说，如果对这部分内存执行写入操作，那么这项操作也会反应在其他进程上。像这样共享物理内存的映射就称为"共享映射"。

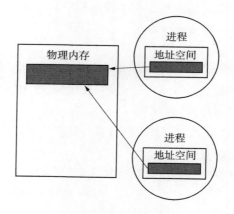

图 11.6　共享映射

只要对 mmap API 指定 MAP_SHARED 标志，就会执行共享映射。

另一方面，当指定私有映射执行 mmap 时，每个进程都会被映射到不同的物理内存。因为文件被映射到了不同的物理内存，所以即使对文件执行写入操作，该操作也不会反应在其他进程上。

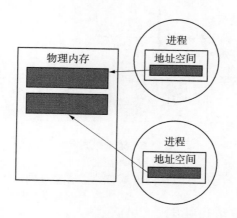

图 11.7　私有映射

只要对 mmap API 指定 MAP_PRIVATE 标志，就会执行私有映射。

11.2.5　写时复制技术

之前也跟大家讲过，在私有映射中每个进程占用的是不同的内存。

但是我们没必要把这些进程都分别进行复制，而是只要复制重写的部分就好。也就是说，一开始是设置一个整体共享的物理内存，然后从这块物理内存中进行读取。不过在进行重写时，只需要复制用于这个进程的重写的部分即可。因为是在重写的时候进行复制，所以称为"写时复制技术"（Copy-On-Write）。这是请求页面调度的技术之一。

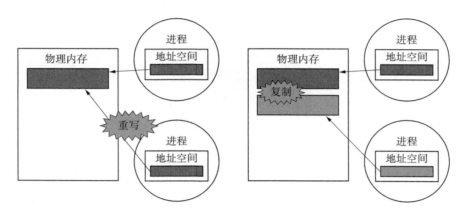

图 11.8 写时复制技术

在第 2 章中我们也讲到过这项功能。

11.3 DalvikVM 的源代码

那么赶紧来获取 DalvikVM 的源代码吧。这次我们用于解说的 Android 版本是 1.5r2（DalvikVM 的版本与 Android 平台的版本相同）。

11.3.1 获取源代码

首先为大家介绍一个面向 Android 开发者的网站（图 11.9）。

http://developer.android.com/index.html

这个网站会向 Android 开发者发送各种各样的信息。大家可以在上面注册自己开发的应用，以及观看关于 Android 的视频教程。

此外大家还可以从这个网站获取 Android SDK。

http://developer.android.com/sdk/1.5_r2/index.html（本书执笔时的最新版本）

Android SDK 是基于 Android 平台的应用开发工具，其中包含 Android 终端的模拟器和 DalvikVM 的执行文件等。

不过我们这次想要的是 DalvikVM 的源代码。幸好 Android 是一个开源项目，所以我们能轻松从下面这个网站获取源代码。

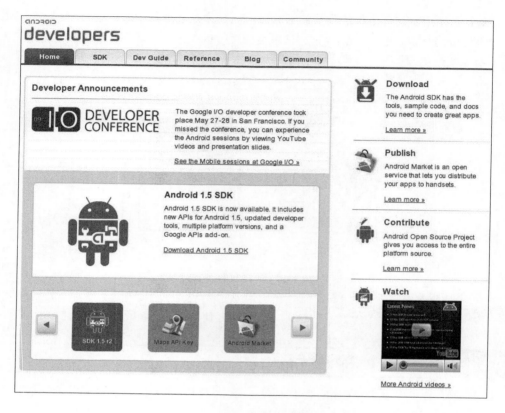

图 11.9　屏幕截图

http://source.android.com/

有两种方法可以获取 DalvikVM 的源代码。

第一种方法是使用 Android 平台上一个叫作 repo 的独立工具来整个获取源代码。关于这个工具，下面的网页中为大家介绍了详细的下载方法。

http://source.android.com/release-features

使用这个方法能够整个获取 Android 源代码群，所以相当花时间（笔者花了约 20 分钟）。

此外，因为我们用 repo 获取的源代码是现在的开发版本，所以还必须用下述指令切换到本次解说所使用的版本（1.5r2）的分支。

```
repo forall git co android-1.5r2 -b read-android-1.5r2
```

第二个方法是用 git 只获取 DalvikVM。

Android 的源代码内部是由众多 git 仓库汇聚而成的。

https://github.com/android

因为这其中有用于 DalvikVM 的 git 仓库，所以我们将其 git clone。

```
git clone git://github.com/android/platform_dalvik.git
```

在这种情况下，我们也把分支切换到这次解说所用的版本吧。

```
git co android-1.5r2 -b read-android-1.5r2
```

对于想实际运作 DalvikVM 的读者，笔者建议使用第一个方法。虽然要获取整个 Android 很费时间，不过第一个方法也有它的优点 —— 只需按照所提示的步骤进行操作，就能很轻松地搭建好运行环境。

对于真心想了解 DalvikVM 源代码的读者，笔者建议使用第二个方法。因为在这种情况下我们没有必要去实际运作 DalvikVM，只要获取它的 git 仓库就可以了。

11.3.2　源代码结构

用 repo 获取了源代码的读者可以发现，其中有一个叫作 dalvik 的目录，DalvikVM 相关的源代码就配置在里面。

那么我们先来简单地说明一下主要的目录吧。

表 11.1　dalvik 内目录的结构

目　　录	概　　要
docs	文档
libcore	Java 类库群，使用 ApacheHarmony[①]
tests	测试
vm	DalvikVM 的源代码

因为本书的内容没有涉及 VM 以外的部分，所以这里就不详细说明这些目录了。

在这里重要的是 vm 这个目录，其中配置着 DalvikVM 的源代码。目录结构如表 11.2 所示。

表 11.2　vm 内的目录结构

目　　录	概　　要
alloc	分配、释放之类的操作（其中也包括 GC）
oo	定义对象
mterp	DalvikVM 求值器

---

① Apache Harmony：Java SE 的开源版开发项目，开发内容为 VM 和类库等。

此外，vm 目录内的源代码分布如表 11.3 所示。

表 11.3　源代码分布

语　　言	源代码行数	比　　例
C	60 325	72.97%
汇编语言	22 071	26.70%

DalvikVM 由约 8 万行的源代码构成。其中大部分都是用 C 语言描述的，但 VM 的核心部分（运算部分等）则是由汇编语言描述的。

11.4　DalvikVM 的 GC 算法

接下来终于该说到 GC 了。

DalvikVM 的垃圾回收采用的是 GC 标记 – 清除算法。GC 标记 – 清除算法会标记所有活动对象，清除所有非活动对象，大家还记得吧。

此外，DalvikVM 采用位图标记手法，这个方法是将标志位抽出到其他的小空间，作为位图来管理。

关于这些算法的详细内容我们已经在第 2 章中说明过了，请大家查阅之前的部分。

此外，因为 DalvikVM 只能在 Android 平台上运作，所以跟其他语言处理程序搭载的 GC 性质略有不同。请大家留意这点，继续往下阅读。

11.5　对象管理

在了解 GC 之前，我们先从数据结构开始看吧。这样理解起来应该比较快。

11.5.1　对象的种类

DalvikVM 有 4 种对应对象的结构体，下面就为大家一一介绍。

表 11.4　Java 的数据和内部定义的结构体的对应关系

结构体名	对应的 Java 的数据
ClassObject	类
DataObject	实例
ArrayObject	数组
StringObject	字符串

首先是结构体 ClassObject。这个对象表示 Java 的类。不管是用户定义的类还是使用库定义的类，从内部来说这个 ClassObject 都会被保留到内存空间。

```
// 定义类
// 内部定义 ClassObject
public class Clazz {
}
```

下面是结构体 DataObject。它对应之前介绍的类的实例。

```
// 定义类
class Clazz {
}

public class MakeDataObject {
    static public void main(String args[]) {
        // 生成实例
        // 内部定义 DataObject
        Clazz dataObject = new Clazz();
    }
}
```

接下来是结构体 ArrayObject。就如它的名字一样，对应的是数组。

最后是结构体 StringObject。也跟它的名字一样，对应的是字符串。

11.5.2　对象结构

下面让我们一起来看看结构体 DataObject 和 ArrayObject 吧。

dalvik/vm/oo/Object.h

```
203 | struct DataObject {
204 |     Object          obj;  /* 必须配置在开头 */
205 |
206 |
207 |     u4              instanceData[1];
208 | };

236 | struct ArrayObject {
237 |     Object          obj;  /* 必须配置在开头 */
238 |
239 |     /* 元素数量。数组初始化后不变 */
240 |     u4              length;
241 |
```

```
        /* 数组元素 */
247     u8              contents[1];
248  };
```

第 207 行的 u4 是 uint32_t 的别名，意思就是 4 字节（32 位）的非负整数。同理，第 247 行的 u8 是 uint64_t 的别名，意思是 8 字节（64 位）的非负整数。

想必各位会在意每个对象结构体开头的 Object 结构体吧。

dalvik/vm/oo/Object.h

```
170  typedef struct Object {
171      /* 指向类对象的指针 */
172      ClassObject*    clazz;
173
174      /* 用于锁定 synchronized */
175      Lock            lock;
176  } Object;
```

第 172 行的成员 clazz 持有结构体 ClassObject（与类对应）的指针。也就是说，这些对象的结构如下所示。

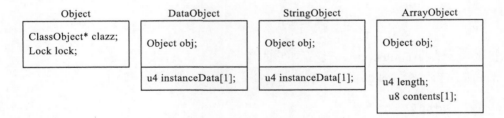

图11.10　对象的结构

结构体 ClassObject 里记录着各个实例的加载信息。这部分跟 GC 没有太大关系，就不详细说明了。

11.5.3　DalvikVM 的内存结构

DalvikVM 专用的堆中保留着 DalvikVM 的堆，此外还存在一个叫作 HeapSource 的保留堆的东西。本章中我们将二者分别称为 VM Heap 和 VM HeapSource。

VM HeapSource 基本上保留着两种 VM Heap。

第一种是用于 Zygote（所有 Android 应用程序的父进程）的 VM Heap。Zygote 会在 Android 启动时开始运行，执行一些预处理操作，例如动态读取要被连接的库群等。这个 VM Heap 就是在这种时候用的。

第二种是分别在每个 Android 应用程序中使用的 VM Heap。当 Android 应用程序（例如电话本等）需要内存的时候，程序就从这个 VM Heap 进行分配。

那么先从 VM Heap 开始看吧。

dalvik/vm/alloc/HeapSource.c

```
100  typedef struct {
103      mspace *msp;
107      HeapBitmap objectBitmap;
111      size_t absoluteMaxSize;
117      size_t bytesAllocated;
121      size_t objectsAllocated;
122  } Heap;
```

结构体 Heap 的成员 msp（memory space 的简称）持有指向 malloc 完毕的内存空间的指针，其中分配的都是实际的对象。objectBitmap 中保留着与对象对应的位图空间。absoluteMaxSize 是可分配到 msp 的内存上限，bytesAllocated 是已经分配的内存量（字节），objectsAllocated 是分配完成的对象数量。

下面来看一下 VM HeapSource。

dalvik/vm/alloc/HeapSource.c

```
124  struct HeapSource {
127      size_t targetUtilization;
131      size_t minimumSize;
135      size_t startSize;
139      size_t absoluteMaxSize;
143      size_t idealSize;
149      size_t softLimit;
154      Heap heaps[HEAP_SOURCE_MAX_HEAP_COUNT];
158      size_t numHeaps;
162      size_t externalBytesAllocated;
166      size_t externalLimit;
170      bool sawZygote;
171  };
```

其中有两个成员希望大家注意，那就是 heaps 和 numHeaps。数组 heaps 的元素数量是用宏 HEAP_SOURCE_MAX_HEAP_COUNT 固定的。

dalvik/vm/alloc/HeapSource.h

```
28  #define HEAP_SOURCE_MAX_HEAP_COUNT 3
```

这样一来 heaps 的元素数量的上限就是 3 个。numHeaps 里面是分配给 heaps 的 VM Heap 的数量。

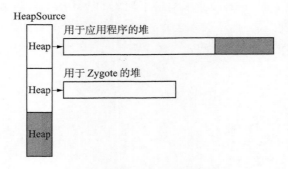

图 11.11　VM HeapSource 的结构

以图 11.11 为例，`numHeaps` 就是 2。一旦 Source 被读取了，`heaps` 的第 3 个元素也就不能被使用了。

11.5.4　dvmHeapSourceStartup()

VM HeapSource 是用 `dvmHeapSourceStartup()` 函数生成的。这个函数比较长，所以我们分成前半部分和后半部分为大家说明。此外，这里还删除了错误处理和注释。

dalvik/vm/alloc/HeapSource.c: dvmHeapSourceStartup()：前半部分

```
392  GcHeap *
393  dvmHeapSourceStartup(size_t startSize, size_t absoluteMaxSize)
394  {
395      GcHeap *gcHeap;
396      HeapSource *hs;
397      Heap *heap;
398      mspace msp;
399
411      msp = createMspace(startSize, absoluteMaxSize, 0);
418      gcHeap = mspace_malloc(msp, sizeof(*gcHeap));
423      memset(gcHeap, 0, sizeof(*gcHeap));
424
425      hs = mspace_malloc(msp, sizeof(*hs));
430      memset(hs, 0, sizeof(*hs));
```

一般规定在公开的函数的名称开头要加上 dvm(dalvik vm 的简称)。也就是说，这个函数已经被公开了。

首先把 `startSize` 和 `absoluteMaxSize` 作为参数传递给 `dvmHeapSourceStartup()` 函数，把初始 VM Heap 大小传递给 `startSize`。在指定了 Java 的启动选项 `-Xms`（初始 VM Heap 大小）的情况下，初始 VM Heap 的大小就是这个值。如果没有指定，那么初始 VM Heap 的大小就默认为 2M 字节。

`absoluteMaxSize` 是能将内存分配给 VM Heap 的 "最大 VM Heap 大小"。我们不能给 VM Heap 分配超过这个大小的内存空间。在指定了 Java 的启动选项 `-Xmx`（最大 VM Heap 大小）的情况下，最大 VM Heap 大小就是这个值。如果没有被指定，那么初始 VM Heap 的大小就默认为 16M 字节。

那么我们来讲一下函数的内容吧。第 411 行的 `createMspace()` 函数是 dlmalloc 的 `create_mspace()` 函数的外包函数，其处理内容跟 `create_mspace()` 函数相同，都是生成用于 malloc 的内存空间（DalvikVM 的堆）。因为按理说 dlmalloc 中会事先准备出内存空间，所以这里就提前生成内存空间了。我们把初始 VM Heap 大小和最大 VM Heap 大小作为参数，它们分别对应了 malloc 的内存空间的初始大小和最大大小。因为这个函数的内容没什么意思，我们就不再详述了。

图 11.12　用 createMspace() 生成的内存空间的结构

第 418 行代码负责保留结构体 `gcHeap`，第 425 行负责保留结构体 `HeapSource`。前面我们已经提到，DalvikVM 有用于 Zygote 和用于应用程序的两种 VM Heap，这里生成的是用于 Zygote 的 VM Heap。也就是说，`gcHeap` 和 `hs` 被分配到了用于 Zygote 的 VM Heap。

dalvik/vm/alloc/HeapSource.c: dvmHeapSourceStartup()：后半部分

```
433    hs->minimumSize = 0;
434    hs->startSize = startSize;
435    hs->absoluteMaxSize = absoluteMaxSize;
436    hs->idealSize = startSize;
437    hs->softLimit = INT_MAX;      // no soft limit at first
438    hs->numHeaps = 0;
439    hs->sawZygote = gDvm.zygote;
440    addNewHeap(hs, msp, absoluteMaxSize);
444
445    gcHeap->heapSource = hs;
446
447    countAllocation(hs2heap(hs), gcHeap, false);
448    countAllocation(hs2heap(hs), hs, false);
```

```
449 |
450 |     gHs = hs;
451 |     return gcHeap;
456 | }
```

第 433 行到第 440 行的代码所进行的操作是初始化 HeapSource。

这里有一点希望大家注意，那就是在第 437 行进行的 softLimit 的初始化。softLimit 是由 DalvikVM 决定的，它是能分配到 VM Heap 空间的软件上的界限。已知这里已经设定了 INT_MAX，这个宏里定义了 int 的最大值（2 147 483 647）

此外，在第 439 行第一次出现了全局变量 gDvm。这个全局变量持有与 DalvikVM 相关的各种设定值。Dvm 有 DalvikVM 的意思。

剩下的部分我们随便看看就好。

在第 440 行调用 addNewHeap() 函数，生成 VM Heap。下一节中我们会详细说明这个函数。

在第 447 行和第 448 行调用 countAllocation() 函数。这只是把之前分配的 gcHeap 等的大小加到 bytesAllocated（VM Heap 使用的字节数）里而已。11.5.9 节中会介绍到这个函数。

在第 450 行给全局变量 gHs 设定这次生成的 VM HeapSource 的指针。大家应该已经注意到了吧，DalvikVM 的源代码要求带有全局变量名称的首字母 g，即 global 的 g。

另外，顾名思义，dvmStartup() 函数是在 DalvikVM 启动时调用的。函数调用关系图如下所示。

```
dvmStartup()                ——  DalvikVM的启动函数
  dvmGcStartup()            ——  初始化GC
    dvmHeapStartup()
      dvmHeapSourceStartup()
```

11.5.5　addNewHeap()

那么实际来看看生成 VM Heap 的函数吧。这个函数也分成前半部分和后半部分讲解。

dalvik/vm/alloc/HeapSource.c: addNewHeap()：前半部分

```
321 | static bool
322 | addNewHeap(HeapSource *hs, mspace *msp, size_t mspAbsoluteMaxSize)
323 | {
324 |     Heap heap;
333 |     memset(&heap, 0, sizeof(heap));
334 |
335 |     if (msp != NULL) {
336 |         heap.msp = msp;
337 |         heap.absoluteMaxSize = mspAbsoluteMaxSize;
```

```
338        } else {
339            size_t overhead;
340
341            overhead = oldHeapOverhead(hs, true);
342
348            heap.absoluteMaxSize = hs->absoluteMaxSize - overhead;
349            heap.msp = createMspace(HEAP_MIN_FREE, heap.absoluteMaxSize,
350                    hs->numHeaps);
351
354        }
```

  addNewHeap() 函数把 VM HeapSource 的 hs、VM Heap 的实体 msp 以及 VM Heap 空间的最大大小 mspAbsoluteMaxSize 作为参数接收。

  第 335 行代码的处理内容是检查参数 msp 是否为 NULL。如果不为 NULL，就把 msp 和 mspAbsoluteMaxSize 设定为结构体 Heap。

  当 msp 为 NULL 时，生成新的 VM Heap。第 341 行的 oldHeapOverhead() 函数对现在 VM HeapSource 中的 VM Heap 返回实际被分配的内存空间大小。也就是说，在第 348 行进行的计算是"VM Heap 的最大大小减去 VM Heap 的使用大小"。

  然后基于这个结果在第 349 行生成新的 VM Heap。传递给参数的 HEAP_MIN_FREE 是 VM Heap 的初始大小，默认为 512K 字节。

dalvik/vm/alloc/HeapSource.c

```
45    #define HEAP_IDEAL_FREE          (2 * 1024 * 1024)
46    #define HEAP_MIN_FREE            (HEAP_IDEAL_FREE / 4)
```

  接下来需要大家注意的一点就是参数 msp 可能为 NULL。如 11.5.4 节中所述，在 dvmHeapSourceStartup() 函数中生成并分配 VM Heap。也就是说，有其他地方调用的参数 msp 值可能为 NULL。

  这其实是在启动 Android 应用程序之前调用的。请大家回忆一下，之前我们在 11.5.3 节讲过，VM Heap 分为两种，一种用于 Zygote，另一种用于应用程序。用 dvmHeapSourceStartup() 函数生成的 VM Heap 是用于 Zygote 的。当启动应用程序时，因为需要应用程序专用的新 VM Heap，所以要把 NULL 传递给 addNewHeap() 函数的 msp，在函数内部分配 VM Heap。

dalvik/vm/alloc/HeapSource.c: addNewHeap()：后半部分

```
355    dvmHeapBitmapInit(&heap.objectBitmap,
356                (void *)ALIGN_DOWN_TO_PAGE_SIZE(heap.msp),
357                heap.absoluteMaxSize,
358                "objects")
359
366    if (hs->numHeaps > 0) {
367        mspace *msp = hs->heaps[0].msp;
```

```
368          mspace_set_max_allowed_footprint(msp, mspace_footprint(msp));
369      }

374      memmove(&hs->heaps[1], &hs->heaps[0],
                 hs->numHeaps * sizeof(hs->heaps[0]));
375      hs->heaps[0] = heap;
376      hs->numHeaps++;
377
378      return true;

385  }
```

在第 355 行生成位图。关于这部分我们会在下一节详细说明。

第 367 行到第 368 行进行的处理则是给 `heaps[0].msp`（现在正在使用的 VM Heap）加上一个限制条件，使其不能进行新的分配。

第 368 行的 `mspace_footprint()` 函数是用 dlmalloc 定义的。把 dlmalloc 生成的 mspace 的指针传递给这个函数，就会返回 mspace 实际使用的（正在分配的）字节数。顺带一提，函数名中的 footprint 的意思是"使用的内存量"。

`mspace_set_max_allowed_footprint()` 函数是对内存空间设置制约条件的函数，它规定了"只能分配到这个字节数为止"，这个函数也是用 dlmalloc 定义的。在这种情况下，因为内存空间现在的字节数被传递给了参数，所以不能对这个内存空间执行新的分配操作。当然，这个内存空间内如果有空间得到释放，就可以按释放的空间大小执行分配操作。

之后在第 374 行到第 376 行将新的 VM Heap 插入到 VM HeapSource 的开头。

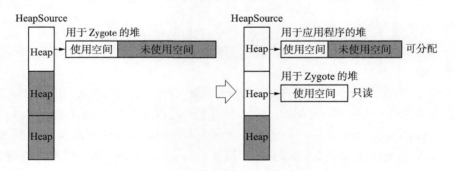

图 11.13　追加 VM Heap

事实上在 DalvikVM 中从 VM Heap 分配内存的时候，肯定要从 VM HeapSource 开头的 VM Heap 开始分配。除了 VM HeapSource 开头的 VM Heap 之外，其他的 VM Heap 都是只读的，即使有空间被释放也不能新分配什么。因此，之前一直使用的 VM Heap 有一个限制条件，即不能执行新的分配操作。

11.5.6 对象位图

因为 DalvikVM 的垃圾回收算法采用的是"位图标记",所以存在标记用的"位图"。
DalvikVM 中有两种位图。

1. 标记位图
2. 对象位图

标记位图是在 GC 标记时使用的位图。

对象位图则用于获取分配到 VM Heap 内的对象的位置。每次往 VM Heap 内分配对象时,
都会执行位图标记操作。

对象位图存在于每个 VM Heap 内。

dalvik/vm/alloc/HeapSource.c:**再看一遍**

```
100 | typedef struct {
103 |     mspace *msp;
107 |     HeapBitmap objectBitmap;
111 |     size_t absoluteMaxSize;
117 |     size_t bytesAllocated;
121 |     size_t objectsAllocated;
122 | } Heap;
```

看过结构体 VM Heap 后,再来看第 107 行分配结构体 `HeapBitmap` 的操作。`HeapBitmap` 这个
结构体是怎么样的呢?

dalvik/vm/alloc/HeapBitmap.h:**翻译注释**

```
51 | typedef struct {
54 |     /* 位图 */
55 |     unsigned long int *bits;
56 |
58 |     /* 位图的字节数 */
59 |     size_t bitsLen;
60 |
61 |     /* 对应位图的 VM Heap 空间的开头 */
64 |     uintptr_t base;
65 |
66 |     /* 内存空间内正在使用的空间的尾指针 */
70 |     uintptr_t max;
71 | } HeapBitmap;
```

位图不是什么特别的东西,只是 `unsigned long int` 的数组。我们用第 55 行的成员
`bits` 保留位图。因为是 `unsigned long int` 的数组,所以 1 个元素的大小最低也要有 4 个字

节。因此位图 1 列有 32 个位。

有一点大家必须注意，因为位图是用 mmap() 函数分配的，所以要用 4K 字节的倍数大小来分配位图。

此外，第 64 行的 base 里放着 VM Heap 的开头地址。这个地址实际上并不是指向内存空间开头的，里面存着以 4K 字节对齐的地址。

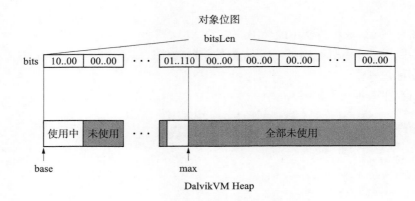

图 11.14　位图的结构

11.5.7　dvmHeapBitmapInit()

对象位图是由 dvmHeapBitmapInit() 函数创建的。因为函数名中带有 dvm 三个字母，所以可想而知 dvmHeapBitmapInit() 是已经公开的函数。

在追加 VM Heap 时需要调用这个函数，这一点已经在之前的 11.5.5 节中说明过了，下面让我们再回头看一眼。

dalvik/vm/alloc/HeapSource.c: addNewHeap()：提要

```
321 static bool
322 addNewHeap(HeapSource *hs, mspace *msp, size_t mspAbsoluteMaxSize)
323 {

355     dvmHeapBitmapInit(&heap.objectBitmap,
356                 (void *)ALIGN_DOWN_TO_PAGE_SIZE(heap.msp),
357                 heap.absoluteMaxSize,
358                 "objects")

385 }
```

这里让人在意的是第 356 行的宏 ALIGN_DOWN_TO_PAGE_SIZE()。这个宏把获取的地址以 4K 字节去尾对齐，也就是说，如果把 "3K 字节" 传递给这个宏，就会返回 "0"。

基于上述内容，下列参数会被传递给 dvmHeapBitmapInit() 函数。

- 未初始化的 HeapBitmap
- 将 VM Heap 的开头地址（heap.msp）以 4K 字节对齐的值
- 最大 VM Heap 大小（heap.absoluteMaxSize）
- "object"（字符串）

我们把以上内容放在心里，一起来看看 dvmHeapBitmapInit() 函数吧。

dalvik/vm/alloc/HeapBitmap.c：省略错误处理

```
40  bool
41  dvmHeapBitmapInit(HeapBitmap *hb, const void *base, size_t maxSize,
42          const char *name)
43  {
44      void *bits;
45      size_t bitsLen;
46      size_t allocLen;
47      int fd;
48      char nameBuf[ASHMEM_NAME_LEN] = HB_ASHMEM_NAME;
49
52      bitsLen = HB_OFFSET_TO_INDEX(maxSize) * sizeof(*hb->bits);
53      allocLen = ALIGN_UP_TO_PAGE_SIZE(bitsLen); // required by ashmem
54
58      fd = ashmem_create_region(nameBuf, allocLen);
66      bits = mmap(NULL, bitsLen, PROT_READ | PROT_WRITE, MAP_PRIVATE, fd, 0);
67      close(fd);
73
74      memset(hb, 0, sizeof(*hb));
75      hb->bits = bits;
76      hb->bitsLen = bitsLen;
77      hb->base = (uintptr_t)base;
78      hb->max = hb->base - 1;
79
80      return true;
81  }
```

在第 52 行，根据 maxSize（最大 VM Heap 大小）计算 bitsLen（位图大小）。宏 HB_OFFSET_TO_INDEX() 会由 VM Heap 的开头地址到作为对象的 object 的偏移来计算位图索引。也就是说，只要在这里计算位图的 "最大索引 × 元素的大小"，就算出了位图整体的大小。

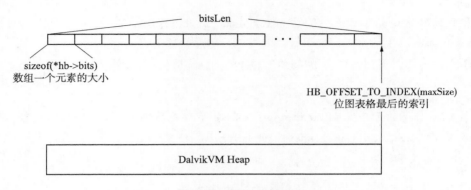

图 11.15   计算位图大小

在第 53 行，用 4K 字节将计算出来的 `bitsLen` 进一步对齐。

`ashmem_create_region()` 函数是用 Android 的 ashmem 定义的函数。关于 ashmem 我们在 11.1.6 节中已经讲过了。在 `ashmem_create_region()` 函数中将获取指向 /dev/ashmem 的文件描述符、进行初始设定等。

在第 66 行用 `mmap()` 函数分配位图，在内存保护里加入 `PROT_READ`（可读取）和 `PROT_WRITE`（可写入）。把 `ashmem_create_region()` 函数的结果加入参数的文件描述符，即通过 ashmem 来分配内存空间。我们将已映射的内存空间设为 `MAP_PRIVATE`（私人的）。也就是说，即使在内存空间执行写入操作，也不会反映到其他进程上。

第 75 行到第 78 行的操作用于初始化结构体 `HeapBitmap`。在此请大家注意第 78 行，这里将 `base`（与位图对应的空间）减去 1 的值放在了 `max` 里面。事实上如果 `max` 是一个低于 `base` 的值，就意味着"还没有在位图表格中设置任何位"。因此也将其作为标志使用。

11.5.8   分配到 DalvikVM 的 VM Heap 空间

下面来看看把对象分配到 DalvikVM 的 VM Heap 空间的处理。

把对象分配到 VM Heap 空间的函数的形成过程如以下调用图所示。

```
dvmMalloc()
  tryMalloc()
    dvmHeapSourceAlloc()
```

首先来看看 `dvmMalloc()` 函数。它有 180 行，是个非常大的函数，不过其中一大半都是用于错误处理或配置文件的。省略掉这些细枝末节的内容后，代码如下所示。

dalvik/vm/alloc/Heap.c

```
486   void* dvmMalloc(size_t size, int flags)
487   {
488       GcHeap *gcHeap = gDvm.gcHeap;
489       DvmHeapChunk *hc;
490       void *ptr;
491       bool triedGc, triedGrowing;
492

540       dvmLockHeap();

544       hc = tryMalloc(size);
545       if (hc != NULL) {

571           ptr = hc->data;

         }

621       dvmUnlockHeap();

641       return ptr;
642   }
```

在第 540 行锁定 VM Heap。

在第 544 行调用的是实际执行分配的函数，返回的是指向结构体 DvmHeapChunk 的指针，不过这个结构体里只有用于 debug 的成员，因此我们没有必要特别在意它。

在第 571 行取出实际分配的指针，在第 621 行将 VM Heap 解锁，返回分配的指针。

下面来看看第 544 行的 tryMalloc() 函数。省略掉分配以外的部分后，该函数也变得非常简单，如下所示。

dalvik/vm/alloc/Heap.c

```
325   static DvmHeapChunk *tryMalloc(size_t size)
326   {
327       DvmHeapChunk *hc;

350       hc = dvmHeapSourceAlloc(size + sizeof(DvmHeapChunk));
351       if (hc != NULL) {
352           return hc;
353       }

406   }
```

第 350 行只调用了 dvmHeapSourceAlloc() 函数。

这个 `dvmHeapSourceAlloc()` 函数就是最终把对象分配给 DalvikVM 的 VM Heap 空间的函数。

dalvik/vm/alloc/HeapSource.c

```
652   void *
653   dvmHeapSourceAlloc(size_t n)
654   {
655       HeapSource *hs = gHs;
656       Heap *heap;
657       void *ptr;

660       heap = hs2heap(hs);

662       if (heap->bytesAllocated + n <= hs->softLimit) {

666           ptr = mspace_calloc(heap->msp, 1, n);
667           if (ptr != NULL) {
668               countAllocation(heap, ptr, true);
669           }

670       }
678       return ptr;
679   }
```

在第 655 行将全局变量 gHs 的 VM HeapSource 存入 hs。

在第 660 行调用宏 hs2heap()，这个宏的定义如下所示。

dalvik/vm/alloc/HeapSource.c

```
173   #define hs2heap(hs_) (&((hs_)->heaps[0]))
```

这里取出了 VM HeapSource 的 heaps 的第 0 个元素。如 11.5.5 节中所述，程序只使用 VM HeapSource 开头的 VM Heap，而这部分进行的正是这项操作。也就是说，只能从当前活动的 VM Heap 分配对象。

在第 662 行，把当前分配到 VM Heap 的字节数和这次分配的字节数相加，确认其结果小于等于 softLimit（DalvikVM 指定的软件上的分配界限）。

第 666 行进行的处理则是实际从 VM Heap 分配内存空间。mspace_calloc() 函数是用 dlmalloc 定义的函数。虽然参数多多少少有些不同，不过其功能和 C 语言的 calloc() 函数是相同的，都是分配 n 个指定的大小，将内存清空为 0 后返回其开头的指针。在 dlmalloc 中，按照惯例会把 msp（VM Heap）传递给第 1 个参数。

此外，从 dlmalloc 分配的指针是以 8 字节对齐的。也就是说，对象指针的地址肯定是 8 的倍数。这是一个重点，请大家牢牢掌握。

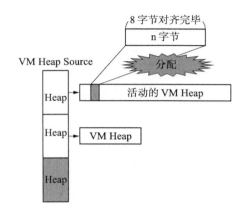

图11.16 从VM Heap分配

如果内存分配成功，我们就在第 668 行调用 countAllocation() 函数。

11.5.9 标记到对象位图

那么来看看这个 countAllocation() 函数的内容吧。

这个函数的任务是计数，"数"指的是分配到 VM Heap 的字节数和对象数。

dalvik/vm/alloc/HeapSource.c

```
243  static inline void
244  countAllocation(Heap *heap, const void *ptr, bool isObj)
245  {

248      heap->bytesAllocated += mspace_usable_size(heap->msp, ptr) +
249              HEAP_SOURCE_CHUNK_OVERHEAD;
250      if (isObj) {
251          heap->objectsAllocated++;
252          dvmHeapBitmapSetObjectBit(&heap->objectBitmap, ptr);
253      }

256  }
```

请大家注意第 252 行，当 countAllocation() 函数的第 3 个参数 isObj 为 true 时，就会调用 dvmHeapBitmapSetObjectBit()。

这个函数就如它的名字一样，负责把对应已分配对象的对象位图表格内的位重写成 1（正在分配的标记）。也就是说，每当我们分配对象时，对象肯定会被标记到对象位图。

此外，当要把对象以外的东西分配到 VM Heap 时，需要把 countAllocation 函数的第 3 个参数 isObj 设置为 false，调用这个函数。在这种情况下，对象以外的东西就不会被标记到对象位图。因为 GC 是以对象位图为基础运行的，所以这时位于 VM Heap 内的对象以外的数据肯定在 GC 的对象范围之外。

11.5.10　分配实例

接下来让我们一起看看如何把由类生成的实例分配到 DalvikVM 的 VM Heap 空间。负责分配实例的函数是 dvmAllocObject() 函数。这个函数也一样，省略掉细枝末节的部分就非常简单了。

dalvik/vm/alloc/Alloc.c

```
134  Object* dvmAllocObject(ClassObject* clazz, int flags)
135  {
136      Object* newObj;

145      newObj = dvmMalloc(clazz->objectSize, flags);
146      if (newObj != NULL) {
147          DVM_OBJECT_INIT(newObj, clazz);

154      }
155
156      return newObj;
157  }
```

在第 145 行用 clazz->objectSize 获取实例的大小。这个 objectSize 就跟它的名字一样，是类生成的实例的大小（字节）。

这个大小的具体内容是"结构体 Object 的大小加上实例变量的大小"。

举个例子，假设用 Java 代码进行如下定义。

```
// 类定义
public class Clazz {
    static public int member1;
    static public int member2;
}
```

基于上述代码，这个类的实例的分配情况如下图所示。

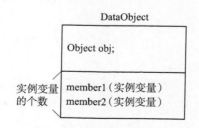

图 11.17　分配实例变量

在第 147 行调用的宏 DVM_OBJECT_INIT() 是负责初始化已分配对象的宏。

dalvik/vm/oo/Object.h

```
182    #define DVM_OBJECT_INIT(obj, clazz_) \
183        do { (obj)->clazz = (clazz_); DVM_LOCK_INIT(&(obj)->lock); }while (0)
```

指向结构体 ClassObject 的指针被作为参数传递给了成员 clazz（对象的类）。此外还要初始化成员 lock（用于锁定 synchronized），不过这部分内容跟我们要讲的无关，就略去不提了。

11.6 标记阶段

下面该轮到 GC 登场了。大家都还记得吧，DalvikVM 的垃圾回收采用的是 GC 标记 – 清除算法。这一节就让我们来看看 GC 标记 – 清除算法的标记部分是如何实现的。

11.6.1 启动 GC 的时机

在 DalvikVM 中，下述情况下 GC 会启动。

1. VM Heap 没有空闲空间，对象内存分配失败时
2. Java.lang.Runtime 的 gc() 方法被调用时

在这里先说明一下执行 GC 的基本函数 dvmCollectGarbageInternal() 的概要吧。

dalvik/vm/alloc/Heap.c

```
718    void dvmCollectGarbageInternal(bool collectSoftReferences)
719    {
           /* 停止全部线程 */
762        dvmSuspendAllThreads(SUSPEND_FOR_GC);

           /* 调用与标记相关的函数群：标记阶段 */

           /* 调用与清除相关的函数群：清除阶段 */

           /* 启动全部停止的线程 */
1011       dvmResumeAllThreads(SUSPEND_FOR_GC);

1042   }
```

停止全部线程，经过标记阶段和清除阶段，启动停止的线程。虽然真的只是概要，但还是希望大家能把这部分内容作为 GC 的流程记在心里。

11.6.2　标记的顺序

首先来简单说明一下标记的顺序。虽然说是顺序，也只是分成两个步骤而已。

1. 标记从根引用的对象
2. 搜索已标记的对象（标记）

下面就来逐个看一下它们是如何实现的吧。

11.6.3　保守的根

这里先介绍一下 DalvikVM 里的根。

- 用 Java 定义的类
- 基本数据类型（int、float、boolean 等）
- JNI 的全局引用
- JNI 的局部引用（各个线程）
- 等待最终化的对象
- GC 保护中的对象
- DalvikVM 中的寄存器（各个线程）
- DalvikVM 中的调用栈（各个线程）

补全基本数据类型的话，基本数据类型的定义（int、float 等）就会被作为对象分配到 DalvikVM 的 VM Heap 空间。因此也必须将其作为根明确标记。

在这些根里，我们解说一下"VM 中的调用栈"，其他部分大家知道"有这么个东西"就够了。

11.6.4　DalvikVM 是寄存器机器

VM 大体上分为两类，一类是寄存器机器，另一类是堆栈机器。
堆栈机器不使用寄存器，而使用栈进行计算。

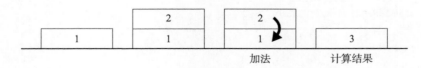

图 11.18　堆栈机器的计算示例

这里以"1 + 2 = 3"为例。堆栈机器将数值堆积到栈，然后从这个栈中取出数值进行计算，并将结果堆积到栈。

寄存器机器顾名思义，是使用寄存器的计算机。

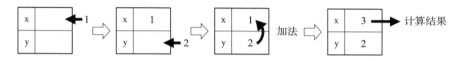

图 11.19 寄存器机器的计算示例

寄存器机器则将数值一次加载到寄存器中，然后将存入寄存器的值加起来得出计算结果。DalvikVM 中采用的是寄存器机器。

为什么 DalvikVM 中采用的是寄存器机器？

现在很多 VM 都采用堆栈机器，可以说堆栈机器成为了当今的主流。在这种情况下，为什么 DalvikVM 采用的却是寄存器机器呢？顺便提一句，绝大部分 JVM 都采用的是寄存器机器。

之所以做出这样的决定，事实上也有着 Android 方面特殊的原因。

那就是 Android 终端的处理器采用的是寄存器机器架构。如果 VM 的架构也同样采用寄存器机器，那么在 VM 内的核心运算部分中，机器内部寄存器的直接操作就更加简单，由此就能在一定程度上提升 VM 的运行速度。

事实上，现阶段 Android 终端的 CPU 还只有 ARM，DalvikVM 把目标定在 ARM 上进行最优化（当今的开发分支正进行着开发项目，试图达到以 x86 也能运行 Android 的目标）。

简单来说，开发者是因为重视速度而采用寄存器机器的。

从源代码中也可以明显看出其意图所在。dalvik/vm/mterp/README.txt 的一节中关于 VM 的核心部分是这样表述的。

> 原来的版本的核心是用单独的 C 语言函数实现的。
> 但为了提升性能，开发者将这些全用汇编语言重写了。

确实在同一目录下放着大量用于 ARM 的汇编代码。这样一来就能追求速度上的提升了。

11.6.5 VM 的调用栈

下面我们来说说 DalvikVM 的调用栈的结构。

在每次调用方法时，都会将帧堆积到调用栈。这个帧里装满了用于执行方法的必要信息。在 DalvikVM 的情况下，一个帧里装着以下两个信息。

- 局部变量
- 参数

下面来看看调用帧的堆积方法吧。

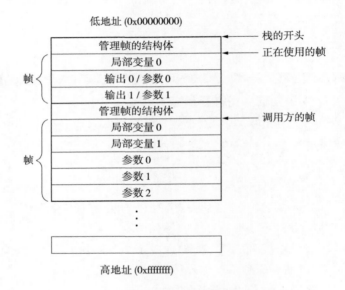

图 11.20 VM 的调用栈

每次调用方法时都会像图 11.20 这样堆积帧，然后数据会按方法的局部变量→参数的顺序存入各个帧内。

新调用方法时要在输出 n 中设定数据。打个比方，输出 0 对应新调用的方法的参数 0。也就是说，调用参数的时候如果想赋值给这个方法的参数 n，就要对输出 n 执行赋值操作。

关于调用栈的结构和方法的调用结构本身，即使不能深刻理解也没有关系。这里希望大家注意的是这个帧内的数据，即指向对象的指针和 int、float 等数值（Java 的基本数据类型）是掺杂在一起的。也就是说，即使里面有指向对象的指针这样的非指针（数值），GC 也判别不出来。

为什么采用保守式GC？

DalvikVM 中为什么采用保守式 GC 呢？

就像之前在第 6 章中所说的那样，准确式 GC 有个缺点，那就是比起保守式 GC，一般情况下语言处理程序的整体速度较慢。另外，因为 DalvikVM 采用的是 GC 标记 – 清除算法，所以即使采用保守式 GC 也没什么问题。我们现在重视语言处理程序的速度，才采用了保守式 GC。

不过 vm/alloc/HeapSource.c 第 484 行的注释中有一句话：“如果实现了压缩……”，如果能实现压缩的话，离 DalvikVM 采用正确的 GC 那一天或许就不远了。

11.6.6 初始标记

下面让我们基于上述内容来看看执行初始标记的函数。

初始标记是由 `dvmHeapMarkRootSet()` 函数执行的。这里我们把用不着的部分砍掉了。

dalvik/vm/alloc/MarkSweep.c

```
313  void dvmHeapMarkRootSet()
314  {
         /* 类的标记 */
324      dvmGcScanRootClassLoader();

         /* 基本数据类型的标记 */
326      dvmGcScanPrimitiveClasses();

         /* 全部线程的标记 */
334      dvmGcScanRootThreadGroups();

         /* JNI 的全局变量 */
344      dvmGcMarkJniGlobalRefs();
380  }
```

因为无法把所有实现都看一遍，所以在此只为大家介绍 `dvmGcScanRootThreadGroups()` 函数的实现。

在第 334 行的 `dvmGcScanRootThreadGroups()` 函数内部对所有线程调用 `gcScanThread()` 函数。

dalvik/vm/Thread.c

```
3190  static void gcScanThread(Thread *thread)
3191  {
```

```
3208        dvmMarkObject(thread->threadObj);

3212        dvmMarkObject(thread->exception);
3213        gcScanReferenceTable(&thread->internalLocalRefTable);

3217        gcScanReferenceTable(&thread->jniLocalRefTable);
3218
3219        if (thread->jniMonitorRefTable.table != NULL) {

3222            gcScanReferenceTable(&thread->jniMonitorRefTable);
3223        }
3224
3227        gcScanInterpStackReferences(thread);

3230    }
```

gcScanThread() 函数会对这个线程执行标记操作。这里需要大家注意的是第 3227 行的 gcScanInterpStackReferences() 函数。

如前所述，调用栈里存着局部变量和参数的数据。因为这些确实是当前正在使用的对象，所以是 GC 的根。

然后实际对其进行标记的就是这个 gcScanInterpStackReferences() 函数。

dalvik/vm/Thread.c

```
3130  static void gcScanInterpStackReferences(Thread *thread)
3131  {
3132      const u4 *framePtr;
3133
3134      framePtr = (const u4 *)thread->curFrame;
3135      while (framePtr != NULL) {
3136          const StackSaveArea *saveArea;
3137          const Method *method;
3138
3139          saveArea = SAVEAREA_FROM_FP(framePtr);
3140          method = saveArea->method;
3141          if (method != NULL) {

3150              int i;
3151              for (i = method->registersSize - 1; i >= 0; i--) {
3152                  u4 rval = *framePtr++;

3154                  if (rval != 0 && (rval & 0x3) == 0) {
3155                      dvmMarkIfObject((Object *)rval);
3156                  }
3157              }
```

```
3158            }

3166            framePtr = saveArea->prevFrame;
3167        }
3168 }
```

这个函数做的事情很简单，只是遍历整个调用栈，对存入的对象进行标记。

第 3134 行进行的操作是从线程中取出现在的帧。然后在第 3150 行到第 3157 行，标记所有指向取出的帧内对象的指针（局部变量、参数）。

在第 3166 行遍历前面的帧（调用方法的位置），继续标记。

在这个函数中需要大家注意的是第 3155 行的宏 dvmMarkIfObject()。这个宏实际会对标记位图执行标记操作。

这样一来初始标记就对所有的根进行了标记。

11.6.7　位图的标记

在了解位图的实际标记过程之前，我们先来看看位图表格的结构吧。

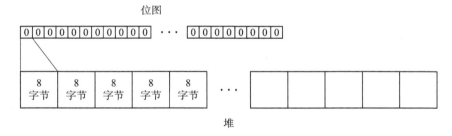

图 11.21　位图结构

之前已经解释过，位图是一个有着 32 位元素的数组。位图中的 1 位对应 VM Heap 内的 8 个字节。在 dlmalloc 中分配内存时，为了确保返回用 8 个字节对齐的地址，就要把位图的 1 位对应 8 个字节。

了解了以上内容之后，再看标记的实现就不难了。虽然通过了各种各样的路径，不过我们最终还是调用了 _heapBitmapModifyObjectBit() 函数来实现位图表格的标记。

不如先从前半部分开始看吧。

dalvik/vm/alloc/HeapBitmap.h:_heapBitmapModifyObjectBit()：前半部分

```
unsigned long int
_heapBitmapModifyObjectBit(HeapBitmap *hb, const void *obj,
      bool setBit, bool returnOld)
```

```
202 {
203     const uintptr_t offset = (uintptr_t)obj - hb->base;
204     const size_t index = HB_OFFSET_TO_INDEX(offset);
205     const unsigned long int mask = HB_OFFSET_TO_MASK(offset);

        /* 后半部分 */
```

第 203 行负责计算由 VM Heap 的开头到指针位置的偏移。

下面需要求位图的索引。大家还记得吧，位图表格是一个有 32 位元素的数组。

第 204 行代码所进行的处理就是计算位图的索引。对 offset 调用的宏 HB_OFFSET_TO_INDEX() 就负责这部分操作。为了更便于读者理解，这里展开了一部分在内部使用的宏。

dalvik/vm/alloc/HeapBitmap.h：展开一部分宏

```
29 #define HB_OFFSET_TO_INDEX(offset_) \
       ((uintptr_t)(offset_) / 8 / 32)
```

在这里我们首先将 offset_ 除以 8。因为位图的 1 位对应 8 个字节，所以用 offset_ 除以 8 就可以换算成位图上的偏移。然后再将结果除以 32（数组的元素数量）。

这样就能够计算位图的索引了。

下面必须生成位掩码（Bit mask）以用于标记。负责生成位掩码的正是宏 HB_OFFSET_TO_MASK()。为了方便理解，这里也展开一部分在内部使用的宏。

dalvik/vm/alloc/HeapBitmap.h：展开一部分宏

```
37 #define HB_OFFSET_TO_MASK(offset_) \
       (1 << (31-(((uintptr_t)(offset_) / 8) % 32)))
```

上述代码的处理流程如图 11.22 所示。

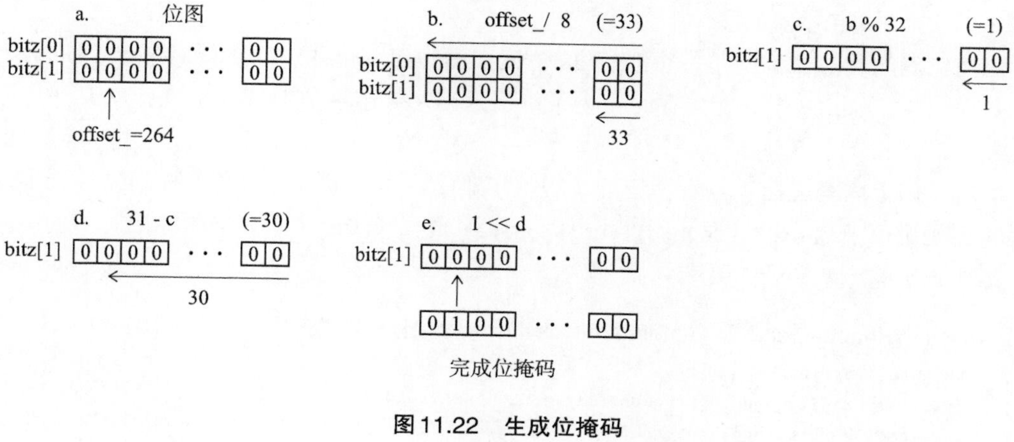

图 11.22　生成位掩码

可见图中的 offset_ 是从堆开头到标记对象的偏移。首先将 offset_ 除以 8 来换算位图的偏移，然后用 32 做除法。这样一来就能求出索引内的偏移了，然后用 31 减去偏移值，偏移值就翻转了，这样就能计算相对对象位的偏移量了。如图 11.22 所示，计算求得的偏移量为 d，把 1 左移 d 位，位掩码就完成了，最后将其用于标记位图元素。

在 _heapBitmapModifyObjectBit() 函数的后半部分，将以计算出的索引和位掩码为基础进行标记。

dalvik/vm/alloc/HeapBitmap.h:_heapBitmapModifyObjectBit()：后半部分

```
      unsigned long int
      _heapBitmapModifyObjectBit(HeapBitmap *hb, const void *obj,
          bool setBit, bool returnOld)

          /* 前半部分 */

213       if (setBit) {
214           if ((uintptr_t)obj > hb->max) {
215               hb->max = (uintptr_t)obj;
216           }
217           if (returnOld) {
218               unsigned long int *p = hb->bits + index;
219               const unsigned long int word = *p;
220               *p |= mask;
221               return word & mask;
222           } else {
223               hb->bits[index] |= mask;
224           }
225       } else {
226           hb->bits[index] &= ~mask;
227       }
228       return false;
229   }
```

事实上，这个函数根据参数 setBit 的不同其作用也大有变化。

1. 标记位图（若 setBit 为 true）
2. 从位图消去标记（若 setBit 为 false）

首先从标记开始看起。

在第 217 行，根据 returnOld 的值的不同，所进行的处理也有所不同。如果 returnOld 为 false，那么就只进行标记，也就是第 223 行的处理，在这里只进行了标记操作。位运算的流程请参考图 11.23。

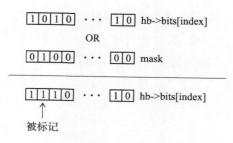

图11.23　标记位图

当第 217 行的 returnOld 为 true 时，则返回标记以前的值。也就是说，标记前的值有两种情况：已经标记了，或者尚未标记。第 219 行负责把位图的元素数据复制到变量 word，第 220 行则负责实际进行标记。

下面是消除标记的操作，这项操作是在第 226 行执行的。关于位运算的流程，请参考图 11.24。

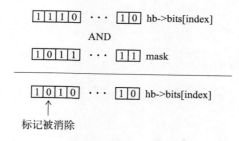

图11.24　消除位图的标记

这里所讲的关于标记的内容，对于对象位图和标记位图表格是通用的。这两种位图的用途虽然不同，但结构基本一致。

11.6.8　区别非指针和指向对象的指针

根里也包含 int 和 float 等非指针。在进行初始标记的时候，必须尽量不让这些非指针成为标记对象。

DalvikVM 中通过检查以下 4 点来区分非指针和指向对象的指针。如果能通过以下 4 项检查，程序就将其视为指向对象的指针。

1. 不为 0
2. 是 8 的倍数（由 malloc 来对齐指针）
3. 指针在对象位图范围内
4. 对应了指针的对象正在分配中

当然还是可能存在能通过上述考验的非指针的，即"如指针一样的非指针"。遗憾的是，以现在的实现来说，还没办法一下子看穿这样的非指针。

这里面的第 3 点和第 4 点貌似很有意思，我们就来看看这部分的实现吧。

dvmHeapSourceContains() 函数负责实际的检查操作。这个函数负责检查指针是否在位图范围内。

首先来一起看看前半部分吧。

dalvik/vm/alloc/HeapSource.c：前半部分

```
792  bool
793  dvmHeapSourceContains(const void *ptr)
794  {
795      Heap *heap;

799      heap = ptr2heap(gHs, ptr);
```

第 799 行的 ptr2heap() 函数用于从对象指针的地址获取实际分配到对象的 VM Heap 的地址。

dalvik/vm/alloc/HeapSource.c：改变一部分

```
216  static inline Heap *
217  ptr2heap(const HeapSource *hs, const void *ptr)
218  {
219      const size_t numHeaps = hs->numHeaps;
220      size_t i;

223      if (ptr != NULL) {
224          for (i = 0; i < numHeaps; i++) {
225              const Heap *const heap = &hs->heaps[i];
226
                 if (ptr >= heap->objectBitmap->base &&
                     ptr <= heap->objectBitmap->max) {
228                  return (Heap *)heap;
229              }
230          }
231      }
232      return NULL;
233  }
```

我们展开了一部分函数，这样就看得更明白了。

这里把 VM Heap Source 里的 VM Heap 排序，检查对象的指针是否在 VM Heap 范围内。虽然是线性搜索，不过因为 VM Heap 充其量也只会增加到 3 个，所以不成问题。

接下来是 dvmHeapSourceContains() 函数的后半部分。

dalvik/vm/alloc/HeapSource.c：后半部分

```
800     if (heap != NULL) {
801         return dvmHeapBitmapIsObjectBitSet(&heap->objectBitmap, ptr) != 0;
802     }
803     return false;
804 }
```

当找不到与指针对应的 VM Heap 时，函数就返回 `false`，这就意味着判断出了"这是非指针"。

当找到与指针对应的 VM Heap 时，函数就检查指针是否指着分配到的对象。负责执行这项操作的是第 801 行的 `dvmHeapBitmapIsObjectBitSet()` 函数。

dalvik/vm/alloc/HeapBitmap.h

```
    dvmHeapBitmapIsObjectBitSet(const HeapBitmap *hb, const void *obj)
304 {

309     if ((uintptr_t)obj <= hb->max) {
310         const uintptr_t offset = (uintptr_t)obj - hb->base;
311         return hb->bits[HB_OFFSET_TO_INDEX(offset)] & HB_OFFSET_TO_MASK(offset);
312     } else {
313         return 0;
314     }
315 }
```

在这里该函数将确认是否已经设置了对应指针的对象位图的标志位。因为分配对象时对象肯定会被标记到对象位图，所以在这里如果没有设置标志位的话，作为检查对象的地址肯定会指向实际没有得到分配的对象。函数就会判断这样的地址为"非指针"。

执行这项操作的是第 311 行。

11.6.9　搜索对象

之前谈的一直都是初始标记的问题，下面就为大家说明如何用初始标记搜索已标记的对象，以及如何反复标记与这些对象相关的对象。

首先是实际执行 GC 的基本函数，我们只抽出其中的标记部分为大家大致介绍一下。

dalvik/vm/alloc/Heap.c

```
718 void dvmCollectGarbageInternal(bool collectSoftReferences)
719 {
720     GcHeap *gcHeap = gDvm.gcHeap;
721     Object *softReferences;
722     Object *weakReferences;
723     Object *phantomReferences;
```

```
      |   /* 初始标记 */
 868  |   dvmHeapMarkRootSet();
      |
      |   /* 搜索被初始标记的对象 */
 894  |   dvmHeapScanMarkedObjects();
      |
      |   /* 清除操作：省略 */
1042  | }
```

我们用这个 `dvmCollectGarbageInternal()` 函数来执行 GC。这个函数是个长达 300 行的大函数，不过大部分都用在了 GC 的配置文件和 debug 日志上，所以其内容本身并不是很大。

位于第 868 行的 `dvmHeapMarkRootSet()` 函数是执行初始标记的函数。我们在之前的 11.6.8 节中已经说明过这个函数了。

接下来要看的是第 894 行的 `dvmHeapScanMarkedObjects()` 函数。它是以初始标记为基础执行标记操作的函数。

这个函数的层次结构很复杂，所以我们用调用图来表示。

```
dvmHeapScanMarkedObjects()   ── 以初始标记为基础搜索对象
  dvmHeapBitmapWalkList()
    dvmHeapBitmapWalk()
      dvmHeapBitmapXorWalk()  ── 对标记完毕的对象调用回调函数
        scanBitmapCallback()  ── 回调函数
          scanObject()        ── 搜索对象的成员（标记）
```

如果大家在中途迷路了，就以这张调用图为线索向着正确的方向前进吧。

11.6.10　dvmHeapScanMarkedObjects()

为了方便讲解，我们在这里将函数分成前半部分和后半部分。

dalvik/vm/alloc/MarkSweep.c:dvmHeapScanMarkedObjects()：前半部分

```
755 | void dvmHeapScanMarkedObjects()
756 | {
757 |     GcMarkContext *ctx = &gDvm.gcHeap->markContext;
```

在第 757 行取出 `markContext`。这是指向结构体 `GcMarkContext` 的指针。

dalvik/vm/alloc/MarkSweep.h

```
40 | typedef struct {
   |     /* 标记位图 */
41 |     HeapBitmap bitmaps[HEAP_SOURCE_MAX_HEAP_COUNT];
   |     /* 标记位图数 */
```

```
42        size_t numBitmaps;
43        GcMarkStack stack;
44        const void *finger;
45  } GcMarkContext;
```

GcMarkContext 就如它的名字一样，是在标记的时候使用的，其中包含着标记位图等成员。

dalvik/vm/alloc/MarkSweep.c:dvmHeapScanMarkedObjects()：后半部分

```
755  void dvmHeapScanMarkedObjects()
756  {
         /* 前半部分 */
767      dvmHeapBitmapWalkList(ctx->bitmaps, ctx->numBitmaps,
768              scanBitmapCallback, ctx);

773      processMarkStack(ctx);

776  }
```

第 767 行的 dvmHeapBitmapWalkList() 函数按照 VM Heap 地址由低到高的顺序，把与 VM Heap 对应的所有标记位图交给 dvmHeapBitmapWalk() 函数。

在调用的 dvmHeapBitmapWalk() 函数中，我们不对获得的位图进行任何操作，直接将其交给 dvmHeapBitmapXorWalk() 函数。此外，为了调用这个函数，我们还需要做一些准备工作。这部分的函数很无聊，而且讲起来会非常冗长，所以就不再详述了。

下面来为大家说明 dvmHeapBitmapXorWalk() 函数。

11.6.11 dvmHeapBitmapXorWalk()

dvmHeapBitmapXorWalk() 函数可以说是本章最大的难点。因为这部分内容很难，请大家细细阅读每个主题。

这个函数进行的操作如下所示。

1. 寻找位图内的标记位
2. 把对应标记位的对象存入缓冲区
3. 重复 1 和 2 直到缓冲区被填满
4. 当缓冲区满时，调用回调函数（scanBitmapCallback()）
5. 对位图内进行全方位的搜索，搜索完毕即结束

大家可以想象"一边遍历位图，一边把被标记的对象交给回调函数"，这样一来脑海中就比较容易有个清晰的印象了。大家也看到了，函数的名字里有个 Walk。

同样，想必大家也很在意函数名字里面的 Xor，不过这个秘密会在清除阶段为大家揭晓，现在先放下它不管吧。

接下来差不多该解说函数内部了。这个函数多达 200 行，所以分成 4 部分来说明。此外，为了解说起来方便，我们简化了部分内容，不过操作的本质是一样的。

dalvik/vm/alloc/HeapBitmap.c: dvmHeapBitmapXorWalk()：定义缓冲区

```
181  bool
182  dvmHeapBitmapXorWalk(const HeapBitmap *hb1, const HeapBitmap *hb2,
183          bool (*callback)(size_t numPtrs, void **ptrs,
184                          const void *finger, void *arg),
185          void *callbackArg)
186  {
187      static const size_t kPointerBufSize = 128;
188      void *pointerBuf[kPointerBufSize];
189      void **pb = pointerBuf;
190      size_t index;
191      size_t i;
192
```

标记阶段中完全用不到第 2 个参数 hb2。位图表格也是虚拟的。那么为什么有这个参数呢？那是因为之后要讲到的清除阶段中会用到这个函数。标记阶段中需要给出对象位图和标记位图这两种位图。这个函数的调用方，即 dvmHeapBitmapWalk() 函数，只生成这个虚拟的位图表格。

在第 187 行到第 189 行生成了用于存入对象指针的缓冲区。pointerBuf 是缓冲区的实体，pb 是指向 pointerBuf 开头元素的指针。

dalvik/vm/alloc/HeapBitmap.c: dvmHeapBitmapXorWalk()

```
277          index = 0;

283  const HeapBitmap *longHb;
284  unsigned long int *p;
286      longHb = (hb1->max > hb2->max) ? hb1 : hb2;
287      i = index;
288      index = HB_OFFSET_TO_INDEX(longHb->max - longHb->base);
289      p = longHb->bits + i;
290      for (/* i = i */; i <= index; i++) {
292          unsigned long bits = *p++;
293          DECODE_BITS(longHb, bits, true);
294      }

304      return true;
305
306  #undef FLUSH_POINTERBUF
307  #undef DECODE_BITS
308  }
```

第 277 行的 index 表示的是位图的开头。将其初始值设定为 0，直到第 287 行，index 的值一直为 0。

在第 286 行比较 hb1 跟 hb2 的 max 值，将 max 值较大的位图设为 longHb。不过 hb2 是虚拟的位图，其 max 被设置得比 h1 小，因此我们将 h1 设定为 longHb。

第 288 行用于获取位图的最大索引。

在第 290 行到第 294 行，我们按照从索引 0 到最大索引的顺序循环，将位图的元素按顺序交给宏 DECODE_BITS()。

事实上这个宏已经在函数内被定义了。也就是说，宏 DECODE_BITS() 是个特定的宏，只有在用这个函数时才能使用它。第 307 行出现的 #undef 也是因为这个原因。

dalvik/vm/alloc/HeapBitmap.c: dvmHeapBitmapXorWalk()：DECODE_BITS()

```
204  #define DECODE_BITS(hb_, bits_, update_index_) \
205      do { \
             if (bits_ != 0) { \
207          static const unsigned long kHighBit = \
208                  (unsigned long)1 << 31; \
209          const uintptr_t ptrBase = HB_INDEX_TO_OFFSET(i) + hb_->base; \
212          while (bits_ != 0) { \
213              const int rshift = CLZ(bits_); \
214              bits_ &= ~(kHighBit >> rshift); \
215              *pb++ = (void *)(ptrBase + rshift * 8); \
216          } \
220          FLUSH_POINTERBUF(ptrBase + 32 * 8); \
222          if (update_index_) { \
224              index = HB_OFFSET_TO_INDEX(hb_->max - hb_->base); \
225          } \
227      } \
228      } while (false)
```

这个宏乍眼一看会让人一愣，不过一条一条地仔细看就不怎么难了。

来试着整理一下都要给这个宏哪些参数吧。首先 hb_ 是位图，bits_ 是位图内的元素（像 0010010 这样的位串）。我们把 true 传递给 update_index_。

第 207 行到第 208 行用于把设置了 32 位中的开头位（1000..00）的正数（位串）设定给 kHighBit。

在第 209 行把对应 bits_ 开头位的对象指针设定给 ptrBase。

在第 212 行一直循环执行 while 语句，直到 bits_ 等于 0 为止。

接下来该讲 while 语句的内容了。我们在第 213 行的宏 CLZ() 中调用 ARM 汇编语言的 CLZ 命令。CLZ 会从位串的开头开始数 0 连续了多少次，并返回搜集到的结果。这样一来我们就求出了到标记位为止的右偏移数，然后将其存入 rshift。

第 214 行用于消除在第 213 行查找的标记位。

在第 215 行求出对应标记位的对象指针,将其存入缓冲区。这项操作要一直进行到 bits_ 内的标记全都消除(也就是变成 0)为止。

在第 220 行调用宏 FLUSH_POINTERBUF(),把下一个要检查标记的对象指针传递给参数。

在第 224 行重新计算 index。这是因为回调函数可能害 hb_->max 增加。对于增加的部分,也必须调用宏 DECODE_BITS()。

下面来看一下宏 FLUSH_POINTERBUF()。

dalvik/vm/alloc/HeapBitmap.c: dvmHeapBitmapXorWalk(): FLUSH_POINTERBUF()

```
193 │ #define FLUSH_POINTERBUF(finger_) \
194 │     do { \
195 │         if (!callback(pb - pointerBuf, (void **)pointerBuf, \
196 │                 (void *)(finger_), callbackArg)) \
197 │         { \
198 │             LOGW("dvmHeapBitmapXorWalk: callback failed\n"); \
199 │             return false; \
200 │         } \
201 │         pb = pointerBuf; \
202 │     } while (false)
203 │
```

这个宏基本上只调用回调函数。计算机把存在缓冲区里的对象指针的个数和缓冲区自身交给回调函数,此外还把下一个要标记的对象指针(finger_)也一起交给回调函数。这样 scanObject() 函数就愈发重要了,请大家牢牢掌握。

到这里最难的内容就结束了,之后就简单了。

11.6.12 scanBitmapCallback()

回调函数原来是 scanBitmapCallback() 函数,我们先来看一看这个函数。

dalvik/vm/alloc/MarkSweep.c

```
730 │ scanBitmapCallback(size_t numPtrs, void **ptrs, const void *finger, void *arg)
731 │ {
732 │     GcMarkContext *ctx = (GcMarkContext *)arg;
733 │     size_t i;
734 │
740 │     ctx->finger = finger;
741 │     for (i = 0; i < numPtrs; i++) {
745 │         scanObject(chunk2ptr(*ptrs++), ctx);
746 │     }
747 │
748 │     return true;
749 │ }
```

首先用 dvmHeapBitmapXorWalk() 函数设定了标记对象指针，然后用 scanObject() 函数把对象指针从这些标记对象指针的缓冲区中一个个取出来。scanBitmapCallback() 函数只负责调用这个 scanObject() 函数。

宏 chunk2ptr() 负责向下偏移地址，地址偏移量就是用于 debug 的头（header）的量。

在这个函数里大家最应该注意的是第 740 行，参数 finger 被存入了 ctx->finger。大家应该还记得吧，finger 是下一个要标记检查的对象指针。

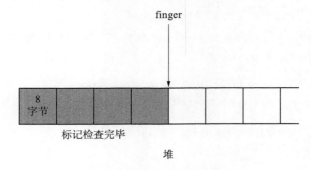

图 11.25　finger 的作用

也就是说，finger 负责指示现在标记到了哪里，以及之后要标记哪里。

11.6.13　scanObject()

scanObject() 函数用于对所调用的对象内的成员执行标记。

这个函数又冗长又单调，在这里只大概讲一下。大家只要知道"这个函数负责标记 obj 的子对象"就够了。

dalvik/vm/alloc/MarkSweep.c

```
510  static void scanObject(const Object *obj, GcMarkContext *ctx)
511  {
512      ClassObject *clazz;
513

525      clazz = obj->clazz;

         /* 标记obj的类 */
556      markObjectNonNull((Object *)clazz, ctx);

560      if (IS_CLASS_FLAG_SET(clazz, CLASS_ISARRAY)) {

563          if (IS_CLASS_FLAG_SET(clazz, CLASS_ISOBJECTARRAY)) {
                 /* 数组标记操作 */
```

```
566                 scanObjectArray((ArrayObject *)obj, ctx);
567             }

569         } else {

               /* 实例字段标记操作 */
572             scanInstanceFields((DataObject *)obj, clazz, ctx);

               /* 类的成员标记操作 */
700             if (clazz == gDvm.classJavaLangClass) {
701                 scanClassObject((ClassObject *)obj, ctx);
702             }
703         }

708     }
```

我们在第 2 章中介绍了 scan 函数（搜索函数），它负责递归地搜索堆中的活动对象（从根到对象，从对象到子对象）。scanObject() 函数正是这种搜索函数。

那么我们是否真的对子对象递归调用了 scanObject() 函数呢？第 572 行中已经调用了 scanInstanceFields() 函数，让我们一起来看看它的内容，确认一下吧。

dalvik/vm/alloc/MarkSweep.c

```
430  static void scanInstanceFields(const DataObject *obj, ClassObject *clazz,
431          GcMarkContext *ctx)
432  {
434      while (clazz != NULL) {
435          InstField *f;
436          int i;

441          f = clazz->ifields;
442          for (i = 0; i < clazz->ifieldRefCount; i++) {
450              markObject(dvmGetFieldObject((Object*)obj, f->byteOffset),
                            ctx);
451              f++;
452          }
456          clazz = clazz->super;
457      }
458  }
```

不过如大家所见，scanInstanceFields() 函数只是在第 441 行把对象内的实例字段取出来，并传递给了 markObject() 函数而已。markObject() 函数只负责设置从参数接收到的对象的标记位。调用了 scanObject() 函数的地方是无论如何也找不到的。

没错，其实 DalvikVM 的垃圾回收是**不会递归地进行标记的**。

可是问题来了，这样一来本该被标记的对象不就标记不到（标记遗漏）了吗？

请大家考虑一下下面这个例子。假设对象 A 的成员里包括对象 B，对象 C 是对象 B 的子对象。请看图 11.26，可见即使对对象 A 调用 scanObject() 函数，对象 C 也没有被标记。

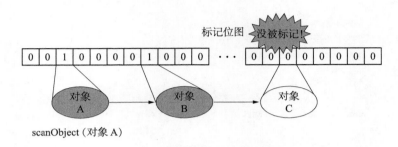

图 11.26　对象 C 没有被标记

那么，对象 C 什么时候才会被标记呢？

这里希望大家回忆一下 dvmHeapBitmapXorWalk() 函数。我们在这个函数中看见了位图的位，然后才调用的这个 scanObject() 函数对吧。刚才例子中出现的对象 B 已经被标记了，因此将来应该会通过 dvmHeapBitmapXorWalk() 函数对对象 B 调用 scanObject() 函数。也就是说，对象 C 肯定会被标记。大家看一下图 11.27 就会明白最后是如何对对象 B 调用 scanObject() 的。

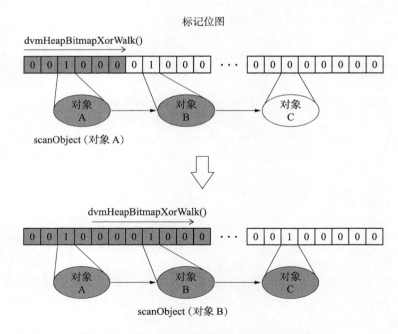

图 11.27　经过 dvmHeapBitmapXorWalk() 标记

这里细心的读者可能已经发现了，事实上通过 dvmHeapBitmapXorWalk() 标记时有可能出现漏掉标记检查的情况。

请看图 11.28。对象 A 的子对象，也就是对象 B 的位置要比 A 靠前。也就是说，当 dvmHeapBitmapXorWalk() 标记对应 B 的位时，标记位还没被设置。因此，可见没有对对象 B 调用 scanObject()，对象 C 也就没被标记。

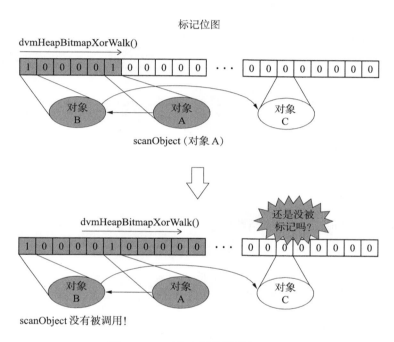

图11.28 对象C还是没被标记吗

在这里就该轮到 scanBitmapCallback() 中出现过的 finger 闪亮登场了。因为 finger 记着标记到了哪里，所以当要标记的对象比 finger 所指向的地址位置要低的时候，就可知这个对象已经通过了 dvmHeapBitmapXorWalk() 的标记检查。

因此暂且把这个对象指针堆到结构体 GcMarkContext 的 stack（标记栈）里。

dalvik/vm/alloc/MarkSweep.h

```
40  typedef struct {
41      HeapBitmap bitmaps[HEAP_SOURCE_MAX_HEAP_COUNT];
42      size_t numBitmaps;
43      GcMarkStack stack;
44      const void *finger;
45  } GcMarkContext;
```

顾名思义，结构体 GcMarkStack 拥有栈结构。在 dvmHeapBitmapXorWalk() 的位图标记检查结束后，被堆到 stack 的对象指针会被重新交给 scanObject() 函数。

11.6.14　processMarkStack()

那么上一节中堆积到标记栈的对象要在哪里进行标记呢？让我们先回头看一下 dvmHeapScanMarkedObjects() 函数的内容吧。

dalvik/vm/alloc/MarkSweep.c:dvmHeapScanMarkedObjects()：后半部分

```
755  void dvmHeapScanMarkedObjects()
756  {
         /* 之前一直在讲的函数 */
767      dvmHeapBitmapWalkList(ctx->bitmaps, ctx->numBitmaps,
768          scanBitmapCallback, ctx);

         /* 处理标记栈 */
773      processMarkStack(ctx);

776  }
```

在此调用 processMarkStack() 函数，通过它来标记标记栈内的对象。

dalvik/vm/alloc/MarkSweep.c

```
710  static void
711  processMarkStack(GcMarkContext *ctx)
712  {
713      const Object **const base = ctx->stack.base;

719      ctx->finger = (void *)ULONG_MAX;
720      while (ctx->stack.top != base) {
721          scanObject(*ctx->stack.top++, ctx);
722      }
723  }
```

第 719 行负责把 ULONG_MAX 设定给 finger。这个宏里定义了 unsigned long 型的最大正数。

从第 720 行到第 722 行的部分负责把堆积在标记栈里的对象进行标记。scanObject() 函数不会递归地标记对象的成员。但因为 finger 里存着 unsigned long 型的最大正数，所以新的对象指针会不断被追加到标记栈中。只要在追加过程结束之前一直调用 scanObject()，我们就不会漏掉任何一个该标记的对象。

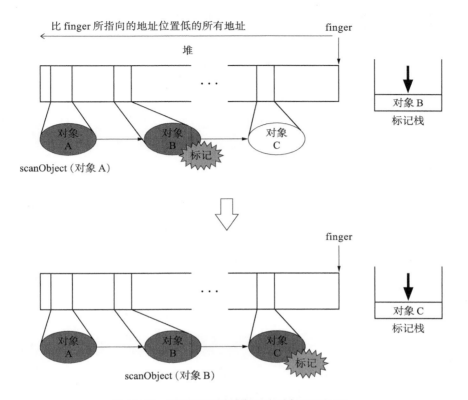

图11.29 对堆积到标记栈里的对象进行标记

这里大家要问了："为什么不使用递归标记呢？"

对象之间形成了树形结构，我们采用递归标记操作不是更简单吗？

答案是这会造成"栈溢出"。

在每次调用 C 语言的函数时，帧都会被堆积到调用栈中。不过如果对象有着非常复杂的树形结构，那么通过函数的递归，就会有惊人数量的帧被堆积到调用栈中。

我们并不能无限地往调用栈里堆积帧，一旦超过上限，就会发生栈溢出，引发错误。

在 DalvikVM 中，为了避免出现这个栈溢出的问题，在标记操作中不使用递归，而是尽量不去扩充栈。

此外，至于不使用递归标记的另一个原因，请参看 4.3.3 节。

11.7　清除阶段

标记阶段之后是清除阶段。清除阶段中要释放没有打上标记的非活动对象。

11.7.1　在清除之前

在实际阅读清除阶段的代码之前，让我们先来一起想象一下，该如何以之前介绍的代码为基础执行清除呢？

首先，对象位图内记录了分配到 VM Heap 内的对象。

另外，标记位图内记录了其中的活动对象。

清除操作首先必须找到释放对象，也就是非活动对象。由以上信息可知，如果把对象位图和标记位图适当地取差分，应该很容易就能找到非活动对象了。

图 11.30　两个位图的差分

11.7.2　开始清除

清除阶段和标记阶段一样，都是以 `dvmCollectGarbageInternal()` 函数开始的。

dalvik/vm/alloc/Heap.c

```
718  void dvmCollectGarbageInternal(bool collectSoftReferences)
719  {
720      GcHeap *gcHeap = gDvm.gcHeap;
721      Object *softReferences;
722      Object *weakReferences;
723      Object *phantomReferences;

         /* 标记操作：省略 */

         /* 清除操作 */
962      dvmHeapSweepUnmarkedObjects(&numFreed, &sizeFreed);

1042 }
```

`dvmHeapSweepUnmarkedObjects()` 是实际执行清除操作的函数。

函数的调用图如下所示。

```
dvmHeapSweepUnmarkedObjects()  ——  获取两个位图
  dvmHeapBitmapXorWalkLists()  ——  调用 dvmHeapBitmapXorWalk()
    dvmHeapBitmapXorWalk()     ——  取位图之间的差分
      sweepBitmapCallback()    ——  回调函数
        dvmHeapSourceFree()    ——  释放非活动对象
```

清除阶段中也用到了之前解说过的 dvmHeapBitmapXorWalk() 函数。只要大家认真阅读了标记阶段，就不难理解清除阶段了。

11.7.3　dvmHeapSweepUnmarkedObjects()

这个函数负责获取对象位图和标记位图。这次也省略了操作中细枝末节的部分。

dalvik/vm/alloc/MarkSweep.c

```
1281  void
1282  dvmHeapSweepUnmarkedObjects(int *numFreed, size_t *sizeFreed)
1283  {
1284      const HeapBitmap *markBitmaps;
1285      const GcMarkContext *markContext;
1286      HeapBitmap objectBitmaps[HEAP_SOURCE_MAX_HEAP_COUNT];
1289      size_t numBitmaps;
1290
1302      markContext = &gDvm.gcHeap->markContext;
          /* 获取标记位图 */
1303      markBitmaps = markContext->bitmaps;
          /* 获取对象位图 */
1304      numBitmaps = dvmHeapSourceGetObjectBitmaps(objectBitmaps,
1305              HEAP_SOURCE_MAX_HEAP_COUNT);
1318      dvmHeapBitmapXorWalkLists(markBitmaps, objectBitmaps, numBitmaps,
1319              sweepBitmapCallback, NULL);
1332  }
```

第 1303 行负责获取标记位图链表，第 1304 行到第 1305 行负责获取对象位图链表。numBitmaps 表示的是链表内位图表格的数量。因为每个 VM Heap 都有一个位图表格，所以这个值大多数情况下为 2 或 3。

接下来将准备好的位图表格链表传递给 dvmHeapBitmapXorWalkLists() 函数。在 dvmHeapBitmapXorWalkLists() 函数中要做的只是将位图表格链表分类，交给 dvmHeapBitmapXorWalk() 函数。关于此函数的说明这里就省略了。

11.7.4　dvmHeapBitmapXorWalk()

这个函数在标记阶段中就非常出彩，不过在清除阶段中它的用处略有不同。

在此将两个位图作为参数传递给 dvmHeapBitmapXorWalk() 函数。在标记阶段中，两者中有一个（位图表格）是虚拟的，于是对应另外一个位图中的标记调用了回调函数。另一方面，在清除阶段中则把对象位图和标记位图两者作为参数传递。这种情况下是对两个位图表格的差分标记调用回调函数的。

由于我们已经讲过了这个函数的大部分内容，因此下面就把精力放在如何求差分上吧。

dalvik/vm/alloc/HeapBitmap.c

```
181 │ bool
182 │ dvmHeapBitmapXorWalk(const HeapBitmap *hb1, const HeapBitmap *hb2,
183 │        bool (*callback)(size_t numPtrs, void **ptrs,
184 │                        const void *finger, void *arg),
185 │        void *callbackArg)
186 │ {
    │
    │        /* 省略 */
    │
256 │        unsigned long int *p1, *p2;
257 │        uintptr_t offset;
258 │
259 │        offset = ((hb1->max < hb2->max) ? hb1->max : hb2->max) - hb1->base;
261 │        index = HB_OFFSET_TO_INDEX(offset);
262 │
263 │        p1 = hb1->bits;
264 │        p2 = hb2->bits;
265 │        for (i = 0; i <= index; i++) {
267 │            unsigned long int diff = *p1++ ^ *p2++;
268 │            DECODE_BITS(hb1, diff, false);
270 │        }
    │
    │        /* 省略 */
```

把对象位图传递给参数 hb1，把标记位图传递给参数 hb2。

在第 261 行求位图开头的 index。

在第 267 行比较两个位图内的元素，把指针移动到下一个元素。这部分是重中之重，可见比较元素的时候使用的是 "^"（XOR）运算符。

XOR 有个特性，那就是 "如果两个位是同值则返回 0，如果不为同值则返回 1"。可以说正好契合我们这次的目的。

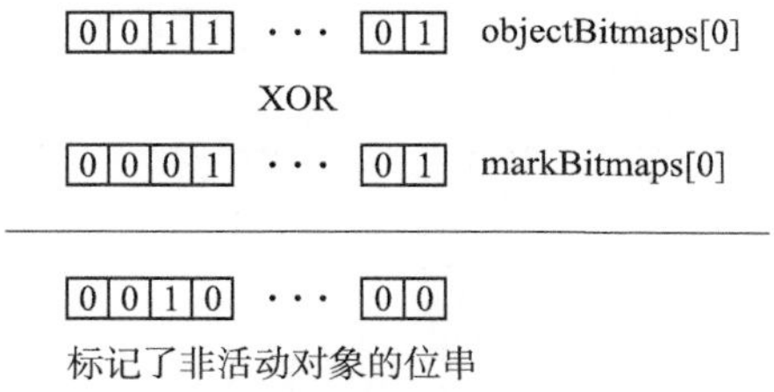

图 11.31 通过 XOR 比较位图

像这样把生成的位串传递给宏 DECODE_BITS()，非活动对象就会被存入缓冲区内，然后回调函数就会被调用。

11.7.5 sweepBitmapCallback()

这个函数是从 dvmHeapBitmapXorWalk() 函数调用的。该函数把装入缓冲区的对象指针传递给参数。跟标记阶段的不同之处在于，所传递的对象指针都是"非活动"的。此外，在清除阶段完全不使用 finger。

dalvik/vm/alloc/MarkSweep.c

```
1192 static bool
1193 sweepBitmapCallback(size_t numPtrs, void **ptrs,
                        const void *finger, void *arg)
1194 {
1196     size_t i;
1197
1198     for (i = 0; i < numPtrs; i++) {
1199         DvmHeapChunk *hc;
1200         Object *obj;
1205         hc = (DvmHeapChunk *)*ptrs++;
1206         obj = (Object *)chunk2ptr(hc);

             /* 释放对象内连接的数据 */

1262         dvmHeapSourceFree(hc);
1263     }
1264
1265     return true;
1266 }
```

在这些指针指向的对象内，有时会连接不被 DalvikVM 视作 GC 对象的数据。这些数据会和对象一并释放。说到这里就烦琐了，所以我们就不多提了。

实际上从 DalvikVM 的 VM Heap 内释放对象的是第 1262 行的 dvmHeapSourceFree() 函数。

11.7.6　dvmHeapSourceFree()

接下来就来看看 dvmHeapSourceFree() 函数。我们把"指向非活动对象的指针"交给这个函数。

dalvik/vm/alloc/HeapSource.c: dvmHeapSourceFree()：前半部分

```
770  void
771  dvmHeapSourceFree(void *ptr)
772  {
773      Heap *heap;
774
777      heap = ptr2heap(gHs, ptr);
778      if (heap != NULL) {
             /* 从对象位图消去标记 */
779          countFree(heap, ptr, true);

             /* 后半部分 */
787  }
```

第 779 行负责调用 countFree() 函数。

dalvik/vm/alloc/HeapSource.c

```
258  static inline void
259  countFree(Heap *heap, const void *ptr, bool isObj)
260  {
261      size_t delta;
262
263      delta = mspace_usable_size(heap->msp, ptr) + HEAP_SOURCE_CHUNK_OVERHEAD;
264
265      if (delta < heap->bytesAllocated) {
266          heap->bytesAllocated -= delta;
267      } else {
268          heap->bytesAllocated = 0;
269      }
270      if (isObj) {
271          dvmHeapBitmapClearObjectBit(&heap->objectBitmap, ptr);
272          if (heap->objectsAllocated > 0) {
273              heap->objectsAllocated--;
274          }
275      }
276  }
```

这个函数的意义和 countAllocation() 函数正相反。countAllocation() 函数对 VM Heap 内分配的对象的字节数和对象数量执行了递增计数，而 countFree() 函数则对字节数和对象数量执行递减计数。

此外，在第 271 行调用了 dvmHeapBitmapClearObjectBit() 函数。这个函数负责从对象位图消去标记。因为要释放对象，所以这再理所当然不过了。

dalvik/vm/alloc/HeapSource.c: dvmHeapSourceFree()：后半部分

```
770 | void
771 | dvmHeapSourceFree(void *ptr)

          /* 前半部分 */

783 |         if (heap == gHs->heaps) {
                  /* 释放内存(dlmalloc) */
784 |             mspace_free(heap->msp, ptr);
785 |         }
786 |     }
```

第 784 行负责从 DalvikVM 的 VM Heap 释放对象。

这下清除阶段就结束了。

11.8 Q&A

最后以答疑形式来复习一下 DalvikVM 的垃圾回收。

11.8.1 终结器是什么？

通过 GC，垃圾对象通常都会被从内存释放，不过对于那些定义有终结器的对象，则要将其设定为"等待最终化执行"来保留内存释放。

实际上负责寻找"等待最终化执行"的对象，并执行最终化的是一个叫作 HeapWorker 的线程。一旦 DalvikVM 启动，就必定会生成线程 HeapWorker。

再往详细说就超出了本书的范围，所以就不予赘述了。有兴趣的读者可以查阅 vm/alloc/HeapWorker.c。

11.8.2 为什么要准备两个位图？

DalvikVM 中准备了以下两个位图。

1. 对象位图
2. 标记位图

然而有必要准备两个位图吗？只准备出一个标记位图，之后在 DalvikVM 的 VM Heap 内进行搜索不就行了吗？

大家想想清除阶段，这个问题自然就有答案了。在准备了两个位图的情况下，清除时用 XOR 求出对象位图和标记位图的差分，之后只要基于这个结果释放"非活动对象"就可以了。

可是如果只准备了标记位图的话，搜索"非活动对象"就没那么容易了。如果要在对象已经被分配了的情况下找出非活动对象，就必须搜索整个 VM Heap。这样一来，缓存就脏了，从速度上来说也很不利。

11.8.3　碎片化的问题是？

DalvikVM 的垃圾回收中是不执行压缩的。也就是说，VM Heap 有发生碎片化的潜在可能。

不过拿到现在来说这已经不是什么大问题了。话虽如此，DalvikVM 的 VM Heap 的分配和释放都完全交给了 dlmalloc 负责，而不是由 DalvikVM 来管理的。

因为开发者已经对 dlmalloc 实施了优秀的碎片化对策，所以能把 VM Heap 空间的碎片化压到最低程度。这可以说是将 GC 和 malloc 两者有效结合的结果。

11.8.4　为什么要采用位图标记？

为什么要采用位图标记呢？

关于这点，就要说到在第 2 章中提到过的写时复制技术了。

Android 的应用程序都是从 Zygote fork() 的进程。在启动 Android 时，Zygote 会把执行应用程序所必需的数据分配到用于 Zygote 的 VM Heap 中。

应用程序只对用于 Zygote 的 VM Heap 执行读取操作。也就是说，对应用程序进程而言，用于 Zygote 的 VM Heap 是放置在共享空间里的。

但是在没有使用位图的标记阶段中，为了进行标记，对象会被直接写入，这时就会发生写时复制，这样一来放置在共享空间的内存空间就会被复制到进程的私有空间里。

为了防止这一点，我们只从对象那里拿走标记位，将其用位图的形式来表示。

不过，如果比较一下单纯的标记和位图标记，就会发现位图标记在速度上再怎么样都比单纯的标记慢一段，即通过对象的地址搜索位图位置这一段。

不过 Android 终端的资源是有限的。我们用附属于 AndroidSDK 的终端模拟器进行了确认，发现能用模拟器使用的内存空间是 64M 字节，仅仅启动终端，看着 HOME 页面（闲置状态）就差不多使用了 40M 字节。也就是说，应用程序能使用的内存空间大小只有 20M 字节。

基于以上这种 Android 的特殊情况，从节约内存的角度出发，开发者也会选择采用位图标记吧。因为比起速度，人们往往更注重空间效率。

不过据说 NTT DOCOMO 发售的 HT-03 的内存空间有 90M 字节，因此在不远的将来，内存量或许会有些改善吧。

12 Rubinius 的垃圾回收

本章将为大家讲解 Rubinius 这种语言处理程序的垃圾回收。Rubinius 属于为数不多的 Ruby 处理系统中的一种。

12.1 本章前言

在阅读垃圾回收之前，我们先来简单介绍一下 Rubinius。关于 Ruby 的语言知识在"附录"中会有介绍，不知道 Ruby 的人建议先读一下这部分。

12.1.1 什么是 Rubinius

Ruby 的处理程序中最有名的就是以松本行弘为中心开发的 CRuby（用 C 语言写的 Ruby）。大家可以这样理解：说到 Ruby 处理程序，指的就是 CRuby。

另一方面，Rubinius 是以 Evan Phoenix 为中心开发的 Ruby 的实现之一。

"用 Ruby 实现 Ruby"是 Rubinius 的象征性方针。

这是什么意思呢？就是说基本的核心部分（VM 和内置类等）用 C++ 来写，标准库等外部框架部分则全用 Ruby 来写。举个例子，在 Rubinius 中 String 类的绝大部分方法都是用 Ruby 写的。

通过把尽可能多的内容用 Ruby 来写，VM 的高速化就容易和 Ruby 的高速化直接联系上了。正是因为这一点，Rubinius 成为了备受瞩目的 Ruby 实现之一。不过 VM 越快 Ruby 也就越快，反过来 VM 越慢 Ruby 也就越慢。也就是说，VM 的高速化是不可或缺的。从这一点看来，想必 Evan 对于 VM 的高速化非常有自信，才采取了这个途径。

此外，除了 Rubinius 以外，Ruby 处理程序还在开发其他实现，如下所示。

- JRuby（基于 Java 平台的 Ruby 实现）
- IronRuby（基于微软 .NET Framework 平台的 Ruby 实现）
- MacRuby（基于 Objective-C 平台的 Ruby 实现）

专 栏

为什么要讲 Rubinius 的垃圾回收呢？

事实上两位笔者的专业都是 CRuby 的垃圾回收，但我们没有选择讲 CRuby，而是选择了 Rubinius，其原因有以下两点。

1. Rubinius 的垃圾回收采取了和 CRuby 的垃圾回收不同的途径
2.《Ruby 源代码完全解读》[1] 一书中已经有关于 CRuby 的解说了

关于第 1 点原因，很大程度上是出于笔者个人的兴趣。笔者所进行的工作主要是改良 CRuby 的垃圾回收，很久之前就对 Rubinius 的垃圾回收感兴趣了，所以就想借本书来解说一下。

第 2 点指的是青木峰郎的著作《Ruby 源代码完全解读》[35] 一书，书中用多达 30 页的篇幅细致地讲解了 CRuby 的垃圾回收，因此本书中再写一样的内容就没有意义了。此外，非常感激 RHG 在 Web 上公开了此书的全文[2]。对 CRuby 的垃圾回收有兴趣的读者可以查阅其中的第 5 章。

12.1.2　获取源代码

Rubinius 还没有发布的版本[3]。过去曾经发布过 0.7 版本，但后来好像又被删除了。

这是有原因的。原本 Rubinius 的核心部分是用 C 语言写的，但是因为发生了某个问题[4]，导致需要大幅度更改 VM，所以干脆就把 Rubinius 移植到 C++ 平台了，而已发布的 0.7 版本差不多就在那个时候消失了。

在准备编写本书时，如何解说源代码成为了令笔者头疼的一个问题，最后笔者决定以执

---

① 原书名为『Ruby ソースコード完全解説』，目前尚无中文版。——译者注

② 公开网站：http://i.loveruby.net/ja/rhg/book/。

③ 2010 年 1 月 4 日 Rubinius 发布了 1.0.0RC2 版本。

④ 如果想了解这个问题，请查询以下网址：http://betterruby.wordpress.com/2008/04/11/shotgun-rewrite-underway/。

笔时（即 2009 年 8 月 17 日）的源代码为对象来解说。这是因为对于以后垃圾回收的基本部分而言，源代码不会有太大改动。

除此之外，笔者还担心从 C 语言到 C++ 的移植过程是否已经结束了。不过经调查，Rubinius 已经全部移植到了 C++。

那么接下来就来获取 Rubinius 的源代码吧。Rubinius 的源代码在 github[①] 里。

https://github.com/rubinius/rubinius

只需把以下命令输入到命令提示符里（需要 git），就可以获取源代码。

```
$ git clone git://github.com/rubinius/rubinius.git
```

之后来检出本章中要解说的代码树吧。

```
$ cd rubinius
$ git checkout 5af42280ab956
```

Rubinius 的官网网址如下，这里汇集了所有关于 Rubinius 的信息的链接。

http://rubinius.com/

图 12.1　Rubinius 官方网站

---

① github：git 仓库的免费项目托管服务。

12.1.3 源代码结构

Rubinius 总共由约 62 万行的源代码构成，大体内容如下所示。

表 12.1 源代码的分布

语　　言	源代码行数	比　　例
Ruby	317 560	51%
C	166 499	27%
C++	54 505	8%

库的描述中也用到了 Ruby，所以 Ruby 的源代码理所当然地占去了大半比例。令人感到意外的是，C 语言占比例也很高，这是因为外部的 C 库也跟源代码捆绑在一起了。

下面一起来看看目录的结构。

表 12.2 目录结构

目　　录	概　　要
benchmark	基准测试文件群
bin	rbx 等执行文件群
doc	有关 Rubinius 的文档
kernel	Object、Kernel 类等内置类的定义文件（用的都是 Ruby）
lib	标准库
mspec	用 Ruby 制作的测试框架 rspec 的克隆实现
rakelib	Rake 库
runtime	编译字节码后的 Ruby 文件群
spec	RubySpec 的 Ruby 规格测试
stdlib	标准库
test	Rubinius 的测试
tools	工具群
vm	VM 源代码

本章中主要的代码群都在 vm 目录下。关于其他目录我们只简单介绍一下，不会详述。

12.2　Rubinius 的 GC 算法

Rubinius 的垃圾回收采用的是第 7 章中出现过的分代垃圾回收，分代垃圾回收的结构请参考表 12.3。

表 12.3　分代垃圾回收的结构

	名　　称
新生代 GC	GC 复制算法（Cheney 的 GC 复制算法）
老年代 GC	GC 标记 – 清除算法、ImmixGC（GC 标记 – 压缩算法）

在老年代 GC 方面采用的是 GC 标记 – 清除算法和第 5 章中讲过的 ImmixGC（GC 标记 – 压缩算法）。关于 GC 标记 – 压缩算法的实现我们在第 10 章中已经讲过了。

在新生代 GC 方面采用的则是第 4 章中讲过的 GC 复制算法。在本章中我们会对 GC 复制算法的实现加以解说。

此外，Rubinius 的 GC 是准确式 GC。在本书中，本章是第一次介绍准确式 GC 的实现，因此我们会细致地讲解这部分内容。

专栏

GC 和语言处理程序

GC 是为语言处理程序而生的技术，大多数 GC 都是为了搭载语言处理程序而被创造出来的。但是不光语言处理程序能利用 GC，各种各样的应用程序也可以利用 GC。

有一个著名的 GC 库，叫作 The Boehm-Demers-Weiser conservative garbage collector[1][2]。很多应用程序中都利用了这个库，下面是几个具有代表性的例子。

• w3m[3]——文字界面的网页浏览器
• Irssi[4]—— CUI 界面的 IRC 客户端

因为这个 GC 库是 Boehm 主导开发的，所以简称为 BoehmGC。

---

[1] BoehmGC：http://www.hboehm.info/gc/。

[2] 库名中的 Weiser 作为“普适计算之父”而著名。

[3] w3m：http://w3m.sourceforge.net/index.ja.html。

[4] Irssi：http://irssi.org/。

12.3　对象管理

按照本书的老规矩，我们先从数据结构开始看。

12.3.1　对象的结构

在 Rubinius 中，Ruby 的大部分内置类（`Object`、`Numeric` 等）都是作为 C++ 的类实现的。大致的类图如下所示。

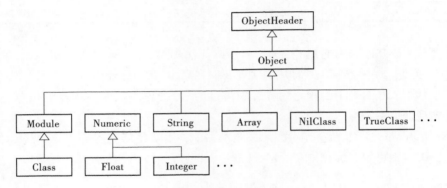

图 12.2　类图

有一点请大家注意：所有的类都继承了 `Object` 类，并且 `Object` 类继承了 `ObjectHeader`。那么这个 `ObjectHeader` 类里又存着怎样的信息呢？

vm/oop.hpp

```
133  class ObjectHeader {
134    union {
135      struct {
136        object_type    obj_type_ :    8;
137        gc_zone        zone :         2;
138        unsigned int   age :          4;
139
140        unsigned int Forwarded :              1;
141        unsigned int Remember :               1;
142        unsigned int Marked :                 2;
143        unsigned int RequiresCleanup :        1;
144
145        unsigned int RefsAreWeak :            1;
146
147        unsigned int InImmix :                1;
148        unsigned int Pinned :                 1;
149      };
150      uintptr_t all_flags; // 以指针的大小对齐
151    };
```

这个类里用的是位域。在这里定义第 136 行的 `obj_type_` 为 8 位，第 137 行的 `zone` 为 2 位。

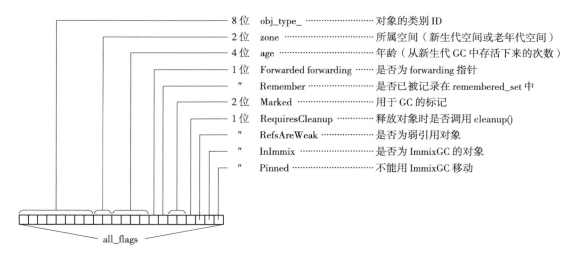

图 12.3 ObjectHeader 的标记结构

但是这些标记很少直接出现在源代码里。因为在 `ObjectHeader` 类里定义了获取和操作标记信息的成员函数，所以这里就通过它们来访问标记。

12.3.2　用于 GC 复制算法的内存空间

首先来简单说明一下 Rubinius 的 VM Heap 的整体结构吧。

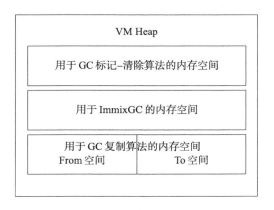

图 12.4 Rubinius 的 VM Heap 的结构

这里将作为 GC 标记 – 清除算法的对象的内存空间称为"用于 GC 标记 – 清除算法的内存空间"，同样还有"用于 ImmixGC 的内存空间""用于 GC 复制算法的内存空间"。我们把"用于 GC 复制算法的内存空间" 平均分成了两份，分别称为 "From 空间" 和 "To 空间"。现在正在使用的内存空间是 From 空间，就像在第 4 章中讲过的那样，每次执行 GC 都要将 From 空间和 To 空间进行替换。

　　在 Rubinius 中，这个用于 GC 复制算法的内存空间则被作为 Heap 类来实现。Heap 类的成员变量的定义如下所示。

vm/gc/heap.hpp

```
 6   typedef void *address;

10   class Heap {
11     /* Fields */
12
13   public:
14     address start;
15     address current;
16     address last;
17     address scan;
```

　　成员变量的型 address 是 void* 的别名。start 是用于 GC 复制算法的内存空间的初始地址，last 是结束地址。current 是分块的初始地址，scan 指的是下一个要查找的内存空间的地址。至于 scan，只有在执行 GC 的时候才会用到。

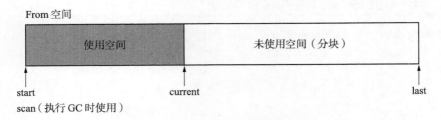

图12.5　用于 GC 复制算法的内存空间的结构

　　GC 复制算法的内存空间是单纯用 std::calloc() 函数统一分配的。下面一起来看看 Heap 类的构造函数吧。

vm/gc/heap.cpp

```
 6   /* Heap methods */
 7   Heap::Heap(size_t bytes) {
 8     size = bytes;
 9     start = (address)std::calloc(1, size);
10     scan = start;
11     last = (void*)((uintptr_t)start + bytes - 1);
12     reset();
```

```
13 |     }
14 |

19 |     void Heap::reset() {
20 |       current = start;
21 |       scan = start;
22 |     }
```

这里只是单纯以 bytes 作为参数调用 std::calloc() 函数，并对 Heap 类的成员变量执行初始化。

12.3.3　对象的分配器

在分配对象时，要根据所申请的大小和 GC 的情况，从之前讲过的那 3 个内存空间中选出 1 个进行分配。

图 12.6 是简单的流程图。

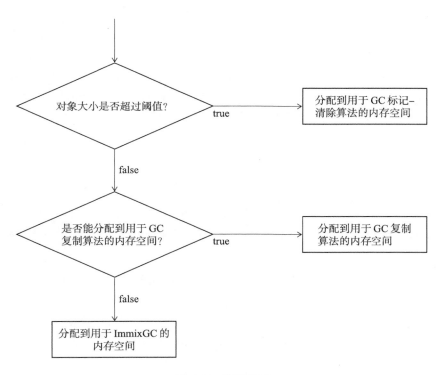

图 12.6　选择分配

在 Rubinius 里，这些 GC 也是分别由与其对应的类来管理的。

表 12.4 内的类实现了各个 GC 所需要的全部操作，在各个类内也实现了分配器。

表12.4　GC 与类的对应关系

GC 名	类　名
GC 复制算法	BakerGC
ImmixGC	ImmixGC
GC 标记–清除算法	MarkSweepGC

然后统一这些 GC 类的就是 ObjectMemory 类。ObjectMemory 类就像是各个 GC 类的窗口。在 Rubinius 中执行有关 GC 的操作时，不是直接使用 GC 类，而是使用这个 ObjectMemory 类。

对象的分配也是通过 ObjectMemory 类来执行的。

通过图 12.7 这样的设计，mutator 就没有必要去在意 GC 类的差别了。反过来窗口的 ObjectMemory 类会选一个适当的 GC 类，从其分配器进行分配。

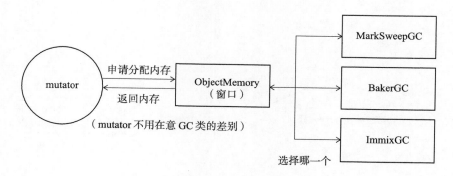

图12.7　调用分配器

可以看出这个设计的意图在于隐藏 GC 类，从而能够简单地更改和追加 GC 算法。事实上 ImmixGC 类是近来才追加的，在修正 GC 类以外的代码时，只要稍微重写一下 ObjectMemory 类就可以了。

实际的分配工作是由 ObjectMemory 类的成员函数 allocate_object() 负责的。函数的内容如下所示。

vm/objectmemory.cpp

```
227  Object* ObjectMemory::allocate_object(size_t bytes) {
228    Object* obj;
229
230    if(unlikely(bytes > large_object_threshold)) {
231      obj = mark_sweep_.allocate(bytes, &collect_mature_now);
```

```
240        } else {
241          obj = young.allocate(bytes, &collect_young_now);
242          if(unlikely(obj == NULL)) {

246            obj = immix_.allocate(bytes);

250          }
251        }

           /* 对象内域的初始化 */
259        obj->clear_fields(bytes);
260        return obj;
261    }
```

allocate_object() 将 mutator 申请的大小（bytes）作为参数。

第 230 行用于将阈值 large_object_threshold 和 bytes 进行比较。阈值 large_object_threshold 的默认值是 2700（字节）。我们可以通过启动选项 -Xgc.large_object 来更改这个值。

当 bytes 超过了 large_object_threshold 时，就调用成员变量 mark_sweep_ 的 allocate()。mark_sweep_ 是 MarkSweepGC 类的实例。

当 bytes 不超过 large_object_threshold 时，就调用成员变量 young 的 allocate()。young 是 BakerGC 类的实例。

当使用 BakerGC 分配失败时，就需要在第 246 行调用 ImmixGC 类的实例，即 immix_ 的 allocate()。

如图 12.6 所示，可知操作已经被分配给了各个 GC 类的分配器。

话说回来，代码中的宏 unlikely() 又是干什么用的呢？

vm/util/optimize.hpp

```
 5  #ifdef __GNUC__

 6
 7  #define likely(x)      __builtin_expect((long int)(x),1)
 8  #define unlikely(x)    __builtin_expect((long int)(x),0)

 9
10  #else

11
12  #define likely(x) x
13  #define unlikely(x) x

14
15  #endif
```

第 7 行到第 8 行的 _builtin_expect() 是个内置函数，它负责给编译器提示分支预测。_builtin_expect() 不是 C++ 的标准函数，而是 gcc 的扩展功能。以 unlikely() 为例，它就会提示编译器"传递给参数的条件结果几乎全为假"。这样一来，我们就能令编译器最优化，使其在条件为"假"时高速运作。

今后如果大家在源代码中看到使用了宏 unlikely() 的地方，就可以认为"这里几乎全为假"。反过来 likely() 就是几乎全为真。

12.3.4   GC 复制算法的分配器

本章中将介绍 GC 复制算法（BakerGC 类）的分配器。因为其他分配器没有说明 GC 本身，所以就不再赘述了。

请大家看一下 BakerGC 类的构造函数。

vm/gc/baker.cpp

```
19    BakerGC::BakerGC(ObjectMemory *om, size_t bytes) :
20      GarbageCollector(om),
21      heap_a(bytes),
22      heap_b(bytes),
23      total_objects(0),
24      promoted_(0)
25    {
26      current = &heap_a;
27      next = &heap_b;
28    }
```

这里需要大家注意的是第 21 行和第 22 行的成员变量 heap_a 和 heap_b 的初始化。可见构造函数的参数 bytes 直接被传递了出去。

这个成员变量的型是 Heap 类，负责管理用于 GC 复制算法的内存空间。

vm/gc/baker.hpp

```
25    class BakerGC : public GarbageCollector {
26    public:
27
28      /* Fields */
29      Heap heap_a;
30      Heap heap_b;
31      Heap *current;
32      Heap *next;
33      size_t lifetime;
34      size_t total_objects;
```

在 GC 复制算法中，需要两个内存空间，这两个内存空间就是 heap_a 和 heap_b。这里将执行分配的内存空间（From 空间）的地址分配给 current，在 GC 的时候把作为对象目标空间的内存空间（To 空间）的地址分配给 next。

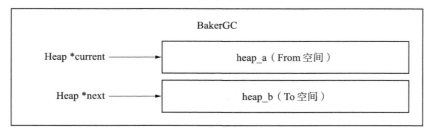

将 current 所指的空间设为 From 空间，将 next 所指的空间设为 To 空间

图 12.8　BakerGC 类结构

下面来看看 BakerGC 类的成员函数 allocate() 吧。首先是它的前半部分。

vm/gc/baker.hpp:BakerGC.allocate()：前半部分

```
37      Object* allocate(size_t bytes, bool *collect_now) {
38        Object* obj;

45        if(!current->enough_space_p(bytes)) {

60          return NULL;
61        } else {
62          total_objects++; /* 正在分配的对象总数 */
63          obj = (Object*)current->allocate(bytes);
64        }

          /* 后半部分 */

77      }
```

第 45 行的 enough_space_p() 函数用于检查 GC 复制算法的内存空间（Heap）是否足以分配所申请大小（bytes）的分块。

如果还有空闲空间，就在第 63 行调用 Heap 类的成员函数 allocate()，执行分配。

vm/gc/heap.hpp:Heap.allocate()

```
23      address allocate(size_t size) {
24        address addr;
25        addr = current;
26        current = (address)((uintptr_t)current + size);
27
28        return addr;
29      }
```

最后将 Heap 类的成员变量 current 设定给 addr，把 current 偏移 size 大小（分配的大小），之后只要返回 addr 就行了。

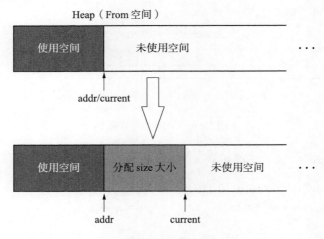

图12.9 分配 Heap 类

接下来是后半部分。

vm/gc/baker.hpp:BakerGC.allocate()：后半部分

```
37    Object* allocate(size_t bytes, bool *collect_now) {
38      Object* obj;

        /* 前半部分 */

70      obj->init_header(YoungObjectZone, InvalidType);

76      return obj;

77    }
```

如果函数成功地从 Heap 类返回了所分配的内存空间的地址，就初始化这个对象内的 ObjectHeader 的标记。关于这项操作请看第 70 行。

vm/oop.hpp:ObjectHeader.init_header()

```
193    void init_header(gc_zone loc, object_type type) {
194      all_flags = 0;
195      obj_type_ = type;
196      zone = loc;
197    }
```

在第 194 行用 0 将 all_flags 初始化，之后设定 obj_type_（对象的类别 ID）。这次只执行分配，所以要设定 InvalidType（无效型）。然后在第 196 行将 zone（所属世代）设置成 YoungObjectZone（新生代）。

12.4　走向准确式 GC 之路

Rubinius 的 GC 是准确式 GC。这一节中我们会为大家介绍几点执行准确式 GC 所需的准备工作。

12.4.1　根

Rubinius 的根由以下内容构成。

1. 内置类、模块、符号
2. VM 的调用栈
3. GC 正在保护的对象
4. 用于 C 语言扩展库的处理器（handler）

请看第 1 项。Rubinius 中把 Ruby 里的 String 和 Array 等内置类以及内置模块等都作为对象分配到了 VM Heap，因此它们也成了 GC 的对象，必须归到根里。

第 2 项是 VM 的调用栈中的对象。对调用栈而言，基本上每次调用方法时都会堆积一个调用帧，当方法的操作结束时（return 时）都会卸下一个调用帧。这部分内容已经在第 10 章中讲过了，所以这里就不详细说了。

第 3 项是 GC 正在保护的对象。为了不释放 GC 正在保护的对象，它也被当成了根的一部分。

接下来是第 4 项。这个"用于 C 语言扩展库的处理器"指的是什么呢？本章中会以这个疑问为主题，在之后的内容里进行详细说明。

12.4.2　CRuby 是保守式 GC

CRuby 的 GC 是保守式 GC，关于其原因，作者松本行弘在自己的日记[①]里这样写道。

> exact 的（精确的）GC 从性能上来说较有利，但另一方面，保守式 GC 扩展库写起来更容易。（中略）
>
> 因为 CRuby 重视的是开发效率，所以今后应该也会继续使用保守式 GC。

---

① Matz 日记：http://www.rubyist.net/~matz/20080623.html。

就像大家从这篇日记中看到的那样，CRuby 采用保守式 GC，其最大原因在于"扩展库写起来更容易"。

那么这个扩展库指的是什么呢？还有，为什么保守式 GC 扩展库写起来更容易呢？

12.4.3　CRuby 的 C 语言扩展库

扩展库严格来说指的是"C 语言扩展库"。CRuby 向用户提供了"C 语言扩展库"这种构造。通过 C 语言扩展库，用户能够轻松地用 C 语言扩展 CRuby 自身。简单来说，大家可以认为 C 语言扩展库是"用 C 语言写的 Ruby 库"。

写 C 语言扩展库的主要动机如下。

1. 实现重视速度的操作
2. 利用能用 C 语言使用的库群

下面让我们来看看这个 CRuby 的 C 语言扩展库的示例代码，找一找感觉吧。这次就用 C 语言扩展库的形式来写一下经典的 Hello World 程序。

代码清单 12.1：hello_world.c

```c
#include "ruby.h"

VALUE hello_world(VALUE self)
{

    VALUE str;
    str = rb_str_new2("Hello World\n");
    rb_io_write(rb_stdout, str);
    return Qnil;
}


void Init_hello_world()
{
    rb_define_method(rb_mKernel, "hello_world", hello_world, 0);
}
```

hello_world() 函数是将 "Hello World" 字符串输出到标准输出的函数。我们来简单说明一下这个函数的内容吧。VALUE 这个型简单来说就是指向对象的指针型。rb_str_new2() 函数负责由 C 语言的字符串生成 Ruby 的字符串对象。指向生成的字符串对象的指针保存在 str 变量里，然后我们用 rb_io_write() 函数输出 Ruby 的字符串对象。

首先用 rb_define_method() 函数把 C 语言的函数定义成 Ruby 中的类。这样一来我们就在 Kernel 类（rb_mKernel）里面定义了 hello_world 函数。

带有 `rb_` 这个前缀的函数和变量是 Ruby 已经对外公开的接口。带有 `rb_` 的函数群（或变量群）被定义在 `ruby.h` 中，我们可以从 C 语言扩展库中调用它们。

编译并加载这段源代码后，其运行情况如下所示。

```
require 'hello_world' # 读取扩展库

hello_world()
#=> Hello World
```

最后我们成功地在扩展库中完成了 Hello World。

请大家重新好好看一下代码清单 12.1。虽然我们在 `hello_world()` 函数内调用 `rb_str_new2()`，生成了传递给 Ruby 的 API 的字符串，但是大家或许已经注意到了，代码清单 1 中没有任何关于 GC 的描述（例如打上标记、清除标记等）。

在第 6 章中也提到过，保守式 GC 是以 CPU 的寄存器和 C 语言的调用栈为根的。我们即使不明确地设定根，GC 也会擅自将寄存器和栈中的对象看作活动对象。因此我们可以不用去在意 GC，单纯写 C 语言扩展库就行。

CPython 和 CRuby 一样配备了 C 语言扩展库这种构造，不过运行起来没这么简单。CPython 的 GC 因为采用的是引用计数法，所以需要执行计数器的增减操作。如果我们要用 CPython 实现跟这段示例代码一样的效果，就需要在 `hello_world()` 函数的最后对 `str` 变量指向的对象的计数器执行减量操作。

到了这一步大家可能还有些迷茫，不过大家可以考虑一下要是换成准确式 GC 该怎么实现 C 扩展库，这样就能慢慢理解保守式 GC 给我们带来的好处了。

12.4.4　C 语言扩展库（准确式 GC 篇）

实际上前一节中生成的 C 语言扩展库的示例代码也能在 Rubinius 中正常运作。这是因为 Rubinius 支持用于 CRuby 的 C 扩展库。

在这里有一个问题，Rubinius 的 GC 是准确式 GC。当 GC 是准确式 GC 时，该如何实现 C 语言扩展库呢？

换句话说，就是要如何处理指向 Ruby 处理程序传递的对象的指针。举个例子，在代码清单 12.1 中，`rb_str_new2()` 函数给出了指向字符串对象的指针，那么要怎么管理这个指针呢？

拿保守式 GC 来说，因为 Ruby 处理程序的 GC 是保守式 GC，所以即使指向对象的指针从 C 语言扩展库的调用栈（寄存器）溢出，它们也会被正确地视为活动对象。

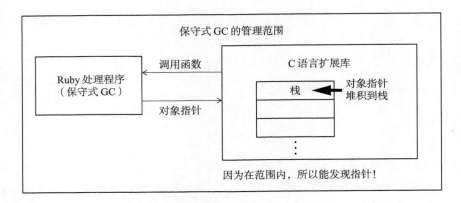

图 12.10 　C 语言扩展库中的对象指针（保守式 GC 的情况下）

　　然而换成准确式 GC 就不是这样了。准确式 GC 中不能搜索 C 语言的调用栈和寄存器，所以也发现不了 C 语言扩展库里溢出的那些指向对象的指针。

　　为了简要说明，图 12.11 中只画出了函数的返回值。不过不仅限于返回值，从 Ruby 处理程序调用 C 语言扩展库的函数时传递的参数（指向对象的指针）也有同样的问题。

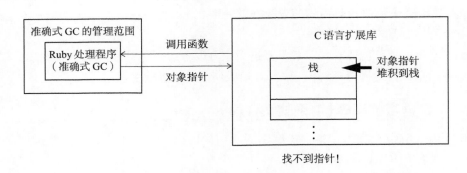

图 12.11 　C 语言扩展库中的对象指针（准确式 GC 的情况下）

　　因此，在准确式 GC 环境下，为了实现 C 语言扩展库，如何通过 Rubinius 管理 C 语言扩展库中溢出的对象指针就变得至关重要。

12.4.5 　Rubinius 的解决方法

　　Rubinius 把指向传递给 C 语言扩展库的所有对象的指针存入处理器，这就是 12.4.1 节中所说的"用于 C 语言扩展库的处理器"。

　　在图 12.12 这样的情况下，就能用准确式 GC 来管理指向传递给 C 语言扩展库的对象的指针了。这样一来就能判断传递给 C 语言扩展库的对象是活动对象还是非活动对象了。

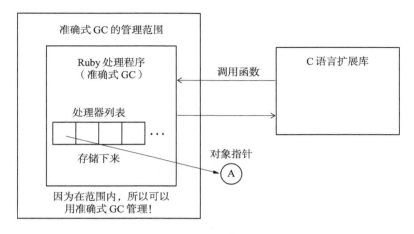

图12.12　用于传递的处理器

12.4.6　Hello Hello World

为了让大家详细了解 Rubinius 是怎么管理处理器的，这里我们准备了新的示例代码。

代码清单12.2：hello_hello_world.c

```c
#include "ruby.h"

VALUE hello_world(VALUE self, VALUE str)
{
    VALUE str2;
    str2 = rb_str_new2("Hello World\n");
    rb_io_write(rb_stdout, str);
    rb_io_write(rb_stdout, str2);
    return Qnil;
}

VALUE hello_hello_world(VALUE self)
{
    VALUE str;
    str = rb_str_new2("Hello ");

    /* 将变量str作为参数调用hello_world()函数 */
    rb_funcall(rb_mKernel, rb_intern("hello_world"), 1, str);
    return Qnil;
}
```

```
void Init_hello_hello_world()
{
    /* 给Ruby定义C语言函数 */
    rb_define_method(rb_mKernel, "hello_world", hello_world, 1);
    rb_define_method(rb_mKernel, "hello_hello_world", hello_hello_world, 0);
}
```

　　代码清单 12.2 和代码清单 12.1 的不同之处在于，代码清单 12.2 中 hello_world() 函数取了参数，以及新追加了 hello_hello_world() 函数。至于代码中的 rb_funcall() 函数，从函数名就可以看出它负责执行函数（方法）的调用。这种情况就意味着要把 str 作为参数，调用属于 Kernel 类的 hello_world() 方法。此外，第 3 个参数 "1" 表示的是传递给用 rb_funcall() 调用的方法的参数数量。

　　那么来执行看看吧。

```
require 'hello_hello_world'

hello_hello_world()
#=> Hello Hello World
```

　　最后输出了 Hello Hello World。其中最前面的 Hello 是用 hello_hello_world() 函数生成的。

12.4.7　Rubinius 的处理器管理

　　Rubinius 中以类似引用计数法的形式来管理处理器的生死。建议大家结合代码清单 12.2 的处理流程来理解 Rubinius 的处理器管理。代码清单 12.2 的内部处理流程如下所示。

1. 调用 hello_hello_world()
2. 调用 C 语言扩展库的 hello_hello_world() 函数
3. 生成字符串对象
4. 调用 hello_world() 函数
5. 生成字符串对象
6. 结束 hello_world() 函数
7. 结束 hello_hello_world() 函数

下面让我们来依次看一下。首先是从 Ruby 层调用了 hello_hello_world() 方法。

图 12.13 所示为调用 hello_hello_world() 函数时 Rubinius 的处理器的状态。一开始我们就为 Rubinius 准备了全局处理器列表，这个列表中存有指向处理器的指针。

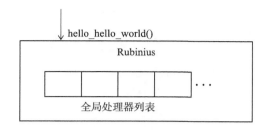

图 12.13 (1)调用 hello_hello_world()

接下来 Rubinius 将调用 C 语言扩展库的 `hello_hello_world()` 函数，这一步操作如图 12.14 所示。

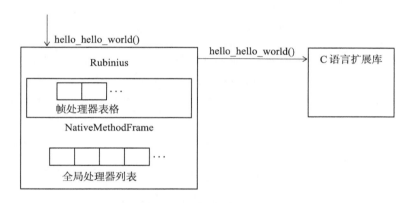

图 12.14 (2)调用 C 语言扩展库的 hello_hello_world() 函数

在调用 `hello_hello_world()` 函数之前，要确保 NativeMethodFrame 在本地的(C++ 的)调用栈中。其内部有帧专用的处理器表格(散列表)。帧处理器表格里保存着指向对象的处理器的指针，这些指针是在所调用的 C 语言扩展库函数内使用的。

在 `hello_hello_world()` 函数内部调用 Rubinius 的 `rb_str_new2()` 函数，生成字符串对象。我们将其称为对象 A。因为还没有生成过用于对象 A 的处理器，所以需要生成一个新的处理器，此时的状态如图 12.15 所示。

接下来把生成的处理器的指针追加到帧处理器表格和全局处理器列表里，再把指向处理器的指针也存入对象 A 内的实例变量 `capi_handle` 中。

在处理器内有"计数器"，它表示的是这个对象的处理器被 NativeMethodFrame 内的帧处理器表格引用了多少次(在图 12.15 中为"用于 A 的处理器"后面括弧内的数字)。

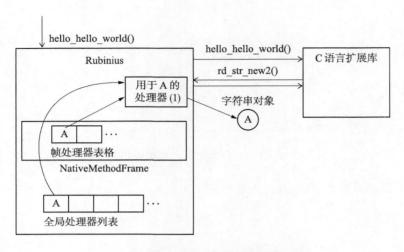

图 12.15　(3) 生成字符串对象

接下来，从 C 语言扩展库调用 Rubinius 的 `rb_funcall()` 函数，这样一来就会从 Rubinius 调用出 C 语言扩展库的 `hello_world()` 函数。因为已经从 Rubinius 调用出了 C 语言扩展库的函数，所以还会往调用栈里堆积 `NativeMethodFrame`。此时的状态如图 12.16 所示。

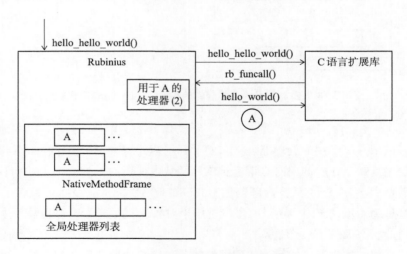

图 12.16　(4) 调用 hello_world()

这里有一点需要大家注意，那就是要把对象 A 传递给 `hello_world()` 函数。

对象 A 已经生成了处理器（图 12.15）。当把这样的对象交给 C 语言扩展库时，只会对处理器内的计数器执行增量操作，并将其追加到处理器表格。此时并没有生成新的处理器。

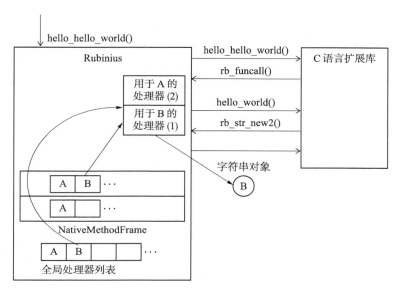

图12.17　(5)生成字符串对象

在 `hello_world()` 函数内也生成了字符串对象，我们将其称为对象 B。这里还没有为对象 B 生成处理器，因此我们用 Rubinius 生成处理器，将其追加到各个全局处理器列表和帧表格里。此时的状态如图 12.17 所示。

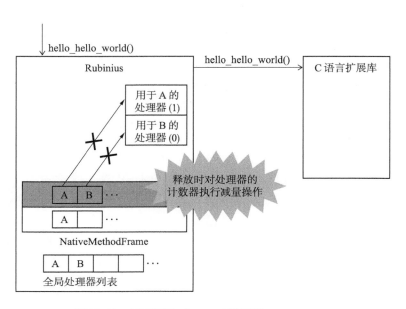

图12.18　(6)结束 hello_world() 函数

执行完 `hello_world()` 函数后，对应这个函数的 `NativeMethodFrame` 会被释放一块内存。因此 `NativeMethodFrame` 内的帧处理器表格也会一起被释放。

这里重点在于对释放时保存的处理器（在这里指的是用于 B 的处理器）的计数器执行减量操作。这里所说的处理器是指在与 `NativeMethodFrame` 对应的 C 语言扩展库的函数内使用的处理器。因为这个函数已经执行完毕，所以必须对函数所引用的对象的处理器的引用数量执行减量操作。

如图 12.18 所示，`hello_world()` 函数执行结束后，各个处理器都被执行了减量操作。

当 `hello_hello_world()` 函数执行结束后，`NativeMethodFrame` 也同样会被释放内存。这样能从全局处理器列表搜索到的所有处理器的计数器值就都成了 0（图 12.19）。

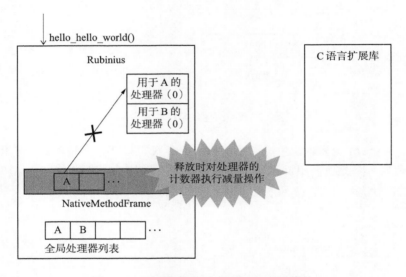

图 12.19　(7) 结束 hello_hello_world() 函数

12.4.8　与 GC 的关系

现在已经知道处理器的管理方法了，但是它跟 GC 是怎么联系上的呢？

在前面的 12.4.1 节中已经向大家解释过了，"用于 C 语言扩展库的处理器" 属于根的一部分。事实上这个 "用于 C 语言扩展库的处理器" 就是我们刚刚讲的全局处理器列表。

GC 把全局处理器列表作为根的一部分来执行搜索。此时 GC 只会把处理器内计数器值大于等于 1 的对象视为 "确实活着" 的对象。因为扩展库没有引用计数器值为 0 的处理器，所以他们会被单纯无视掉（图 12.20）。

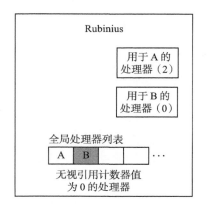

图 12.20 查找全局处理器列表

GC 结束后，搜索全局处理器列表，释放计数器值为 0 的处理器（图 12.20 中的 B）。

像这样，通过使用与"引用计数法"类似的形式来管理处理器，即使在 C 语言扩展库的函数执行过程中启动 GC，也能切实释放非活动对象。

12.4.9 Rubinius 和 C 语言扩展库的交换

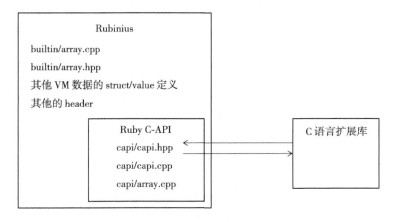

图 12.21 Rubinius 和 C 语言扩展库的关系

请看图 12.21。Rubinius 和 C 语言扩展库的交换由图内的 Ruby C-API 全权处理。之前讲的管理处理器的功能也全是由这个 Ruby C-API 实现的。

此外，Rubinius 提供的 C-API 是以与 CRuby 提供的 C-API 完全兼容为目标的，这就意味着 CRuby 的 C 语言扩展库可以直接在 Rubinius 上运作。

填补C++和C语言的差距

大家不要忘了 Rubinius 是用 C++ 写的。

Rubinius 和 CRuby 使用的语言（C++ 和 C 语言）有所不同，对象的结构也大相径庭。那么该怎么填补这些差距呢？

Rubinius 的 Ruby C-API 在 C++ 平台中传递对象时，会用 CRuby 生成一次被使用对象的结构体，复制并传递对象需要的信息。举个例子，传递对象 Float 时的流程如图 12.22 所示。

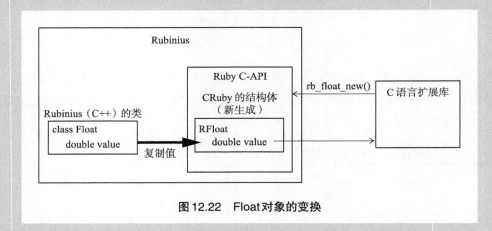

图 12.22　Float 对象的变换

这里有一点需要大家注意，那就是必须完全同步 Rubinius 里的对象所包含的信息和 CRuby 形式的结构体所包含的信息。也就是说，如果在 C 语言扩展库这边变更了结构体中的值，变更的值也必须反应在 Rubinius 中的对象内。

12.4.10　我们能实际运用 Rubinius 的 Ruby C-API 吗

我们能实际运用 Rubinius 的 Ruby C-API 吗？从结论上讲，还不能。最大的原因就在于"有很多尚未实现的部分"。

虽然 Rubinius 的目标是提供能与 Ruby（CRuby）完全兼容的 C-API，但是现阶段还有很多没实现的地方，不能说做到了完全兼容（在笔者写作本书时，感觉已实现的部分大概有百分之五六十）。

不过还是有希望的。现在 bigdecimal、digest、readline 这三种标准附件从 CRuby 被移植到了 Rubinius。它们几乎都能直接运作。日后只要继续从 CRuby 向 Rubinius 移植，C-API 也会日渐成熟，那就离完全兼容不远了。

除了兼容性还有一个问题，那就是 Rubinius 比 CRuby 的 C 语言扩展库要"慢"。

因为 Rubinius 采用的是准确式 GC，所以需要处理器。另一方面，又因为 CRuby 是保守式 GC，所以我们什么都不用管（至于保守式 GC 写起 C 语言扩展库来有多容易，想必大家已经刻在骨子里了吧）。

而且人们也为填补 Rubinius 和 CRuby 的差距下了一番功夫。因为这些功夫都会是额外负担，所以比起 CRuby，Rubinius 怎么说都在速度上占劣势。这样一来，C 语言扩展库的优点——"高速运作"的魅力就打了折扣。因为本来是出于提高速度的目的才写 C 语言扩展库的，所以要是执行起来慢就没有意义了。

考虑到这些问题，Rubinius 用 FFI 重写了一部分扩展库。关于 FFI，我们将在下一节中介绍。

12.4.11　FFI

FFI（Foreign Function Interface）用一句话说就是"与其他语言简单地进行交换的接口"。除了 FFI 外，通常还会使用 Common Lisp 和 Scheme 等。

在这里我们把 FFI 定义为"从 Rubinius 简单地调用 C 库的函数的构造"。

图 12.23　FFI 的定位

使用 Rubinius 的 FFI 就能非常简单地调用 C 库的函数。举个例子，调用 C 语言的 `printf()` 函数的代码如代码清单 12.3 所示。

代码清单 12.3：ruby_printf.rb

```
module Kernel
  attach_function 'printf', :ruby_printf, [:string, :int], :int
end

ruby_printf("Hello World")
#=> Hello World
```

非常简单吧。

这里大家也许会想："这样一来不就也能写 C 语言扩展库了吗？"但是 FFI 重视的是"写

起来容易，读起来方便"。因为 Ruby 比 C 语言的代码量小，所以很容易写新的库，维护起来也很轻松。

此外，Rubinius 的方针是"用 Ruby 实现 Ruby"。考虑到这一点，今后追加到 Rubinius 的扩展库应该都会用 FFI 写吧。此外，人们也尝试了把 CRuby 的标准附件 C 语言扩展库用 FFI 移植到 Rubinius，如 socket 已经全部用 FFI 改写了。

那么为什么我们还准备了 Ruby C-API 呢？这肯定是因为不想浪费 Ruby 现有的资源吧。Ruby（CRuby）已经有丰富的 C 语言扩展库了，笔者认为，开发者或许是想原样利用这些资源才实现了 C-API 吧。

顺便一提，因为 FFI 是在 Rubinius 的 VM 平台上运作的，所以指针都在准确式 GC 的管理范围之内。

表 12.5　Rubinius 的 C-API 和 FFI 的差别

	C-API	FFI
用途	使用 CRuby 的资源（C 语言扩展库）	生成、重写用于 Rubinius 的库
优点	能直接使用 CRuby 的 C 语言扩展库	比 C 语言写起来容易，读起来方便
备注	还不能跟 CRuby 完全兼容	符合"用 Ruby 实现 Ruby"的方针

专 栏

FFI 和 Ruby/DL 有什么不同？

CRuby 有一个叫作 Ruby/DL 的标准附件库，它也是"从 Ruby 调用 C 库的构造"。那么它跟 Rubinius 的 FFI 有什么不同呢？

实际上没有不同，它们的用途完全一样。那么为什么要发明 FFI 呢？

据笔者推测，原因有如下两点。

1. Ruby/DL 的 API 很复杂（很难使用）
2. 因此 Ruby/DL 才没有被广泛使用

正因为如此，Rubinius 中才单独实现并应用了 FFI，而不是 Ruby/DL 吧。

12.4.12　内嵌对象和指针的区别

这一节笔者想讲讲跟之前稍微不同的话题，就是"内嵌对象和指针的区别"。

这里所说的"内嵌对象"指的是不经过 VM Heap 的对象分配，而把对象的信息直接嵌入指针本身的对象。它跟 C++ 上的 `int`、`double`、`float` 等"直接数据"是不同的东西。

Rubinius 的内嵌对象包括以下几种。

1. Fixnum（数值）
2. Symbol（符号）
3. true、false、nil、undef

下面就以其中的 Fixnum 为例来说明吧。

Fixnum 不会分配 VM Heap 的对象，而是把信息嵌入指针本身。

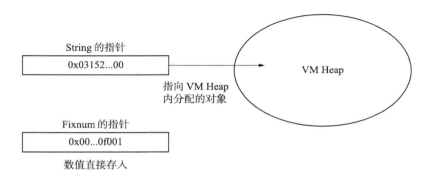

String 的指针

0x03152...00

指向 VM Heap
内分配的对象

VM Heap

Fixnum 的指针

0x00...0f001

数值直接存入

图12.24 内嵌对象（Fixnum）

为什么要这么办呢？这是为了实现高速化。因为 Fixnum（数值）是经常被使用的对象，所以把它一个一个地分配到 VM Heap 太浪费时间和资源了。因此才通过将信息本身嵌入指针来实现高速化。不过如果指针是 32 位的话，Fixnum 只能处理不超过 31 位的数值。如果超过了 31 位，也就超过了嵌入的信息量，这样一来 Fixnum 就会把对象当成 Bignum 分配到 VM Heap。

然而这样的话问题就来了："要怎么执行 GC 呢？"

这些内嵌对象跟指针一起掺杂在根里。因为我们不能通过 GC 复制算法来重写内嵌对象的值，所以需要通过一些方法来区别内嵌对象和指针，来无视内嵌对象的值。

区别的方法就是为内嵌对象设置标志位。关于这一点，我们来看一下代码。

vm/oop.hpp

```
26  #define TAG_FIXNUM        0x1
27  #define TAG_FIXNUM_SHIFT  1
28  #define TAG_FIXNUM_MASK   1

36  #define APPLY_FIXNUM_TAG(v) ((Object*)(((intptr_t)(v) << TAG_FIXNUM_SHIFT)\
                                   | TAG_FIXNUM))
```

第 36 行的代码的作用是给 C++ 的 int 设置标志位，并转换为 Fixnum。在这里向左偏移了 1 位，跟 1 做了一下 OR。

```
100010101  C++ 的 int
1000101011 Fixnum
```

当然，如果对设置了标签的数值（Fixnum）执行加法运算，就会返回跟所求结果不同的答案。因此在进行加减运算等操作时，要先拿掉数值（Fixnum）内的标签位再执行操作。

vm/oop.hpp
```
37  #define STRIP_FIXNUM_TAG(v) (((intptr_t)v) >> TAG_FIXNUM_SHIFT)
```

vm/builtin/fixnum.hpp
```
20      static Fixnum* from(native_int num) {
21        return (Fixnum*)APPLY_FIXNUM_TAG(num);
22      }
23
24      native_int to_native() const {
25        return STRIP_FIXNUM_TAG(this);
26      }
35      // Ruby.primitive! :fixnum_add
36      Integer* add(STATE, Fixnum* other) {
37        native_int r = to_native() + other->to_native();
41          return Fixnum::from(r);
43      }
```

成员函数 add() 执行的是 Fixmun 类的加法运算处理。请大家注意，这里是先在第 37 行通过 to_native() 函数用宏 STRIP_FIXNUM_TAG() 清除标签后，才进行的加法运算。

其他内嵌对象的标签如表 12.6 所示。

表12.6　内嵌对象和标记的对应

内嵌对象	标　记
Fixnum（数值）	1
true、false、nil、undef	010
Symbol（符号）	110

为什么能通过设置标记来判断指针呢？这是因为在分配对象的内存时返回的地址是按 4 字节对齐的，指针的低 2 位肯定是 0。大家看一眼表 12.6 就会发现，低 2 位之中一定有 1。也就是说，要想判断指针是不是内嵌对象，只要检查低 2 位内有没有 1 就可以了。

12.5 GC复制算法

这一节我们来看看如何实现 Rubinius 的新生代 GC——GC 复制算法吧。这个算法和第 4 章中介绍的 Cheney 的 GC 复制算法基本相同。

12.5.1 整体流程

在进入正题前，先来解释一下在本节会频繁出现的"搜索"。在 GC 复制算法中，如果在查找某个对象内部时 GC 发现了可以移动到 To 空间的子对象，这个子对象就会马上被复制到 To 空间。也就是说，"搜索"的途中也执行"复制"。为了讲解起来更容易，我们规定本章中的"搜索"包含"把对象内的子对象复制到 To 空间"的意思。

那么来看一下 GC 复制算法的整体流程吧。

GC 复制算法按照以下顺序进行操作。

1. 搜索从记录集引用的对象
2. 复制从根引用的对象
3. 搜索复制完毕的对象
4. 垃圾对象的后处理

下面就按照从上到下的顺序一个个来看吧。

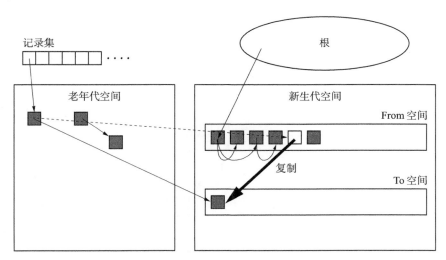

图 12.25　(1)搜索从记录集引用的对象

首先搜索从记录集引用的对象，将其子对象复制到 To 空间。复制完一个子对象，父对象内的原始地址就会被重写成目标空间的地址。

Rubinius 的 GC 是分代垃圾回收，因此必然需要通过记录集等手段来记录新生代 GC 和老年代 GC 之间的引用。关于记录集在第 7 章中有详细说明。

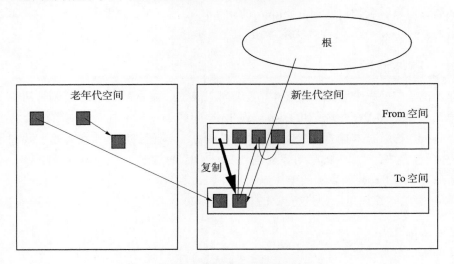

图12.26　(2)复制从根引用的对象

接下来把从根内部引用的对象复制到 To 空间，把根内的指针重写到目标空间，再把 forwarding 指针设定给原始空间。

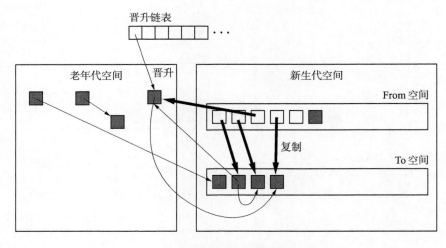

图12.27　(3)复制子对象

把从根引用的所有对象全复制到 To 空间后，接下来就要搜索 To 空间内的对象，并把其子对象反复复制到 To 空间。

当把对象从 From 空间复制到 To 空间时，要检查对象的年龄。如果年龄满足成为老年代的条件，这个对象就会被晋升，并被记录到晋升链表里。这个晋升链表负责记录那些指向 GC 过程中晋升的对象的指针。另外，记录在晋升链表里的对象的子对象也会被复制到 To 空间。

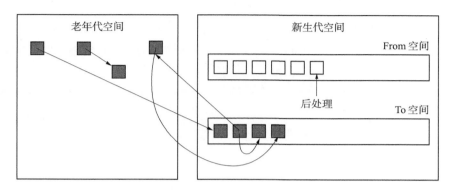

图 12.28　(4) 后处理

如果所有需要搜索的对象都搜索完了，就该对残留在 From 空间里的垃圾对象执行后处理了。后处理的具体内容会在之后的 12.5.10 节中为大家详细说明。

12.5.2　collect()

既然大家已经掌握了整体流程，那么下面赶紧来看看代码吧。

在这里用 BakerGC 类的成员函数 collect() 来执行 GC 复制算法。因为代码量有 150 行，稍微有点多，所以这里分成 4 部分为大家讲解。

vm/gc/baker.cpp:collect()

```
85    void BakerGC::collect(GCData& data) {
92
93      Object* tmp;
94      ObjectArray *current_rs = object_memory->remember_set;
95
        /* (1) 搜索从记录集引用的对象 */

        /* (2) 复制从根引用的对象 */

        /* (3) 搜索复制完毕的对象 */

        /* (4) 垃圾对象的后处理 */

220     /* 替换To空间和From空间 */
221     Heap *x = next;
222     next = current;
```

```
223        current = x;
224        next->reset();

232    }
```

　　在执行完 (1) 到 (4) 的操作后，替换 next（To 空间）和 current（From 空间）。负责执行这项操作的是第 220 行到第 224 行的代码。替换完毕后调用 reset()，初始化堆中设定的值。

12.5.3　(1)搜索从记录集引用的对象

　　首先搜索记录集内的指针所指向的对象。

vm/gc/baker.cpp:collect()

```
85     void BakerGC::collect(GCData& data) {

93        Object* tmp;
94        ObjectArray *current_rs = object_memory->remember_set;
95
96        object_memory->remember_set = new ObjectArray(0);
97        total_objects = 0;

104
105        for(ObjectArray::iterator oi = current_rs->begin();
106            oi != current_rs->end();
107            ++oi) {
108          tmp = *oi;
111          if(tmp) {

116            tmp->clear_remember();
117            scan_object(tmp); /* 复制子对象 */
118          }
119        }
120
121        delete current_rs;

       /* (2) 复制从根引用的对象 */

       /* (3) 搜索复制完毕的对象 */

       /* (4) 垃圾对象的后处理 */

232    }
```

　　因为这里起了恰当的变量名和函数名，所以大家可以一边想象着操作一边往下看。

第 94 行负责把指向现在的记录集的指针存入局部变量 current_rs 里。

接下来在第 96 行把 ObjectArray 类的实例设为 new，把这个实例作为新的记录集存入 object_memory->remember_set 中。ObjectArray 是以 Object 为元素的 vector 类（动态数组）的别名。

vm/gc/gc.hpp
```
19    typedef std::vector<Object*> ObjectArray;
```

从第 105 行到第 119 行的循环中按顺序取出记录集里记录的对象的指针，在第 116 行用成员函数 clear_remember() 将对象的标记内的 Remember 位设为 0。

vm/oop.hpp
```
320       void clear_remember() {
321         Remember = 0;
322       }
```

同样用循环内的 scan_object() 函数搜索指定的对象，把对象内的子对象复制到 To 空间。关于这个函数我们会在之后的 12.5.9 节详细说明，现在大家只要掌握个大概就好。

在第 121 行对调查完的 current_rs 执行 delete。

12.5.4　写入屏障

因为提到了记录集，在此就讲一下写入屏障吧。

如第 7 章中所述，写入屏障就是把从老年代到新生代的引用记录在记录集中的手法。下面就让我们来看看 Rubinius 是怎么实现写入屏障的吧。

vm/builtin/object.cpp
```
582   void Object::write_barrier(STATE, void* obj) {
583     state->om->write_barrier(this, reinterpret_cast<Object*>(obj));
584   }
```

这个叫作 write_barrier() 的成员函数位于 Object 类中。第 582 行的宏 STATE() 是把 VM 类定义为参数的宏。

vm/prelude.hpp
```
34    #define STATE rubinius::VM* state
```

VM 类的 om 里存有 ObjectMemory 类的实例。下面就来看看这个 ObjectMemory 类的成员函数 write_barrier() 吧。

vm/objectmemory.hpp
```
114       void write_barrier(Object* target, Object* val) {
115         if(target->remembered_p()) return;
```

```
116        if(!REFERENCE_P(val)) return;
117        if(target->zone == YoungObjectZone) return;
118        if(val->zone != YoungObjectZone) return;
119
120        remember_object(target);
121    }
```

参数 target 是发出引用的对象，val 是引用的目标对象。

第 115 行到第 118 行的 if 语句的条件分别如下所示。

- 第 115 行：发出引用的对象是否已经记录在记录集里了？
- 第 116 行：引用的目标对象是否为指针（是否为内嵌对象）？
- 第 117 行：发出引用的对象是否为新生代对象？
- 第 118 行：引用的目标对象是否为新生代对象？

以上条件中只要有一个符合情况，target 就不会被记录到记录集中。也就是说，这些 if 语句是一项检查处理，用于弹开那些不能成为写入屏障对象的对象。

在第 120 行调用成员函数 remember_object()，来将指针记录到记录集里。

vm/objectmemory.cpp

```
197    void ObjectMemory::remember_object(Object* target) {
198
200        if(target->remembered_p()) return;
201        target->set_remember();
202        remember_set->push_back(target);
203    }
```

第 201 行的成员函数 set_remember() 负责将对象标记内的 Remember 位设为 1。可见这跟 clear_remember() 正好相反。设置 Remember 位后，指针就会被追加到 remember_set 里。这样就实现了 Rubinius 的写入屏障。

下面让我们来看看在哪里插入了这个写入屏障。在往老年代对象内的成员变量里存入对象时必须设置写入屏障。

vm/builtin/object.hpp

```
22  #define attr_writer(name, type) \
23    void name(STATE, type* obj) { \
24      name ## _ = obj; \
25      if(zone == MatureObjectZone) this->write_barrier(state, obj); \
26    }

34  #define attr_reader(name, type) type* name() { return name ## _; } \
35                                  const type* name() const { return name ## _; }
```

```
42  #define attr_accessor(name, type) attr_reader(name, type) \
43                            attr_writer(name, type)
```

在 Rubinius 里定义了宏 attr_writer()、attr_reader() 以及 attr_accessor()。应该有不少 Ruby 用户见过这些宏吧。实际上 Ruby 中也有跟这些宏同名的方法，它们的作用也相同。在这里用宏 attr_writer() 来定义成员变量的 setter，用宏 attr_reader() 来定义成员变量的 getter，attr_accessor() 则被用于同时定义 getter 和 setter。

在此希望大家注意一点，那就是在第 25 行用到了 write_barrier()。也就是说，对象的各个成员变量的 setter 里都存有 write_barrier()。

下面以 Array 类为例来看一下使用 attr_accessor() 的例子。

vm/builtin/array.hpp
```
11   class Array : public Object {

15   private:
16     Fixnum* total_; // slot
17     Tuple* tuple_; // slot
18     Fixnum* start_; // slot
19     Object* shared_; // slot
20
21   public:
22     /* accessors */
23
24     attr_accessor(total, Fixnum);
25     attr_accessor(tuple, Tuple);
26     attr_accessor(start, Fixnum);
27     attr_accessor(shared, Object);
```

在把指针存入其中定义的 total_ 等成员变量时，必须使用 setter，并且要保证确实对这个 setter 设置了写入屏障。

虽然这次是以 Array 类为例，不过其他类也同样通过 attr_accessor() 定义了 setter。也就是说，对于其他类的成员变量，我们也设置了写入屏障。

12.5.5　(2)复制从根引用的对象

下面要讲的是复制从根引用的对象的相关内容。

大家应该还记得吧，Rubinius 的根有以下几种。

1. 内置类、模块、符号
2. VM 的调用栈

3. GC 正在保护的对象

4. 用于 C 语言扩展库的处理器

因为这些复制操作的内容几乎相同，所以这次就只讲第 1 种。

vm/gc/baker.cpp:collect()

```
85    void BakerGC::collect(GCData& data) {

        /* (1) 搜索从记录集引用的对象 */

122     /* 内置类、模块、符号 */
123     for(Roots::Iterator i(data.roots()); i.more(); i.advance()) {
124       tmp = i->get();
125       if(tmp->reference_p() && tmp->young_object_p()) {
126         i->set(saw_object(tmp));
127       }
128     }

        /* 省略 */

        /* (3) 搜索已复制完毕的对象 */

        /* (4) 垃圾对象的后处理 */

232   }
```

data.roots 为双向链表，元素内存有指向内置类的指针，实际负责取出这些指针的是第 124 行的成员函数 get()。

在第 125 行检查取出的指针。reference_p() 负责检查指针是否为内嵌对象，young_object_p() 负责检查指针所指的对象是否在新生代空间。

通过这些检查后，就要开始复制对象了。复制对象的操作是由成员函数 saw_object() 执行的。saw_object() 成功复制完对象后会返回目标空间的地址。如果对象已经被复制了，那么 saw_object() 就会返回 forwarding 指针（指向目标空间的指针）。在调用完 saw_object() 后，用成员函数 set() 把返回的目标空间地址设定为根。也就是说，在这里执行了根的重写操作。

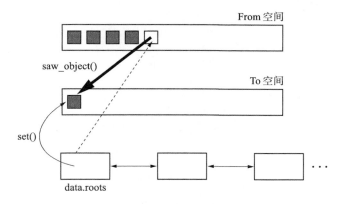

图12.29　重写根

12.5.6　saw_object()

saw_object() 负责执行对象的复制操作，下面让我们一起来看看其内容吧。

vm/gc/baker.cpp

```
32    Object* BakerGC::saw_object(Object* obj) {
33      Object* copy;
34
39      if(!obj->reference_p()) return obj;
40
41      if(obj->zone != YoungObjectZone) return obj;
42
43      if(obj->forwarded_p()) return obj->forward();
44
48      if(next->contains_p(obj)) return obj;

        /* 后半部分 */

68    }
```

在第 43 行调用 obj 的 forwarded_p()。forwarded_p() 负责返回是否设定了 forwarding 指针。如果条件为真，forwarded_p() 就会返回 obj 的 forwarding 指针。

第 48 行的 next 指的是 To 空间。如果 obj 为 To 空间内的对象，就不进行复制。这样一来 obj 就会被原样返回。

vm/gc/baker.cpp

```
32    Object* BakerGC::saw_object(Object* obj) {
```

```
                    /* 前半部分 */

50        if(unlikely(obj->age++ >= lifetime)) {
51          copy = object_memory->promote_object(obj);
52
53          promoted_push(copy);
54        } else if(likely(next->enough_space_p(
                             obj->size_in_bytes(object_memory->state)))) {
55          copy = next->copy_object(object_memory->state, obj);
56          total_objects++;
57        } else {
58          copy = object_memory->promote_object(obj);
59          promoted_push(copy);
60        }

66        obj->set_forward(copy);
67        return copy;
68      }
```

　　第 50 行的 obj->age 负责计算 obj 的年龄，这里的年龄指的是 obj 当过多少次 GC 复制算法（新生代 GC）的对象。当 age（年龄）为 1 时，就表示这个对象过去只当过一次 GC 复制算法的对象。lifetime 是视为新生代的年龄的阈值。一旦 age 超过 lifetime，这个对象就到了老年代的年龄，我们就必须将其移动（晋升）到老年代空间了。

　　第 51 行的成员函数 promote_object() 负责将对象移动（晋升）到老年代空间。

　　如第 53 行所示，我们对晋升后的对象调用 promoted_push()，将其指针记录在晋升链表中。在此必须把在 GC 复制算法中晋升了的所有对象都记录到晋升链表里。

　　在第 54 行检查 To 空间里还有没有可以复制的空闲空间。size_in_bytes() 负责返回对象参数的大小，成员函数 enough_space_p() 则负责调查还有没有指定大小的空闲空间。

　　如果 To 空间里还有空闲空间，程序就把对象复制过去。第 55 行的 copy_object() 函数负责执行这项操作。

　　如果 To 空间里已经没有空闲空间了，那就只好让对象晋升了。执行这项操作的是第 58 和第 59 行的代码。

　　这里有一个问题：因为在 GC 复制算法中 From 空间和 To 空间大小相同，所以应该没必要专门去调查 To 空间里的空闲空间才对，那第 58 行和第 59 行的操作还有必要存在吗？笔者试着用 ML 问了下这个问题 [1]，发现在 From 空间满了的时候，曾经有人把对象分配到 To 空间过。但是如今已经没人这么做了，所以第 58 行和第 59 行的代码现在不会被执行。

　　到了第 66 行，obj 就已经复制到 To 空间或老年代空间了。在这里将目标空间的地址作

---

[1] ML 上的问答：http://groups.google.com/group/rubinius-dev/browse_thread/thread/da61f0efb9003bdb。

为 forwarding 指针，设定给原空间的对象。

最后只要返回目标空间的地址，saw_object() 就结束了。

12.5.7　(3)搜索复制完毕的对象

下面搜索复制到 To 空间和老年代的对象，反复复制子对象。

vm/gc/baker.cpp:collect()

```
 85    void BakerGC::collect(GCData& data) {

101      promoted_ = new ObjectArray(0); /* 已晋升对象的动态数组 */

         /* (1) 搜索从记录集引用的对象 */

         /* (2) 复制从根引用的对象 */

180      promoted_current = promoted_insert = promoted_->begin();
181
182      while(promoted_->size() > 0 || !fully_scanned_p()) {
183        if(promoted_->size() > 0) {
184          for(;promoted_current != promoted_->end();
185              ++promoted_current) {
186            tmp = *promoted_current;
187
188            scan_object(tmp);
192          }
193
194          promoted_->resize(promoted_insert - promoted_->begin());
195          promoted_current = promoted_insert = promoted_->begin();
196
197        }

202        copy_unscanned();
203      }

207      delete promoted_;
208      promoted_ = NULL;

         /* (4) 垃圾对象的后处理 */

232    }
```

在第 101 行初始化的 promoted_（晋升链表）是记录已晋升的对象的动态数组，在此用 (1)
和 (2) 的操作记录已晋升的对象。

第 180 行用于初始化 `promoted_current` 和 `promoted_insert`。它们各自的作用如下所示。

- `promoted_current` 指示搜索位置
- `promoted_insert` 指示保存着指向下一个晋升对象的指针的场所

以上述内容为前提，一起来看一下从第 182 行开始的 `while` 循环吧。

这个 `while` 循环的延续条件是"有未搜索的已晋升对象"或"To 空间里有未搜索的对象"。也就是说，只要搜索完所有已经复制的对象，这个循环就停止了。

第 184 行和第 185 行的 `for` 循环执行的操作是搜索所有已经从 From 空间晋升的对象。第 188 行的 `scan_object()` 是用来执行搜索的。

这里有一点希望大家注意，那就是子对象有可能会在搜索对象的过程中晋升。事实上此时的晋升操作是很复杂的。

下面来看一下成员函数 `promoted_push()`，它负责追加那些指向已晋升到 `promoted_` 的对象的指针。

vm/gc/baker.hpp

```
84        void promoted_push(Object* obj) {
85          if(promoted_insert == promoted_current) {
86            size_t i = promoted_insert - promoted_->begin(),
87                   j = promoted_current - promoted_->begin();
88            promoted_->push_back(obj);
89            promoted_current = promoted_->begin() + j;
90            promoted_insert = promoted_->begin() + i;
91          } else {
92            *promoted_insert++ = obj;
93          }
94        }
```

总而言之，如果 `promoted_insert` 和 `promoted_current` 指向的位置是一样的，就往 `promoted_` 里新追加元素；如果不是，就在 `promoted_insert` 指向的位置重写 `obj`，将 `promoted_insert` 偏移到下一个位置。因为 `promoted_` 内的那些"搜索完毕"的元素已经不会再被使用了，所以不管将其重写还是释放都没有关系。

也就是说，在搜索已晋升的对象的过程中，一旦发生子对象晋升的情况，就可以考虑如图 12.30 所示的两种操作。在 (1) 的情况下，程序会在第 184 行到第 192 行的 `for` 循环内搜索对象；而在 (2) 的情况下，就不是在这次的循环内搜索对象，而是在下一次的 `for` 循环内搜索对象。

在第 194 行通过 `promoted_insert` 的位置重新调整动态数组的大小，在第 195 行将 `promoted_insert` 和 `promoted_current` 指向的位置重合，为下一项处理做准备。

话说回来，为什么处理会变得这么复杂呢？原因就是内存的使用效率。

(1) 追加到末尾的案例

(2) 保存到 promoted_insert 所指元素内的案例

图12.30　在搜索晋升后的对象的过程中晋升

如果在搜索对象的过程中其子对象发生了晋升，倒是可以把对象的指针追加到动态数组的末尾，不过这样一来，就变成了晋升和搜索的死循环，可能会造成巨大的动态数组。

因此这里采用了另一种手法，就是重新利用那些已经搜索完毕的数组元素。

重新回到代码上来。当搜索完所有已晋升的对象后，接下来就在第 202 行调用 copy_unscanned() 函数，搜索 To 空间里未搜索的对象。

在搜索 To 空间的对象的过程中，可能有对象已经晋升了。这种情况下 while 循环是不会结束的，要从头来过。像这样，程序会把所有的活动对象复制到 To 空间或老年代空间。此外，因为在调用 copy_unscanned() 函数的时候 promoted_insert 和 promoted_current 指着同一个位置，所以已晋升的对象会被追加到 promoted_ 的末尾。

12.5.8　copy_unscanned()

成员函数 copy_unscanned() 负责搜索 To 空间里那些未搜索的对象。

vm/gc/baker.cpp:collect()

```
70    void BakerGC::copy_unscanned() {
71      Object* iobj = next->next_unscanned(object_memory->state);
72
73      while(iobj) {
75        if(!iobj->forwarded_p()) scan_object(iobj);
76        iobj = next->next_unscanned(object_memory->state);
77      }
78    }
```

大家看一下函数的内容，应该没什么难以理解的地方吧。函数 next_unscanned() 负责返回指向下一个未搜索对象的指针。如果没有未搜索的对象，那么函数就会返回 NULL。

12.5.9　scan_object()

之前曾经介绍过，scan_object() 函数负责"复制指定对象的子对象"，实际上其代码是怎样的呢？

vm/gc/gc.cpp

```
36    void GarbageCollector::scan_object(Object* obj) {
37      Object* slot;
38
43      if(obj->klass() && obj->klass()->reference_p()) {
44        slot = saw_object(obj->klass());
45        if(slot) object_memory->set_class(obj, slot);
46      }
47
48      if(obj->ivars() && obj->ivars()->reference_p()) {
49        slot = saw_object(obj->ivars());
50        if(slot) obj->ivars(object_memory->state, slot);
51      }
64      TypeInfo* ti = object_memory->type_info[obj->type_id()];
67      ObjectMark mark(this);
68      ti->mark(obj, mark);
69    }
```

从第 43 行到第 51 行的操作是复制所有种类的对象共同的子对象。

第 44 行的 klass() 和第 49 行的 ivars() 分别是和成员函数 klass_ 和 ivars_ 相对应的 getter。这些成员函数是由 ObjectHeader 类定义的。因为所有对象类都继承了 ObjectHeader 类，所以它们是所有对象共同的成员变量，并且这些成员变量里存有指向对象的指针。

首先以指向此对象的指针为参数调用 saw_object()。如果被指定为参数的对象是新生代对象，就将其复制到 To 空间，返回目标空间的地址。如果对象是老年代对象，就不进行复制，直接返回参数值。

接下来复制对象固有的子对象。

在第 64 行取出 TypeInfo 类的实例。所有对象都有继承了 TypeInfo 类的 XX::Info 类。举个例子，Array 就存在 Array::Info 类，这里就是取出其实例。

在第 67 行生成 ObjectMark 类的实例。大家请记住一点：这里取的参数是 this(GC 类的实例)。

在第 68 行调用 mark()。

vm/type_info.cpp

```
64    void TypeInfo::mark(Object* obj, ObjectMark& mark) {
65      auto_mark(obj, mark);
66    }
```

其中调用了 `auto_mark()`。`auto_mark()` 是在继承的各个 `XX::Info` 类中实现的成员函数。这就是设计模式中所说的模板方法模式。

在这里以 `Array::Info` 为例来看一下操作的内容。

vm/gen/typechecks.gen.cpp

```
2711   void Array::Info::auto_mark(Object* _t, ObjectMark& mark) {
2712     Array* target = as<Array>(_t);
2713
2714     {
2715       if(target->total()->reference_p()) {
2716         Object* res = mark.call(target->total());
2717         if(res) target->total(mark.gc->object_memory->state, (Fixnum*)res);
2718       }
2719     }

       /* 省略 */

2741   }
```

从 `auto_mark()` 这个函数名可知这个成员函数是自动生成的。通过解析 Rubinius 的 C++ 源代码，提取出每个对象的类的成员变量，就生成了这个函数的源代码。顺便一提，这个自动生成操作是用 Ruby 写的。

那么来看看内容。第 2716 行对于对象的成员变量调用了 `mark.call()`，第 2717 行将其返回值存入了成员变量中。

vm/gc/object_mark.cpp

```
9     ObjectMark::ObjectMark(GarbageCollector* gc) : gc(gc) { }
10
11    Object* ObjectMark::call(Object* obj) {
12      if(!obj->reference_p()) return NULL;

        /* 省略（debug 处理）*/

20      return gc->saw_object(obj);
21    }
```

实际上只是调用了 `gc` 的 `saw_object()` 而已。请大家回忆一下，在生成 `ObjectMark` 的实例时已经把 GC 类的实例给出去了，此时第 20 行的 `gc` 里存有 `BakerGC` 类的实例。

虽然看起来挺绕的，不过这样一来 GC 类的抽象程度就提高了。GC 类里不仅有 `BakerGC`类，还有 `ImmixGC` 类和 `MarkSweepGC` 类。这些类中都各自实现了 `saw_object()`，在其中执行 `ImmixGC` 类固有的标记处理。

大家或许会想：要是只因为这点小事的话，那干脆就不要 `ObjectMark` 类了吧？不过这个成员函数 `call()` 里可以描述所有 GC 类共同的处理。这次的源代码中省略了这部分内容，不过实际上 debug 处理已经描述在 `call()` 函数内了。想必开发者也是预见了今后这样的共同处理会日益增加，才如此设计的吧。

12.5.10　(4) 垃圾对象的后处理

最后我们来看一下如何对残留在 From 空间里的垃圾对象执行后处理。

vm/gc/baker.cpp:collect()

```
 85    void BakerGC::collect(GCData& data) {

 92
 93      Object* tmp;
 94      ObjectArray *current_rs = object_memory->remember_set;
 95
         /* (1) 搜索从记录集引用的对象 */

         /* (2) 复制从根引用的对象 */

         /* (3) 搜索复制完毕的对象 */

215      find_lost_souls();

232    }
```

负责执行这项操作的函数是第 215 行的 `find_lost_souls()` 函数。函数名的意思是"找到失落的灵魂"，很符合其处理内容。

vm/gc/baker.cpp

```
268    void BakerGC::find_lost_souls() {
269      Object* obj = current->first_object();
270      while(obj < current->current) {
271        if(!obj->forwarded_p()) {
272          delete_object(obj);

277        }
278        obj = next_object(obj);
279      }
280    }
```

`find_lost_souls()` 函数被用于执行垃圾对象的后处理，那么后处理又是什么呢？

根据对象的种类不同，有些对象持有 GC 对象范围之外的内存空间。简单来说，这些空间就是用 `malloc()` 等分配的 VM Heap 范围外的内存空间。因为这些内存空间并没有被分配到 From 空间，所以自然不能通过 GC 复制算法将其重新利用。当对象成为了垃圾时，如果不明确释放内存的话，就会产生内存泄露。

执行释放操作的函数正是 `find_lost_souls()` 函数。也就是说，在这里我们将位于 GC 对象范围外的那些不能再次利用的内存空间称为"失落的灵魂"。这个函数负责把这些"灵魂"从内存中释放出来，让其"成佛"。

来看看源代码吧。第 271 行负责调用 `obj` 的 `forwarded_p()`。因为没有 forwarding 指针，说明这个对象没有被复制，所以计算机将其视为垃圾对象。

之后对这个垃圾对象调用 `delete_object()`。虽然 `delete_object()` 中调用的是每个对象的成员函数 `cleanup()`，但实现了这个函数的只有 `Regexp` 类和 `Bignum` 类，除此之外的类的对象都不会出现"失落的灵魂"。

这里先来看一下 `Regex` 类的 `cleanup()` 吧。

vm/builtin/regexp.cpp

```
29    void Regexp::Info::cleanup(Object* regexp) {
30      onig_free(as<Regexp>(regexp)->onig_data);
31      as<Regexp>(regexp)->onig_data = NULL;
32    }
```

可见 `free()` 已经被执行了。

12.6 Q&A

最后以答疑形式来复习一下 Rubinius 的垃圾回收。

12.6.1 该在何时启动各个 GC 算法呢？

当用于 GC 复制算法的内存空间已满，无法分配对象时，我们就该启动 GC 复制算法了。这是因为一般执行分配时用的是新生代 GC 的 GC 复制算法的分配器，它跟老年代 GC 的 GC 标记 – 清除算法以及 ImmixGC 不同，不会频繁地启动 GC 复制算法。

ImmixGC 和 GC 标记 – 清除算法的启动时机是相同的，那就是用于 GC 标记 – 清除算法的内存空间中被分配了一定程度的内存量时。现在分配 1M 字节的内存量，老年代 GC 就会启动。

此外，启动所有 GC 的时机如下所示。

- 在 Ruby 中调用了 `GC.start()` 时
- 用 `malloc()` 和 `realloc()` 等分配了一定程度的量时

12.6.2 为什么把执行GC复制算法的类叫作BakerGC?

在源代码中出现了一个叫作 `BakerGC` 的类。

这个 `BakerGC` 大概指的是 Baker 的 GC 复制算法 [16]，但是从这篇论文的内容来看，作者是通过 GC 复制算法来实现增量式 GC 的，所以怎么看都跟实现的内容不符。

因此，笔者对 Rubinius 的开发者 Evan 提出了下列问题 ①。

> 您为什么把 Rubinius 的新生代 GC 叫作 BakerGC 类?
>
> 您将来打算实现增量式 GC 吗?

然后开发者给出了如下答案。

> 我或许应该给它起名叫作 SemispaceGC。
>
> 虽然这个 GC 里用到了 Baker 的 "Semispace copy 算法"，不过这个算法不同于他的增量式 GC。
>
> （中略）
>
> 接下来我打算修正这部分，为了明确以上内容，大概会更改这个类名。

看样子 Evan 在实现 Rubinius 的新生代 GC 时，是以同一论文内单纯的 GC 复制算法（并非增量式 GC）作为参考的。因此，才会有 `BakerGC` 这个名字。

然而，笔者认为这个名字非常具有迷惑性，因为一提到 Baker 的 GC 复制算法，人们一般都会想到增量式 GC。既然开发者也给出了回答，那么想必 `BakerGC` 这个名字也快从 Rubinius 的源代码中消失了吧。

12.6.3 为什么是准确式GC?

下面来比较一下保守式 GC 和准确式 GC 两者的优点和缺点。

表12.7 保守式GC和准确式GC

种 类	优 点	缺 点
保守式GC	mutator不用在意GC	能使用的GC算法有限
准确式GC	GC算法没有限制	mutator需要意识到GC

保守式 GC 在 mutator 内（几乎）不用在意 GC 的存在，所以能非常轻松地生成处理程序。这样一来在 CRuby 中就能简单地描述 C 语言扩展库了。

---

① ML上的问答：http://groups.google.com/group/rubinius-dev/browse_thread/thread/bec4cc945e9a01dd。

但是另一方面，保守式 GC 有着诸多限制，例如不能实现单纯的 GC 复制算法等。因此可以说保守式 GC 位于一个很难改良 GC 本身的环境里。

而准确式 GC 则需要在 mutator 内考虑到 GC。但因为准确式 GC 在 GC 算法上没有限制，所以我们可以较为简单地改良 GC，也可以简单地实现 GC 复制算法。

Rubinius 之所以采用这个准确式 GC，就是因为觉得准确式 GC 编写起来更容易吧。

此外，Rubinius 有个理念，就是"用 Ruby 制作 Ruby 处理程序"，另外还有一个想法就是"反正几乎所有代码都在 Rubinius 的处理程序内运作，选用准确式 GC 更合适一些"。

12.6.4 不解释一下如何实现 ImmixGC 吗？

笔者一开始是打算在本书中解释如何实现 ImmixGC 的，但因为以下原因而放弃了。

- ImmixGC 是最近才实现的，今后可能会有较大的变动
- 还有没实现的地方
- 篇幅所限

本书中虽然没有涉及 ImmixGC，不过有兴趣的读者可以试着读一读，一定会觉得很有意思的。因为本章中也涉及了 GC 类的设计部分，所以大家没法一口气读下去，不过应该多少还是能读懂的。

ImmixGC 的源代码存在 /vm/gc/immix.cpp 中。

12.6.5 为什么要把老年代对象存储在记录集里呢？

请大家回忆一下 Rubinius 的写入屏障。当从老年代空间内的对象引用新生代空间内的对象时，指向老年代对象的指针被存入了记录集中。

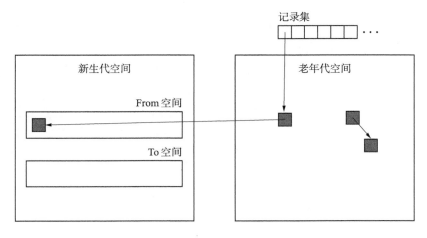

图 12.31 Rubinius 的写入屏障

　　大家是不是觉得有些奇怪呢？这样一来，我们就没法马上看出老年代对象内的哪个成员变量持有指向新生代的引用了。单纯来想的话，把新生代对象存储在记录集里似乎更合适一些。

　　不过这是有着正当理由的。

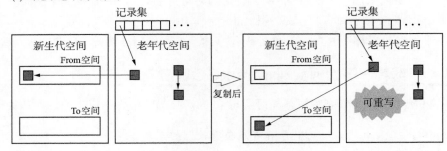

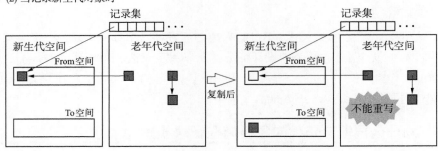

图 12.32　复制到 To 空间

　　Rubinius 的新生代 GC 是 GC 复制算法。在记录集里记录了新生代对象的情况下，虽说可以把新生代对象复制到 To 空间，但这样就没办法把目标空间的地址传达给老年代对象了。因为不可能从引用的目标去查找引用的起点。

　　如果记录集里记录的是老年代对象，就可以用目标空间的地址来重写成员变量的内容。这是因为记录集已知老年代对象的地址。

　　不过，当记录集里记录了老年代对象时，在执行 GC 时就必须搜索一次全体对象。因为对象的子对象中也可能掺杂着老年代对象，所以需要为此付出相应的时间和精力。当新生代 GC 的算法不是像 GC 复制算法这样移动对象的算法时，往记录集里记录新生代对象会更节省搜索时间，更有效率。

13 V8 的垃圾回收

本章中将为大家讲解 JavaScript 的语言处理程序 ——V8 的垃圾回收。

13.1 本章前言

在开始讲解 V8 之前，先为大家介绍一下 V8 诞生的背景吧。不知各位是否知道 Google Chrome 这个 Web 浏览器呢？

13.1.1 什么是 Google Chrome

Google Chrome[1] 是由 Google 公司开发的一款 Web 浏览器。这款软件于 2008 年 12 月发布，如今（2009 年 10 月）已经占据浏览器市场将近 3%[2] 的份额，作为浏览器大战[3] 的新兴势力而备受瞩目。

虽然 Google Chrome 也可以简称为 GC，不过因为太容易跟垃圾回收弄混了，所以之后就将其简称为 Chrome。

---

[1] Chrome：俚语的意思是"窗户"。

[2] W3counter：http://www.w3counter.com/globalstats.php。

[3] 浏览器大战：Web 浏览器的市场份额争夺战。现在是第二次浏览器大战（也就是说有第一次）。

　　Chrome 正式匹配的 OS 如今只有 Windows，不过在 2009 年 6 月官方也发布了 Linux 和 MacOS 的预览版本。

　　Chrome 自身不是开源的，不过有一个叫作 Chromium[①] 的开源项目，它是 Chrome 的基础。基础为开源项目，这也是 Chrome 的一大卖点。

13.1.2　什么是V8

　　Chrome 最大的特点就是搭载了 Google 公司独立开发的高速 JavaScript 引擎（语言处理程序）。这个 JavaScript 引擎就是本章中要解说的 V8。

　　V8 的正式名称是"V8 JavaScript Engine（引擎）"，本书中简称为 V8。

　　V8 是 Google 公司为 Chrome 创建的开源 JavaScript 语言处理程序（VM）。项目有 20 位核心成员，他们几乎都是 Google 公司的工程师。V8 项目的主要开发者是 Lars Bak（Google 公司职员），他曾参与过 SelfVM[②]、Strongtalk[③]、HotspotVM（JVM）的开发。

　　V8 的特征如下所示。

- 采用 JIT（即时编译）的方式
- 使用了以 Strongtalk 和 SelfVM 栽培的技术

　　传统的解释方式是用解释器解释 JavaScript 代码，在 VM 中进行处理。JavaScript 引擎以往都是以这种解释方式实现的。而 JIT（Just-In-Time）的编译方式则是在执行源代码时将其变换成机器代码，从而高速执行处理。因为使用 JIT 编译方式能够直接执行已编译的机器代码，所以能实现高速处理。

　　此外，V8 从 Strongtalk 和 SelfVM 这些与 Lars 有关的处理程序中汲取了很多长处。

专栏

V8 的名称的来历

　　V8 这个名字来源于汽车的"V 型 8 缸发动机"（V8 发动机）。V 型 8 缸发动机主要是在美国发展起来的，因为其马力十足而广为人知。也就是说开发者想告诉我们，V8 是"强力且高速的 JavaScript 引擎"。

　　一提到美国车，大家普遍都会想到它轰隆隆的低沉排气声以及其强劲的速度，但另一方面大家也都知道它"费油"。关于这一点，Google 公司表示 V8 的垃圾回收是"高效的垃圾回收"。在 PC 平台上，V8 引擎的效率很高。

---

① Chromium：http://code.google.com/chromium/。
② Self：以原型为概念的面向对象语言，它给 JavaScript 的设计带来了影响。
③ Strongtalk：Smalltalk 处理程序。因与 SelfVM 的技术搭配起来性能非常优异而著名。

13.1.3　获取源代码

本书中采用了写作本书时（2009 年 10 月 1 日）最新的版本 1.3.13.5。

V8 的源代码托管在 GoogleCode[①] 上。

http://code.google.com/p/v8/

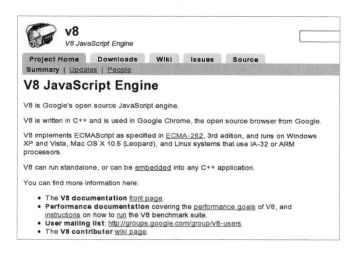

图 13.1　V8 项目（GoogleCode）

大家可以使用下面的命令来检出源代码。

```
$ svn checkout http://v8.googlecode.com/svn/tags/1.3.13.5/
```

13.1.4　源代码结构

V8 的目录结构如下所示。

表 13.1　目录结构

目录名	概　要
benchmarks	JavaScript 的基准测试文件群
include	定义外部公开函数的头文件群
samples	示例代码群（利用 V8 生成的 HTTP 服务和 shell 等）
src	V8 源代码
test	V8 的测试
tools	工具群

---

① GoogleCode：由 Google 运营的免费项目托管服务。

本章中要解说的只有其中的"src"目录。

V8 由约 14 万行源代码构成。因为 JavaScript 不存在标准库，所以相比之前为大家说明的处理程序来说，V8 的行数相当少。

表13.2 源代码分布

语　　言	源代码行数	比　　例
C++	116 883	84%
JavaScript	12 630	9%
C	9 893	7%

如表 13.2 所示，V8 的源代码几乎都是用 C++ 写的。

13.2　V8的GC算法

V8 实现了准确式 GC，GC 算法方面采用了分代垃圾回收。分代垃圾回收的结构如下表所示。

表13.3　分代垃圾回收的结构

	名　　称
新生代GC	GC复制算法（Cheney的GC复制算法）
老年代GC	GC标记–清除算法、GC标记–压缩算法

由表 13.3 可知，这里的分代垃圾回收和第 12 章中介绍的垃圾回收结构相似。本书（第 11 章和第 12 章）中已经讲过 GC 复制算法和 GC 标记 – 清除算法的实现了，因此本章将对老年代 GC 的其中一项——GC 标记 – 压缩算法进行说明。

Google 公司将 V8 的垃圾回收称为"高效的垃圾回收"，其原因 V8 不但实现了准确式 GC，而且实现了分代垃圾回收。就笔者所知，除了 V8 之外，其他 JavaScript 引擎都没有搭载像分代垃圾回收这样复杂的 GC。

13.3　对象管理

首先从数据结构开始看吧。

13.3.1　持有不同分配器的两种类

V8 具有以下两种类，它们分别包含不同的分配器。

- `Malloced` 类
- `Object` 类

在 V8 中，几乎所有的类都继承了上述类中的一个。

13.3.2　Malloced类

顾名思义，`Malloced` 类使用 `malloc()` 生成实例。反过来销毁实例时则使用 `free()`。

src/allocation.cc

```
36  void* Malloced::New(size_t size) {
38    void* result = malloc(size);
39    if (result == NULL) V8::FatalProcessOutOfMemory("Malloced operator new");
40    return result;
41  }
42
43
44  void Malloced::Delete(void* p) {
45    free(p);
46  }
```

生成实例时调用成员函数 New()，销毁实例时调用成员函数 Delete()。大家也知道，各个函数内已经调用了 `malloc()` 和 `free()`。

13.3.3　Object类

`Object` 类是 Javascript 的对象的具体表现。Javascript 的对象种类繁多，它们是以继承 `Object` 类的子对象的形式表现出来的。

`Object` 类的继承关系如图 13.2 所示。

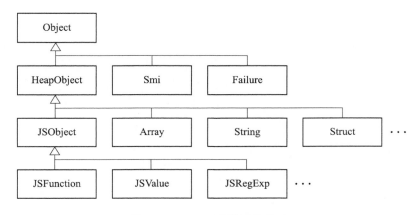

图13.2　Object类的继承关系

　　Object 类的子对象的分配方法各有不同。

　　图 13.2 中的 Smi（Small integer）类和 Failure 类是第 12 章中介绍过的"内嵌对象"。也就是说，它们是没有被分配到 VM Heap 的直接数据。

　　生成实例时会把图 13.2 中的 HeapObject 类从 VM Heap 分 配 出 去。也 就 是 说，HeapObject 类的实例是 GC 的对象。因此，我们没必要明确地销毁实例。HeapObject 类是用于生成 GC 对象，也就是实例的，所以可以说是本章中最为重要的类。

　　HeapObject 类实例（对象）必定存有指向 Map 类实例（map 对象）的指针。本章中将其称为"map 地址"。这个 Map 类负责管理对象的型信息，例如保留实例的大小和型的种类等。Map 这个名字来源于 SelfVM。

src/objects.h

```
1142   class HeapObject: public Object {
1143    public:
1144     // 到 Map 的访问器
1146     inline Map* map();
1147     inline void set_map(Map* value);

1300   };

2689   class Map: public HeapObject {
2690    public:
2691     // 实例（对象）的大小
2692     inline int instance_size();
2693     inline void set_instance_size(int value);

2703     // 实例（对象）的类
2704     inline InstanceType instance_type();
2705     inline void set_instance_type(InstanceType value);

2913   };
```

　　此外，对象是按 4 字节或 8 字节（取决于 CPU）对齐的，因此指向对象的指针是 4 的倍数。

　　在 继 承 了 HeapObject() 类 的 类 中，通 常 不 能 使 用 new 和 delete 等 运 算 符。Heap::Allocate() 函数用于生成实例，关于这个函数我们会在之后说明。也就是说，在这里不使用 C++ 的构造函数，而是通过自身的分配器来生成实例。

　　为什么会这样设计呢？这是因为 C++ 的构造函数基本上都是从本地堆分配内存的。由于必须从 VM Heap 分配作为 GC 对象的对象，因此才会使用 VM Heap 的分配器 —— Heap::Allocate() 函数来生成实例。

13.3.4 其他特殊的类

AllStatic 类是一个特殊的类，意思是"只持有静态信息的类"。在继承了 AllStatic 类的类中定义了全局变量及其访问器、静态的（static）成员函数等。当想把全局变量和函数总结到一个命名空间时，就继承 AllStatic 类。因此，继承了 AllStatic 类的类不能生成实例。

13.3.5 VM Heap

下面来说明一下 V8 的 VM Heap 的结构吧。之前在 13.3.3 节中讲过的 HeapObject 类（或子类）的实例会被分配在 VM Heap 中。

VM Heap 内的内存空间由以下两部分组成。

- 新生代空间
- 老年代空间

另外，新生代空间还被分成了用于 GC 复制算法的两部分内存空间，即"From 空间"和"To 空间"。被分配到这个"From 空间"里的对象会成为 GC 复制算法的对象。

老年代空间的内容很复杂，这里我们将其总结一下，如表 13.4 所示。

表13.4　老年代内的内存空间

内存空间名	分配到空间内的对象的种类
老年代指针空间	可能引用新生代空间的对象
老年代数据空间	不具备指针的字符串等数据对象
机器代码空间	用JIT生成的机器代码
Map空间	对象的型信息
Cell空间	内置类、方法等（JavaScript 中的 Array 类等）
大型对象空间	大于等于8K字节的大对象（从OS直接分配）

表 13.4 中介绍的内存空间都有各自的标识符，具体如下所示。

src/globals.h

```
256  enum AllocationSpace {
257    NEW_SPACE,            // 用于GC复制算法的内存空间（新生代空间）
258    OLD_POINTER_SPACE,   // 老年代指针空间
259    OLD_DATA_SPACE,      // 老年代数据空间
260    CODE_SPACE,          // 机器代码空间
261    MAP_SPACE,           // Map空间
262    CELL_SPACE,          // Cell空间
263    LO_SPACE,            // 大型对象空间
264
265    FIRST_SPACE = NEW_SPACE,
266    LAST_SPACE = LO_SPACE
267  };
```

VM Heap 的结构如图 13.3 所示。

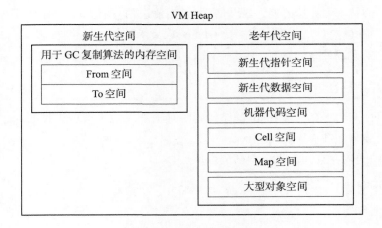

图 13.3　V8 的 VM Heap 结构

此外，管理各个内存空间的实例被定义为了 Heap 类的类变量。

src/heap.cc

```
55 | NewSpace Heap::new_space_;                  // 用于GC复制算法的内存空间（新生代空间）
56 | OldSpace* Heap::old_pointer_space_ = NULL;  // 老年代指针空间
57 | OldSpace* Heap::old_data_space_ = NULL;     // 老年代数据空间
58 | OldSpace* Heap::code_space_ = NULL;         // 机器代码空间
59 | MapSpace* Heap::map_space_ = NULL;          // Map空间
60 | CellSpace* Heap::cell_space_ = NULL;        // Cell空间
61 | LargeObjectSpace* Heap::lo_space_ = NULL;   // 大型对象空间
```

`NewSpace` 类和 `OldSpace` 类负责管理上述源代码内的内存空间，它们的继承关系如图 13.4 所示。

图 13.4 中出现的各个类的概要如下所示。

- `Space`——抽象类，为各个内存空间类的父类
- `PagedSpace`——拥有 8K 字节的多个页面
- `NewSpace`——拥有大小相同的两个内存空间（From 空间和 To 空间）
- `LargeObjectSpace`——当 mutator 发出申请时，直接从 OS 获取内存
- `FixedSpace`——只分配固定大小的对象
- `OldSpace`——分配可变大小的对象
- `MapSpace`——用于 Map 空间
- `CellSpace`——用于 Cell 空间

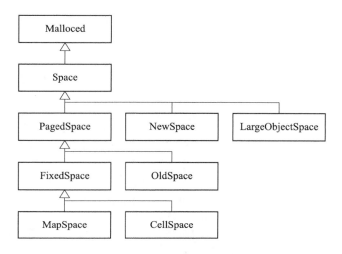

图 13.4　各个内存空间类的继承关系

本章中将对上述项目中的老年代指针空间（OldSpace 类）进行说明。

13.3.6　老年代指针空间的结构

老年代指针空间（OldSpace）里存有以 8K 字节对齐的多个页面（Page 类的实例）作为内存空间。这些内存空间里的多个页面分别用单向链表连接（页面链表）。OldSpace 的分配器负责往这些页面内分配对象。也就是说，页面才是老年代指针空间的实体。

src/spaces.h

```
750 │ class PagedSpace : public Space {

868 │   protected:

      │   /* 开头页面 */
876 │   Page* first_page_;

      │   /* 结尾页面 */
880 │   Page* last_page_;
```

OldSpace 类的父类 PagedSpace 类中已经定义了成员变量 first_page_ 和成员变量 last_page_。成员变量 first_page_ 里存有页面链表开头页面的地址，成员变量 last_page_ 里存有页面链表结尾页面的地址。

老年代指针空间和页面的关系如图 13.5 所示。

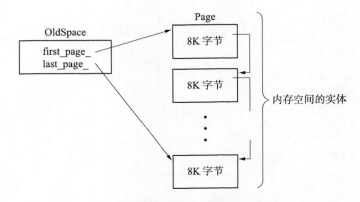

图13.5　老年代指针空间的页面链表

因为页面内已经事先被分配了下一个页面的地址和用于记录集的 header，所以可用的页面大小要小于 8K 字节。

此外，如果想从对象的地址找到存有这个对象的页面，就要利用页面是以 8K 字节对齐的这个条件。关于这个搜索方法我们已经在 10.6.20 节中详细说明过了，因此这里就不再赘述了。

13.3.7　对象分配器

Heap 类中实现了对象的分配器。Heap 类是继承了 AllStatic 类的类。也就是说，不能生成 Heap 类的实例。

src/heap.h

```
227 | class Heap : public AllStatic {

      /* 到VM Heap内的各个内存空间的访问器 */
281 | static NewSpace* new_space() { return &new_space_; }
282 | static OldSpace* old_pointer_space() { return old_pointer_space_; }
283 | static OldSpace* old_data_space() { return old_data_space_; }
284 | static OldSpace* code_space() { return code_space_; }
285 | static MapSpace* map_space() { return map_space_; }
286 | static CellSpace* cell_space() { return cell_space_; }
287 | static LargeObjectSpace* lo_space() { return lo_space_; }

      /* VM Heap内的各个内存空间 */
906 | static NewSpace new_space_;
907 | static OldSpace* old_pointer_space_;
908 | static OldSpace* old_data_space_;
909 | static OldSpace* code_space_;
910 | static MapSpace* map_space_;
```

```
 911 |    static CellSpace* cell_space_;
 912 |    static LargeObjectSpace* lo_space_;

1111 | };
```

Heap 类管理着 VM Heap 内的各个内存空间，分配器就将对象分配到这些内存空间中的某一个。

分配对象的函数如下所示。

src/heap.cc

```
1975 | Object* Heap::Allocate(Map* map, AllocationSpace space) {
1978 |   Object* result = AllocateRaw(map->instance_size(),
1979 |                               space,
1980 |                               TargetSpaceId(map->instance_type()));
1981 |   if (result->IsFailure()) return result;
1982 |   HeapObject::cast(result)->set_map(map);
1983 |   return result;
1984 | }
```

第 1 个参数 map 是型信息。在这里把内存空间的标识符传递给第 2 个参数 space，比如用 enum 定义的 NEW_SPACE 这样的值（参考 13.3.5 节）。Allocate() 负责往 space 指定的内存空间里分配对象。

第 1978 行调用的成员函数 AlllocateRaw() 是分配的实体。函数名内的 Raw 有着"未加工的、生的"的意思。AlllocateRaw() 根据指定的 space 调用各个 Space 类的分配器，从各个内存空间分配尚未初始化的内存空间（未加工的内存空间）。

当作为分配对象的对象有可能引用新生代时，第 1980 行的成员函数 TargetSpaceId() 会返回 OLD_POINTER_SPACE，否则就返回 OLD_DATA_SPACE。通过这个返回值可判断这个空间是老年代指针空间还是老年代数据空间。

第 1981 行负责在 AlllocateRaw() 失败时返回 result。实际的错误处理是由成员函数 Alllocate() 的 mutator 负责的。

第 1982 行负责给分配的对象设定型信息。

最后一步是把已分配的对象返回给 mutator。

13.4　通往准确式GC之路（V8篇）

跟 Rubinius 一样，V8 也为准确式 GC 下了一番功夫。在此介绍一下几个具有代表性的主题。

- HandleScope
- 打标签
- 控制对象内的域

13.4.1　HandleScope

V8 不能基于调用栈那样不明确的根来执行 GC，它需要基于正确的根（只汇集了指向对象的指针的根）来执行 GC。在生成这个正确的根时，HandleScope 就派上大用场了。

HandleScope 负责管理那些指向本地（C++ 的）调用栈中的对象的指针。HandleScope 有 Handler 的链表，其中存有指向对象的指针。

当 V8 把指向对象的指针存入调用栈时，也一定会把这些指针存入 HandleScope 内的 handler 中。因此，指向调用栈中的对象的所有指针都会聚集在 HandleScope 里。GC 将此 HandleScope 内的指针作为根的一部分。

关于这一点，大家直接看代码可能理解起来更快一些，下面是实际使用了 HandleScope 的 VM 内的代码。

src/objects.cc

```
196  Object* Object::GetPropertyWithDefinedGetter(Object* receiver,
197                                               JSFunction* getter) {
198    HandleScope scope;
199    Handle<JSFunction> fun(JSFunction::cast(getter));
200    Handle<Object> self(receiver);

207    bool has_pending_exception;
208    Handle<Object> result =
209        Execution::Call(fun, self, 0, NULL, &has_pending_exception);

211    if (has_pending_exception) return Failure::Exception();
212    return *result;
213  }
```

成员函数 GetPropertyWithDefinedGetter() 负责从第 1 个参数的对象中取出属性值。不过在这里重要的不是操作本身的内容，而是 HandleScope 的用法。

在第 198 行定义 HandleScope 类的局部变量（scope）。然后在第 199 行和第 200 行定义 Handle 类的局部变量（fun 和 self）。像这样，在使用指向对象的指针时，为了不让对象被回收掉，就需要以指针为参数生成 Handle 类。而且在生成这个 Handle 类的时候，需要把指向对象的指针存在 HandleScope 内。

GetPropertyWithDefinedGetter() 内的调用帧和 HandleScope 的状态如图 13.6 所示。

由图 13.6 可知，在 `bool` 这样的非指针和指针同在的调用帧中，只有指针被聚集到了 HandleScope 内的 `HandlerList` 中。这是因为 GC 是把这个 HandleScope 当成正确的根来使用的。

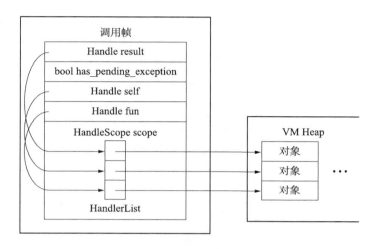

图 13.6　调用帧和 HandleScope

这里希望大家注意的是，HandleScope 是定义在调用帧内的。也就是说，当调用完函数销毁调用帧时，HandleScope 也会一并被销毁。因此就算语言处理程序的实现者不去理会，HandleScope 也会自动被销毁。

13.4.2　HandleScope 的有效范围

那么定义的 HandleScope 能管理多大范围的 handler 呢？

举个例子，C++ 有 A 函数和 B 函数这两个函数，假设 A 函数能调用 B 函数。

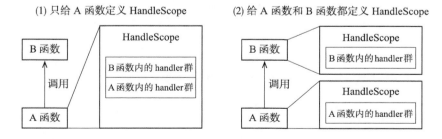

图 13.7　HandleScope 的范围

如果只给 A 函数定义了 HandleScope，而没有给 B 函数定义 HandleScope 的话，那么在 B 函数内已经 handle 的那些指向对象的指针就会被存入 A 函数内的 HandleScope（图 13.7(1)）。

这样的情况在 V8 中很常见。当 B 函数的对象使用量较少时，考虑到生成 HandleScope 所需要的消耗，就不给 B 函数定义 HandleScope 了。

接下来，假设已经给 A 函数和 B 函数分别定义了 HandleScope，此时 B 函数作用的指针保存在 B 函数内的 HandleScope 里（图 13.7(2)）。

也就是说，HandleScope 的有效范围是"从定义这个 HandleScope 后到定义下一个 HandleScope 之前"，还可以说成"从销毁下一个 HandleScope 后到销毁这个 HandleScope 之前"。

这样一来就需要大家注意"不要把 scope 弄得太广了"。

下面我们来说明一下原因。假设我们给 A 函数定义了 HandleScope，而没有给 B 函数定义 HandleScope。在这种情况下，如果 B 函数内有大量对象被作用，那么即使 B 函数的操作结束，A 函数内的 HandleScope 里依然会残留已作用的指针。于是 B 函数内作用的对象在 A 函数结束之前会被视为活动对象。也就是说，非活动对象可能会被看成活动对象（图 13.8）。

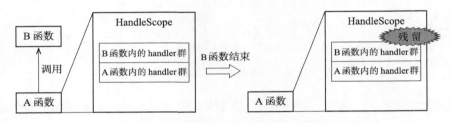

图 13.8　B 函数内的 handler 群残留的案例

因为有可能发生这种问题，所以大家需要注意不可让 HandleScope 的有效范围太广。

13.4.3　HandleScope 的切换

handler 管理的 HandleScope 的切换非常复杂，下面就来实际看一下 HandleScope 吧。

src/handles.h

```
108   class HandleScope {

143     static v8::ImplementationUtilities::HandleScopeData current_;
144     const v8::ImplementationUtilities::HandleScopeData previous_;

177   };
```

在第 143 行定义了 HandleScope 的 current_ 类变量。v8::ImplementationUtilities:: HandleScopeData 类中存有 HandlerList 的信息。请大家注意，current_ 是类变量。也就是说，不管从 HandleScope 类的哪个实例出发，current_ 都指着相同的值。此外大家也请注意，current_ 持有的不是指针，而是实例本身。

　　然后用 current 类变量持有的 HandlerList 信息来管理新定义的 handler。另一方面，第 144 行定义的成员变量 previous_ 中存有前一个 HandleScope 的 HandlerList 信息。

　　一旦在函数内定义了 HandleScope 类的局部变量，HandleScope 类的构造函数就会启动，将现在的 current_ 类变量的内容存入（复制到）实例内的成员变量 previous_ 中，并初始化 current_。

src/handles.h

```
110    HandleScope() : previous_(current_) {
111      current_.extensions = 0;
112    }
```

　　可见第 110 行的成员变量 previous_ 内存有数据。另外，第 111 行负责初始化 current_。

　　调用完 HandleScope 类的局部变量所定义的函数之后，启动 HandleScope 类的析构函数（destructor）。在析构函数内，将存入 previous_ 的之前的 HandleScope 的 HandlerList 信息回写到 current_。

src/handles.h

```
114    ~HandleScope() {
115      Leave(&previous_);
116    }

155    static void Leave(
156        const v8::ImplementationUtilities::HandleScopeData* previous) {

160      current_ = *previous;
164    }
```

　　在第 115 行的析构函数内调用 Leave()，在第 160 行将作为参数的 previous 内的值回写到 current_。

　　这样一来就很好地利用了构造函数和析构函数，即使语言处理程序的实现者不去管切换 HandleScope 的问题，也能成功地进行实现。

13.4.4　打标签

　　接下来要讲的如何给指针打标签。

　　V8 的标签有如下几种。

表13.5　标签一览

类　　名	标　　签
Smi	0（低1位）
Failure	11（低2位）
HeapObject	01（低2位）

表 13.5 中有一点很让人在意，那就是 Smi（内嵌对象）的标签为 0。也就是说，把 11（二进制数字）这个 C++ 上的 int 型变换成 Smi 的话，就成了 110（二进制数字）。

为什么 Smi 的标签是 0 呢？事实上，从这种标签的设置方法上可以看出 V8 的高速化特征。

首先，标签为 0 说明将数值左移 1 位就能变换成 Smi。也就是说，可以高速地实现将数值变换为 Smi 的操作。

此外，Smi 之间加减运算的速度也非常快。Rubinius 中也有 Fixnum 这个内嵌对象。以 Fixnum 为例，因为标签是 1，所以计算时不去除标签的话，计算结果就会乱套。另一方面，因为 V8 的 Smi 的标签为 0，所以在执行 Smi 之间的加减运算时就没必要特意去除标签。这样一来就能实现 Smi 之间的高速运算。

然而事情不可能十全十美。大家看表 13.5 内的 HeapObject 的标签，标签是 01。也就是说，V8 会在指向对象的指针上打上标签。

因为 V8 的 GC 是基于正确的根而执行的，所以原本是没必要在指向对象的指针上打标签的。但是因为 Smi 的标签（低 1 位）为 0，所以 Smi 的低 2 位有时会变成 00。也就是说，计算机有可能将其跟指向对象的指针搞混，因此才有必要特意在指向对象的指针上打上标签。

给指向对象的指针打上标签，这也就意味着在访问对象内的域时必须去除标签。去除标签的操作所需要的开销非常大，但比起这些开销，V8 更重视提升 Smi 之间的计算速度。

此外，据说这个打标签的方法来源于 Self 的 VM。有兴趣的读者请参考相关论文 [20] 和源代码 ①。

13.4.5　控制对象内的域

接下来要说明的是"控制对象内的域"，这是为了实现 V8 的准确式 GC 而特意下的功夫。这里的对象指的是"继承了 HeapObject 类的类的实例"。

在 V8 中，为了完全掌握对象内的域在内存中的位置，我们要自行将对象内所有的域配置到内存中。也就是说，按照 C++ 的规矩定义域的话，计算机会自动帮我们编译，但在 V8 里就要自己来编译了。关于这一点，我们实际来看看代码吧，这样或许理解起来更快一些。

src/objects-inl.h

```
1084 | ACCESSORS(JSObject, properties, FixedArray, kPropertiesOffset)
```

这部分给 JSObject 类定义了 properties 域的访问器。

参数的含义分别如下所示。

---

① Self 官方网站：http://www.selflanguage.org。

1. JSObject —— 定义访问器的类
2. properties —— 访问器名
3. FixedArray —— 访问器返回的型、访问器存储的型
4. kPropertiesOffset —— 到对象内的域的偏移值（域位置）

下面来深入看一下宏 ACCESSORS() 吧。

src/objects-inl.h

```
75   #define ACCESSORS(holder, name, type, offset)                        \
76     type* holder::name() { return type::cast(READ_FIELD(this, offset)); }  \
77     void holder::set_##name(type* value, WriteBarrierMode mode) {     \
78       WRITE_FIELD(this, offset, value);                              \
79       CONDITIONAL_WRITE_BARRIER(this, offset, mode);                 \
80     }

674  #define FIELD_ADDR(p, offset) \
675    (reinterpret_cast<byte*>(p) + offset - kHeapObjectTag)
676
677  #define READ_FIELD(p, offset) \
678    (*reinterpret_cast<Object**>(FIELD_ADDR(p, offset)))
679
680  #define WRITE_FIELD(p, offset, value) \
681    (*reinterpret_cast<Object**>(FIELD_ADDR(p, offset)) = value)
```

将宏 ACCESSORS() 的一部分展开，得到如下代码。

```
JSObject::properties() {
  return FixedArray::cast(
    *reinterpret_cast<Object**>(FIELD_ADDR(this, kPropertiesOffset))
  );
}


JSObject::set_properties(FixedArray* value, WriteBarrierMode mode) {
  *reinterpret_cast<Object**>(FIELD_ADDR(this, kPropertiesOffset)) = value;
  CONDITIONAL_WRITE_BARRIER(this, kPropertiesOffset, mode);
}

#define FIELD_ADDR(p, offset) \
  (reinterpret_cast<byte*>(p) + offset - kHeapObjectTag)
```

请大家注意宏 FIELD_ADDR()。

给 p(this)加上 offset(kPropertiesOffset)，减去 kHeapObjectTag。

在域的访问器（properties() 和 set_properties()）内部使用宏 FIELD_ADDR() 来存入和取

出值。这样一来，对象内的域的位置就成了宏 ACCESSORS() 的参数指定的偏移的位置。

每个类中都定义了像 kPropertiesOffset 这样的偏移。

src/objects.h

```
1307  class JSObject: public HeapObject {

1673    static const int kPropertiesOffset = HeapObject::kHeaderSize;
1674    static const int kElementsOffset = kPropertiesOffset + kPointerSize;
1675    static const int kHeaderSize = kElementsOffset + kPointerSize;
```

第 1673 行的 HeapObject::kHeaderSize 是用 HeapObject 定义的域的总大小。因为 JSObject 继承了 HeapObject，所以必须能使用父类的域。因此，最初的域位置（kPropertiesOffset）就在 HeapObject 类内的域的定义之后（HeapObject：：kHeaderSize）。另外，对要继承 JSObject 的类而言，同样要把第 1675 行的 JSObject::kHeaderSize 设定到最开始的域位置。

图 13.9 为 JSObject 类内的域的状态。

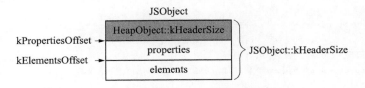

图13.9　JSObject类内的域位置

13.4.6　与型相对应的访问器

除 ACCESSORS() 之外，还有其他定义域的访问器的宏。根据存储值的型的不同，这些宏可分为以下两种。

- INT_ACCESSORS()——用于 int 型
- SMI_ACCESSORS()——用于 Smi 类

以上宏与宏 ACCESSORS() 的一大不同在于，通过宏定义的 setter 没有写入屏障。

src/objects-inl.h

```
70  #define INT_ACCESSORS(holder, name, offset)                            \
71    int holder::name() { return READ_INT_FIELD(this, offset); }          \
72    void holder::set_##name(int value) { WRITE_INT_FIELD(this, offset, value); }

75  #define ACCESSORS(holder, name, type, offset)                          \
76    type* holder::name() { return type::cast(READ_FIELD(this, offset)); }  \
```

```
77    void holder::set_##name(type* value, WriteBarrierMode mode) {  \
78      WRITE_FIELD(this, offset, value);                            \
79      CONDITIONAL_WRITE_BARRIER(this, offset, mode);               \
80  }
```

在宏 `ACCESSORS()` 内，第 79 行的 `CONDITIONAL_WRITE_BARRIER()` 是写入屏障的部分。

另一方面，从 `INT_ACCESSORS()` 的定义来看，它是没有写入屏障的。这是因为存储 int 型和内嵌对象这样的"非指针值"时是不需要写入屏障的。

又因为 `SMI_ACCESSORS()` 是用于 Smi 类（内嵌对象）的访问器，所以带有设置标签和去除标签的操作。

src/objects-inl.h

```
84  #define SMI_ACCESSORS(holder, name, offset)           \
85    int holder::name() {                                \
86      Object* value = READ_FIELD(this, offset);         \
87      return Smi::cast(value)->value();                 \
88    }                                                   \
89    void holder::set_##name(int value) {                \
90      WRITE_FIELD(this, offset, Smi::FromInt(value));   \
91    }
```

第 87 行的 `value()` 是去除标签并返回正确数值的成员函数。反过来第 90 行的 `FromInt()` 是给数值打上标签的成员函数。

13.4.7　域的位置和准确式 GC

那么，完全控制对象内的域位置能给我们带来什么好处呢？事实上，通过这番功夫，在执行标记操作时就可以迅速找到对象内的指针了。

在 V8 中控制域的位置，把指向对象内的子对象的指针连续配置在同一个地方。虽然并不是所有类都是这个结构，但是半数以上的类都是在内存中连续配置指针的。

下面来实际看看子对象的标记操作吧。

src/objects.cc

```
1230  void JSObject::JSObjectIterateBody(int object_size, ObjectVisitor* v) {
1231    // 把对象内的指针域群传递给 visitor
1232    IteratePointers(v, kPropertiesOffset, object_size);
1233  }
```

src/objects-inl.h

```
1022  void HeapObject::IteratePointers(ObjectVisitor* v, int start, int end) {
```

```
1023 |          v->VisitPointers(reinterpret_cast<Object**>(FIELD_ADDR(this, start)),
1024 |                           reinterpret_cast<Object**>(FIELD_ADDR(this, end)));
1025 | }
```

　　`JSObjectIterateBody()`最终把`JSObject`类实例内的指针群的开头和结尾位置交给`visitor`（`ObjectVisitor`类的实例）中定义的成员函数`VisitPointers()`。

　　执行标记操作的时候，需要把继承了`ObjectVisitor`类的"用于标记子对象的`visitor`类"的实例传递给`JSObjectIterateBody()`的参数`v`。这个类的成员函数`VisitPointers()`负责标记所传递的指针群指向的对象。

　　此时因为指向对象的指针在内存中是连续排列的，所以能迅速发现子对象。

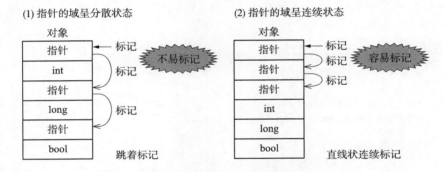

图 13.10　指针的域位置和标记

13.5　GC标记 – 压缩算法

　　V8 中实现了下面几种 GC 算法。

- GC 复制算法
- GC 标记 – 清除算法
- GC 压缩算法

　　本章中我们将对"实现篇"中未解说的 GC 标记 – 压缩算法进行讲解。

13.5.1　GC算法

　　V8 的 GC 标记 – 压缩算法采用的是第 5 章中讲到的 Lisp2 算法，关于算法的内容请查阅5.1 节。

13.5.2　启动 GC 的时机

基本上讲，在把对象分配到各自的 GC 所对应的内存空间时，如果分配失败了的话，就会启动 GC。

启动新生代 GC(GC 复制算法)的时机如下所示。

- 新生代空间的 From 空间没有分块的时候

老年代 GC(GC 标记 – 清除算法及 GC 标记 – 压缩算法)的启动时机如下所示。

- 老年代空间的某一个空间没有分块的时候
- 老年代空间中被分配了一定数量的对象的时候(启动新生代 GC 时检查)
- 老年代空间里没有新生代空间大小的分块的时候(不能保证执行新生代 GC 时的晋升)

在老年代 GC 的启动过程中，启动 GC 标记 – 压缩算法的时机如下所示。

- 老年代空间的碎片到达一定数量的时候

最后在对老年代空间执行分配及释放操作时计算碎片的量。

13.5.3　GC 概要

下面来看一下 GC 标记 – 压缩算法的函数的整体情况。

src/heap.cc

```
505  void Heap::MarkCompact(GCTracer* tracer) {
506    gc_state_ = MARK_COMPACT;
507    mc_count_++;
508    tracer->set_full_gc_count(mc_count_);
510
     /* GC预处理 */
511    MarkCompactCollector::Prepare(tracer);
512
513    bool is_compacting = MarkCompactCollector::IsCompacting();
514
515    MarkCompactPrologue(is_compacting);
516
     /* GC开始 */
517    MarkCompactCollector::CollectGarbage();
518
     /* GC后处理 */
519    MarkCompactEpilogue(is_compacting);
520
523    gc_state_ = NOT_IN_GC;
```

```
524  |
525  |     Shrink();
529  | }
```

第 511 行到第 515 行的 GC 前处理中进行的操作有：决定执行 GC 标记 – 压缩算法还是 GC 标记 – 清除算法，把各个内存空间初始化以用于 GC 等。第 513 行的成员函数 `IsCompacting()` 在使用 GC 标记 – 压缩算法时为真。

接下来用 `MarkCompactCollector` 类的成员函数 `CollectGarbage()` 实际执行 GC。

在 GC 的后处理中进行的操作有：释放因 GC 而变为空的老年代页面等。

此外，虽然这个函数中没有出现，不过 GC 中 VM Heap 是被锁定的，禁止分配对象。

专栏

GC 标记 – 清除算法和 GC 标记 – 压缩算法的实现类

在 V8 的源代码里是不存在 `MarkSweep` 类这种东西的。GC 标记 – 清除算法是在 `MarkCompact` 类里实现的。

GC 标记 – 清除算法和 GC 标记 – 压缩算法的实现有很多相似的部分，所以笔者也能理解大家想用同一个类来搞定它们的心情，但很显然类名会说谎，这就是读源代码时让人恶心的地方。

此外，源代码的文件分割也错乱不堪。例如在 object.h 这个文件中包含继承了 `object` 类的各种类的定义。正因为这样，读源代码时才会那么麻烦，有时甚至会搞不清楚哪个类包含在哪个文件里。

依笔者所见，V8 也许应该重新审视一下各个类及其所包含的文件在意思上的粒度。

我们在此学到的教训就是"天才集团 Google 也会在设计上出现失误"。发掘这种地方也是解读程序内容（源代码）的乐趣之一。如果我们只把程序当成工具来用，那么是不会注意到这种事情的。

13.6　标记阶段

V8 的标记阶段有着其他处理程序没有的有趣细节，在这一节中我们将会重点介绍这些细节内容。

13.6.1　标记阶段的概要

实际执行 GC 的是以下成员函数。

src/mark-compact.cc

```
65  | void MarkCompactCollector::CollectGarbage() {

72  |   if (IsCompacting()) tracer_->set_is_compacting();
```

```
 73
 74    MarkLiveObjects();
 75
       /* 省略：压缩阶段 */

100  }
```

标记操作是在第 74 行的成员函数 `MarkLiveObjects()` 内进行的。

在 `MarkLiveObjects()` 内执行的操作有以下两项。

- 生成标记栈
- 标记操作

这个标记栈指的到底是什么呢？

13.6.2　生成标记栈

V8 采用深度优先来执行标记操作。也就是说，在标记对象时，首先标记这个对象，然后标记它的第一个子对象，再标记它的第一个孙对象。

在实现深度优先的标记操作时，递归调用函数是很正常的。然而，在递归执行标记操作时有一个问题，就是"调用函数的额外负担"。当所标记的对象的层次太深时，有时会调用出数量惊人的函数。

因此，V8 中会自行生成用于标记的栈（标记栈），利用这个栈反复执行标记操作。

标记栈使用的是新生代空间的 From 空间。在执行老年代 GC（GC 标记 – 压缩算法）之前，肯定要执行新生代 GC（GC 复制算法）。这样一来，我们就通过 GC 复制算法保证了 From 空间为空。也就是说，反正 From 空间都空着了，就干脆把它用作标记栈吧。

生成标记栈的代码如下所示。

src/mark-compact.cc

```
734    void MarkCompactCollector::MarkLiveObjects() {

741      marking_stack.Initialize(Heap::new_space()->FromSpaceLow(),
742                               Heap::new_space()->FromSpaceHigh());
```

成员函数 `FromSpaceLow()` 负责返回 From 空间的开头地址，成员函数 `FromSpaceHigh()` 则与之相反，负责返回其结尾地址。

src/heap.h

```
1335   class MarkingStack {
1336    public:
1337     void Initialize(Address low, Address high) {
```

```
1338        top_ = low_ = reinterpret_cast<HeapObject**>(low);
1339        high_ = reinterpret_cast<HeapObject**>(high);
1341    }
1370
1371    private:
1372    HeapObject** low_;
1373    HeapObject** top_;
1374    HeapObject** high_;
```

在这里使用 MarkingStack 类的成员函数 Initialize() 来初始化标记栈。

此外，MarkingStack 类里还定义了用来执行栈操作的成员函数 Push() 和 Pop()。关于函数内的检查操作这里就略去了。

src/heap.h

```
1354        void Push(HeapObject* object) {
1360            *(top_++) = object;
1362        }
1364        HeapObject* Pop() {
1366            HeapObject* object = *(--top_);
1368            return object;
1369        }
```

图 13.11 是成员函数 Push() 和 Pop() 的运作示意图。

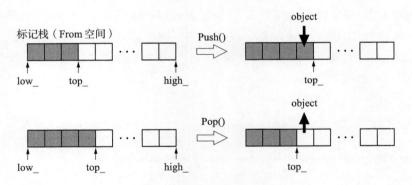

图 13.11　标记栈的 Push() 和 Pop()

关于标记栈的用法，我们会在之后的 13.6.6 节中为大家说明。

13.6.3　标记根

现在来大概介绍一下 V8 中的根。

- JavaScript 中的内置类（Map）、函数、符号
- HandleScope
- V8 中的全局变量

可以看出，这跟之前讲过的语言处理程序基本一致。

下面来看一下标记根的函数。

src/mark-compact.cc

```
734   void MarkCompactCollector::MarkLiveObjects() {

        /* 生成标记栈 */

746     RootMarkingVisitor root_visitor;
747     MarkRoots(&root_visitor);

783   }
```

首先通过成员函数 `MarkLiveObjects()` 来执行标记操作。第 746 行生成的 `RootMarkingVisitor` 类的实例是用于标记根的 visitor，第 747 行的成员函数 `MarkRoots()` 才是执行根的标记操作的实体。关于这个函数的后半部分，我们将在之后的 13.6.7 节中为大家说明。

src/mark-compact.cc

```
595   void MarkCompactCollector::MarkRoots(RootMarkingVisitor* visitor) {

598     Heap::IterateStrongRoots(visitor);
599
601     MarkSymbolTable();

        /* 省略：标记栈溢出时的对策 */

608   }
```

在第 598 行的成员函数 `Heap::IterateStrongRoots()` 内使用用于标记根的 visitor。

src/heap.cc

```
3080   void Heap::IterateStrongRoots(ObjectVisitor* v) {

         /* 标记 JavaScript 中的内置类（Map）、函数、符号 */
3081     v->VisitPointers(&roots_[0], &roots_[kStrongRootListLength]);

         /* 其他标记根的操作 */

3117   }
```

接下来我们将对第 3081 行的标记根的操作进行说明。roots_ 内存有内置类的信息（C++ 中的 Map 类）、函数以及符号等。此外，kStrongRootListLength 中保留着 roots_ 末尾的索引。

13.6.4　标记对象

用于标记根的 visitor 在获取了根内的指针群后，就会执行深度优先的标记操作。

src/mark-compact.cc

```
333   class RootMarkingVisitor : public ObjectVisitor {

339     void VisitPointers(Object** start, Object** end) {
340       for (Object** p = start; p < end; p++) MarkObjectByPointer(p);
341     }

367   };
```

接下来只需要在第 339 行定义的成员函数 VisitPointers() 内对根内的指针调用 MarkObjectByPointer() 即可。

src/mark-compact.cc

```
346     MarkingVisitor stack_visitor_;

348     void MarkObjectByPointer(Object** p) {
        /* 检查是否为指向对象的指针 */
349       if (!(*p)->IsHeapObject()) return;
350

        /* 转换到HeapObject类的指针 */
352       HeapObject* object = ShortCircuitConsString(p);

        /* 检查是否为未标记的对象 */
353       if (object->IsMarked()) return;

        /* 标记对象 */
355       Map* map = object->map();
357       MarkCompactCollector::SetMark(object);

        /* 标记子对象 */
359       MarkCompactCollector::MarkObject(map);
360       object->IterateBody(map->instance_type(), object->SizeFromMap(map),
361                           &stack_visitor_);

        /* 省略：使用了标记栈的深度优先标记 */

366     }
```

这个 `MarkObjectByPointer()` 是标记操作的核心部分。

因为参数 p 有可能是标记对象范围之外的对象，即 `Smi`，所以在第 349 行检查 p 是否为指向对象的指针，在第 353 行确认对象为未标记状态。

经过一番检查后，在第 357 行执行对象的标记操作。

然后用第 360 行的成员函数 `IterateBody()` 标记对象内的子对象。

13.6.5 标记子对象

因为对象的类不同，内部指针的位置也不同，所以要通过与各个对象的类相应的成员函数 `IterateBody()` 来执行子对象的标记操作。

src/mark-compact.cc

```
1098   void HeapObject::IterateBody(InstanceType type, int object_size,
1099                              ObjectVisitor* v) {

1116     switch (type) {
1117       case FIXED_ARRAY_TYPE:
1118         reinterpret_cast<FixedArray*>(this)->FixedArrayIterateBody(v);
1119         break;
1120       case JS_OBJECT_TYPE:
1121       case JS_CONTEXT_EXTENSION_OBJECT_TYPE:
1122       case JS_VALUE_TYPE:
1123       case JS_ARRAY_TYPE:
1124       case JS_REGEXP_TYPE:
1125       case JS_FUNCTION_TYPE:
1126       case JS_GLOBAL_PROXY_TYPE:
1127       case JS_GLOBAL_OBJECT_TYPE:
1128       case JS_BUILTINS_OBJECT_TYPE:
1129         reinterpret_cast<JSObject*>(this)->JSObjectIterateBody(
1130                                                 object_size, v);
1130         break;

             /* 省略：跟type有关的case语句 */

1156     }
1167   }
```

第 1129 行的 `JSObjectIterateBody()` 函数在 13.4.7 节中也曾出现过，该函数负责把指向标记对象内的子对象的指针群交给 visitor。此时，作为参数给出的 v（visitor）是 `MarkingVisitor` 类的实例。

`MarkingVisitor` 类最终将所得到的指向子对象的指针作为参数，来调用 `MarkCompactCollector` 类的成员函数 `MarkUnmarkedObject()`。

当对象的型是 `JS_OBJECT_TYPE` 时，函数调用图如代码清单 13.1 所示。

代码清单13.1：标记子对象的调用图

```
HeapObject::IterateBody()                              ── 根据型进行分配
  JSObjectIterateBody::IterateBody()                   ── 将其中的指针群传递给visitor
    MarkingVisitor::VisitPointers()                    ── 将指针群传递给标记函数
      MarkCompactCollector::MarkUnmarkedObject()       ── 标记子对象
```

下面来看看负责标记子对象的 `MarkUnmarkedObject()` 吧。函数内虽然有用于 Map 的标记操作，不过与我们要解说的内容无关，因此略去不提。

src/mark-compact.cc

```
425  void MarkCompactCollector::MarkUnmarkedObject(HeapObject* object) {
428    if (object->IsMap()) {

         /* 省略：用于Map的标记操作 */

441    } else {
       /* 标记子对象 */
442      SetMark(object);

         /* 往标记栈里堆积子对象 */
443      marking_stack.Push(object);
444    }
445  }
```

这里有一处需要大家注意，就是第 443 行中往标记栈里堆积指向子对象的指针的地方。也就是说，作为标记对象的所有子对象被标记以后，都会被堆积到标记栈。

13.6.6　采用了标记栈的深度优先标记

现在来讲解一下之前在 `RootMarkingVisitor` 类的成员函数 `MarkObjectByPointer()` 中省略的内容吧。因为函数的前半部分内容已经在 13.6.4 节说明过了，所以就不再赘述了。

src/mark-compact.cc

```
333  class RootMarkingVisitor : public ObjectVisitor {

346    MarkingVisitor stack_visitor_;

348    void MarkObjectByPointer(Object** p) {

         /* 省略：标记对象 */
         /* 省略：标记子对象 */
```

```
              /* 采用了标记栈的深度优先标记 */
365           MarkCompactCollector::EmptyMarkingStack(&stack_visitor_);
366   }
367 };
```

顾名思义，`EmptyMarkingStack()`是一直执行标记操作，直到标记栈为空的函数。

src/mark-compact.cc

```
649 void MarkCompactCollector::EmptyMarkingStack(MarkingVisitor* visitor) {
      /* 在标记栈为空之前一直循环 */
650   while (!marking_stack.is_empty()) {

        /* 从标记栈中取出指针 */
651     HeapObject* object = marking_stack.Pop();

        /* 取出 Map */
656     MapWord map_word = object->map_word();
659     map_word.ClearMark();
660     Map* map = map_word.ToMap();
661     MarkObject(map);
662

        /* 标记子对象 */
663     object->IterateBody(map->instance_type(), object->SizeFromMap(map),
664                         visitor);
665   }
666 }
```

标记栈里存有指向"标记完毕的对象"以及"子对象未被标记的对象"的指针。`EmptyMarkingStack()`负责把这些指针从标记栈中一个个取出来，并标记子对象。这样一来，就会有更多对象的子对象被堆积到标记栈。也就是说，`EmptyMarkingStack()`反复用深度优先的方式对标记栈内的对象执行了标记。

图 13.12 展示了在`EmptyMarkingStack()`内是如何使用标记栈的。

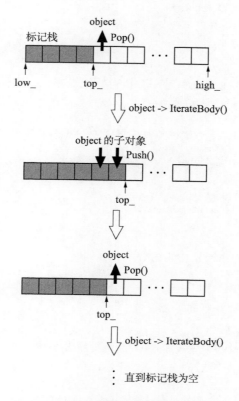

图13.12 采用了标记栈的深度优先标记

13.6.7 标记栈的溢出

当标记对象的层次非常非常深时，标记栈就有可能溢出。
因此我们写出了应对标记栈溢出的操作。

src/heap.h
```
1335 | class MarkingStack {
     |
1343 |   bool is_full() { return top_ >= high_; }
     |
1347 |   bool overflowed() { return overflowed_; }
1348 |
1349 |   void clear_overflowed() { overflowed_ = false; }
     |
1354 |   void Push(HeapObject* object) {
1356 |     if (is_full()) {
```

```
1357        /* 溢出时的对策 */
            object->SetOverflow();
1358        overflowed_ = true;
1359     } else {
1360        *(top_++) = object;
1361     }
1362   }

1375   bool overflowed_;
1376 };
```

事实上这里是在 MarkingStack 类的 Push() 内检查标记栈是否溢出的。如果标记栈发生溢出，就不把 Push() 对象的指针追加到标记栈，而是像第 1357 行代码那样给对象打上"溢出标记"。也就是说，无视那些溢出后应该被 Push() 到标记栈的指针。然后在第 1358 行将 overflowed_ 设为 true，记录标记栈自身也发生了溢出这一信息。

即使标记栈发生过溢出，也并不意味着就不能再次利用它。只要 Pop() 一下，标记栈内就有了空间，就能再次 Push() 了。

那么新的问题又出现了，这里没有把那些在溢出时 Push() 了的对象实际追加到标记栈，而是无视了它们。也就是说，它们还处于"子对象未被标记"的状态。如果就这样继续执行操作的话，就会出现"标记遗漏"的对象，导致错误释放掉活动对象。那么要怎么样才能避免发生"标记遗漏"呢？

之前给对象打上的"溢出标记"在这里就派上用场了。V8 就是利用这个溢出标记来解决"标记遗漏"问题的。

src/mark-compact.cc

```
595 void MarkCompactCollector::MarkRoots(RootMarkingVisitor* visitor) {

       /* 省略：标记根 */

604    while (marking_stack.overflowed()) {
605      RefillMarkingStack();
606      EmptyMarkingStack(visitor->stack_visitor());
607    }
608 }
```

我们在这里写明了成员函数 MarkRoots() 内发生溢出时的应对方法，这个成员函数在 13.6.3 节中也出现过。第 604 行的成员函数 overflowed() 只在标记栈发生溢出时返回 true。

下面来看一下在第 605 行调用的 RefillMarkingStack() 吧。

src/mark-compact.cc

```
674 void MarkCompactCollector::RefillMarkingStack() {
```

```
677    SemiSpaceIterator new_it(Heap::new_space(), &OverflowObjectSize);
678    ScanOverflowedObjects(&new_it);
679    if (marking_stack.is_full()) return;

       /* 省略：调查 VM Heap 内的所有内存空间的操作 */

       /* 将标记栈内的 overflowed_ 设为 false */
706    marking_stack.clear_overflowed();
707  }
```

在第 678 行调用 ScanOverflowedObjects() 函数，来一个一个地取出作为参数的内存空间内的对象，调查这个对象是否打上了"溢出标记"。如果对象已经打上了溢出标记，就将其 Push() 到标记栈。

在第 679 行调查标记栈是否已满。当标记栈满了的时候，就返回到调用方，继续在 MarkRoots() 内调用第 606 行的 EmptyMarkingStack()。

接下来用 RefillMarkingStack() 对 VM Heap 内的全部内存空间执行溢出对象的检查操作。也就是说，这里执行的操作是把 VM Heap 内的对象一个个取出来，来标记那些因为溢出而导致子对象没有得到标记的对象。通过这项操作就解决了"标记遗漏"的问题。

这样一来，一旦标记栈发生溢出，就需要反复（运气好的话一次就搞定了）搜索 VM Heap。这项操作非常慢，不过只要不弄出层次超级深的对象，标记栈是不会发生溢出的，大家基本上也不会生成这种对象。

13.6.8　对象的标志位

大家也知道，HeapObject 类的实例开头肯定有着持有 Map 实例地址（map 地址）的域。标志位中就要使用这个 map 地址的一部分。

Map 类的实例是对象，因为低 2 位打了标签，所以 map 地址肯定是 01，我们就利用这一点来设置标记。

src/object.h

```
1097   static const int kMarkingBit = 0; // 标志位
1098   static const int kMarkingMask = (1 << kMarkingBit);
1099   static const int kOverflowBit = 1; // 溢出位
1100   static const int kOverflowMask = (1 << kOverflowBit);
```

首先把 map 地址的低 1 位作为标志位来使用，把低 2 位作为溢出标记（位）来使用。关于溢出标记我们已经在 13.6.7 节中解说过了。第 1097 行到第 1100 行负责定义用于标记和溢出标记的掩码。

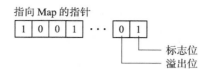

图 13.13 标志位及溢出位

然后用 HeapObject 类的成员函数 SetMark() 执行实际的标记操作。

src/objects-inl.h

```
897  void MapWord::SetMark() {
898    value_ &= ~kMarkingMask;
899  }

1038 void HeapObject::SetMark() {
1040   MapWord first_word = map_word();
1041   first_word.SetMark();
1042   set_map_word(first_word);
1043 }
```

在 V8 中，如果 map 地址的低 1 位是 1，就是"未标记"；如果是 0，就是"已标记"。因为这里的标志位的用法和其他章相反，所以请大家多加注意。

接着在第 1040 行用 map_word() 取出 map 地址，在第 1041 行调用 MapWord 类的成员函数 SetMark()。在 SetMark() 内，在第 898 行把 map 地址（value_）的低 1 位设为 0。通过这项操作，map 地址就被标记完毕了。之后再用第 1042 行的成员函数 set_map_word() 给对象设定已标记的 map 地址。

另一方面，成员函数 ClearMark() 则被用于去除标记。

src/objects-inl.h

```
902  void MapWord::ClearMark() {
903    value_ |= kMarkingMask;
904  }

1046 void HeapObject::ClearMark() {
1048   MapWord first_word = map_word();
1049   first_word.ClearMark();
1050   set_map_word(first_word);
1051 }
```

HeapObject 类的 ClearMark() 和 SetMark() 两者只有第 1049 行是不同的。

最后在 MapWord 类的成员函数 ClearMark() 的第 903 行将低 1 位设为 1，消去标记。

13.7　压缩阶段

在标记阶段中所有活动对象都已经被标记了。这一节中我们将介绍压缩阶段的处理，即以对象的标记为基础，压缩 VM Heap，在 VM Heap 内生成连续的分块。

13.7.1　压缩阶段概要

虽然 V8 把内存空间分成了页面，不过压缩本身还是和第 5 章中介绍的 Lisp2 算法基本相同。

标记阶段结束后，所有活动对象都被打上了标记（图 13.14）。

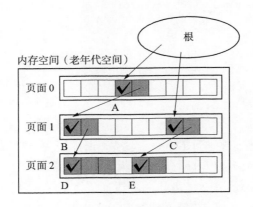

图 13.14　(1)标记阶段结束后

在压缩阶段，需要把活动对象从页面 0 的开头按顺序移动。当移动过程全部结束后，压缩阶段也就结束了。可见图 13.15 中已经从页面 0 的开头按顺序配置了图 13.14 中的活动对象 A、B、C、D、E。

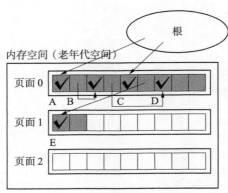

图 13.15　(2)压缩阶段结束后

本章和"算法篇"在压缩阶段的不同在于，配置对象的空间是按照页面来分割的。因此这里必须或多或少地执行一些复杂的操作。

我们用成员函数 CollectGarbage() 来执行 GC，函数的内容如下所示。另外，函数内标记阶段的操作已经在之前介绍过了，这次就省略不提了。还有，GC 标记 - 清除算法的清除操作也一并省略了。

src/mark-compact.cc

```
65    void MarkCompactCollector::CollectGarbage() {

72      if (IsCompacting()) tracer_->set_is_compacting();
73
        /* 省略：标记阶段（已在上一节中解说过）*/

78      SweepLargeObjectSpace();

80      if (IsCompacting()) {
          /* (1) 设定 forwarding 指针 */
81        EncodeForwardingAddresses();
82
          /* (2) 更新指针 */
83        UpdatePointers();
84
          /* (3) 移动对象 */
85        RelocateObjects();
86
          /* (4) 更新记录集 */
87        RebuildRSets();

89      } else {
          /* 省略：标记阶段的清除阶段 */
91      }

        /* 省略：后处理 */

100   }
```

在这里对老年代空间的大型对象空间（表 13.4）执行的是清除操作而不是压缩操作。因为大型对象没有被分配到 VM Heap，而是被分配到了由 OS 直接分配的空间，所以是不能对其执行压缩的。第 78 行的 SweepLargeObjectSpace() 函数负责执行大型对象空间的清除操作。

第 81 行到第 85 行的压缩阶段跟 5.1 节中出现的三个步骤完全相同。在讲解第 81 行到第 85 行中的成员函数时，请大家一边参考第 5 章一边往下阅读。

第 87 行的 RebuildRSets() 负责根据那些因压缩而移动了的对象重新构建记录集。函数名里的 RSet 是 Remembered set（记录集）的缩写。

13.7.2　(1)设定forwarding指针

在第 5 章中介绍的 Lisp2 算法有个前提，就是对象内已经准备了用于 forwarding 指针的域。然而如果把那些只在压缩时使用的 forwarding 指针的域分配到所有对象内，就会降低内存的使用效率。因此，V8 没有另外准备用于 forwarding 指针的域，而是把 forwarding 指针存在各个对象所持有的 `map` 域（对象内存储 map 地址的域）里。

可是如果直接把目标空间的地址存在 `map` 域里，原有的 `map` 地址的信息就会消失掉了。因此 V8 中是把目标空间的地址和 `map` 地址这两者的信息都编码化，把"编码化的 forwarding 指针"存入 `map` 域里。

正因如此，开发者才把设定 forwarding 指针的函数名定为 `EncodeForwardingAddresses()`。函数名中的 `Encode` 有编码化的意思。

编码化的 forwarding 指针的结构如图 13.16 所示。

图 13.16　编码化的 forwarding 指针的结构

32 位的编码化的 forwarding 指针内部存有两种信息。

- 目标空间地址信息
- map 地址信息

下面就按顺序详细看一下这两种信息吧。

13.7.3　目标空间地址信息

编码化的 forwarding 指针内的目标空间地址信息的详情如图 13.17 所示。

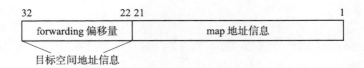

图 13.17　forwarding 指针内的目标空间地址信息

由图 13.17 可知，forwarding 偏移量作为目标空间地址信息，已经被存入了编码化的 forwarding 指针里。

关于 forwarding 偏移量的详细情况请看图 13.18。

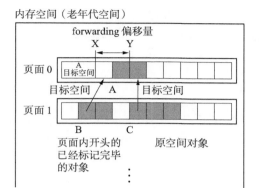

图 13.18　forwarding 偏移量

首先把复制对象设为对象 C，把含有对象 C 的页面内（页面 0）开头的对象设为 B。forwarding 偏移量指的是对象 C 的目标空间地址 Y 和对象 B 的目标空间地址 X 之间的偏移量。

然后给老年代空间内大型对象空间以外的那些内存空间分配以 8K 字节为单位的页面，往这些页面里分配对象（参考 13.3.6 节）。另外，页面的 header 里有 `mc_first_forwarded` 这个域，往这个域里存入页面内开头的已标记对象的目标空间地址。

总的来说，forwarding 偏移量是按照如下方法计算的。

（页面内开头的已标记对象的目标空间地址—目标空间地址）>> 2

最后向右偏移 2 个位，对象的大小肯定会是 4 的倍数（因为是按照 4 的倍数对齐的），偏移的低 2 位则是 0。因此，在这里需要删除用不着的低 2 位。

这样一来，forwarding 偏移量就只保留了 11 位。也就是说，这能保证上述计算结果（forwarding 偏移量）在 11 位以内。下面来一起试着确认一下，看 forwarding 偏移量的最大值是否能保证在 11 位以内。

从 forwarding 偏移量的计算过程来看，计算是从某页面内的对象的目标空间地址减去同一页面内的开头对象的目标空间地址。也就是说，forwarding 偏移量不可能超过页面大小。页面大小是 8K 字节。为了计算已经将其向右偏移了 2 个位，所以 forwarding 偏移量的最大值是 2K 字节。2K 字节正好在 11 位的范围之内。因此只要为 forwarding 偏移量保留 11 位就没问题。

13.7.4　map 地址信息

map 地址信息是把对象所持有的 map 地址编码化的产物。大家还记得吧，map 地址指的是指向那些持有对象的型信息的 map 对象的指针。

编码化的 forwarding 指针内的 map 地址信息如图 13.19 所示。

图13.19　forwarding指针内的map地址信息

map 地址信息和目标空间地址信息不同，它是以两个值为基础构成的。

- map 页面索引
- map 偏移量

在老年代空间的内存空间里，每个页面都按照页面链表的排列顺序被赋予了编号（如图13.20 里的页面 0 等）。map 页面索引里就存储着那些有 map 对象的页面的编号。

另外，map 偏移量是将从有 map 对象的页面的开头到 map 对象的偏移量右移 2 个位得出的值。显而易见，右移的计算方法和计算 forwarding 偏移量的方法相同。

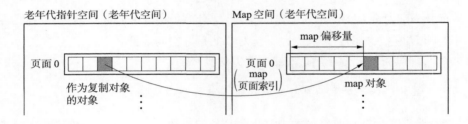

图13.20　map页面索引＆偏移量

这样一来就保证了 map 地址信息在 21 位，接下来就让我们来确认一下 map 地址信息是不是在 21 位以内吧。

已知保证了 map 页面偏移量在 11 位。11 位的最大值是 2K 字节，页面大小是 8K 字节。因为将其右移 2 位就会变成 2K 字节，所以不要紧。

已知保证了 map 页面索引在 10 位。用 10 位能表示的范围是 0 ~ 1023。因此 map 页面索引能将页面编号表示到 1023。Map 空间的上限固定为 8M 字节（1024 × 8K 字节），也就是说 Map 空间内的最大页面编号是 1023，属于 map 页面索引的范围之内。

综上，只要保证 map 地址信息在 21 位就没有问题。

13.7.5　EncodeForwardingAddresses()

负责设定 forwarding 指针的是成员函数 EncodeForwardingAddresses()，其调用图如代码清单 13.2 所示。

代码清单13.2：EncodeForwardingAddresses()的调用图

```
EncodeForwardingAddresses()
  EncodeForwardingAddressesInPagedSpace()     ── 取出内存空间的各个页面
    EncodeForwardingAddressesInRange()        ── 取出页面内的对象
      MCAllocateFromOldPointerSpace()         ── 决定目标空间地址
      EncodeForwardingAddressInPagedSpace()   ── 设定forwarding指针
        EncodeAddress()                       ── 生成编码化的forwarding指针
```

下面来一起看一下成员函数 EncodeForwardingAddresses() 的内容吧。本章中虽然只介绍如何设定老年代指针空间的 forwarding 指针，不过对其他内存空间来说，需要执行的操作基本上也是一致的。

src/mark-compact.cc

```
1251  void MarkCompactCollector::EncodeForwardingAddresses() {

      /* 设定老年代指针空间的forwarding指针 */
1259  EncodeForwardingAddressesInPagedSpace<MCAllocateFromOldPointerSpace,
1260                                        IgnoreNonLiveObject>(
1261    Heap::old_pointer_space());

      /* 省略：老年代空间内其他内存空间的forwarding指针的设定操作 */

1295  }
```

在这里把老年代指针空间（OldSpace 类的实例）传递给 EncodeForwardingAddressesInPagedSpace()。

在第 1259 行把成员函数 MCAllocateFromOldPointerSpace() 指定为模板参数，其定义如下所示。

src/mark-compact.cc

```
963  inline Object* MCAllocateFromOldPointerSpace(HeapObject* ignore,
964                                               int object_size) {
965    return Heap::old_pointer_space()->MCAllocateRaw(object_size);
966  }
```

在第 965 行调用了 OldSpace 类的成员函数 MCAllocateRaw()，它负责把参数中指定的大小从内存空间的开头（页面的开头）开始按顺序不间断地分配。这就是用于设定 forwarding 指针的分配器。

因为在之后介绍的 EncodeForwardingAddressesInRange() 中还会用到上述函数，所以大家只要理解一下其大概情况就行。

src/mark-compact.cc

```
1109  template<MarkCompactCollector::AllocationFunction Alloc,
1110           MarkCompactCollector::ProcessNonLiveFunction ProcessNonLive>
1111  void MarkCompactCollector::EncodeForwardingAddressesInPagedSpace(
1112      PagedSpace* space) {
1113    PageIterator it(space, PageIterator::PAGES_IN_USE);
1114    while (it.has_next()) {
1115      Page* p = it.next();

1118      int offset = 0;
1119      EncodeForwardingAddressesInRange<Alloc,
1120                                       EncodeForwardingAddressInPagedSpace,
1121                                       ProcessNonLive>(
1122          p->ObjectAreaStart(),
1123          p->AllocationTop(),
1124          &offset);
1125    }
1126  }
```

　　最后用 EncodeForwardingAddressesInPagedSpace() 把传递给参数的 space（内存空间）内的页面一个个取出来，将页面的开头和结尾地址，以及 offset 的指针传递给 EncodeForwardingAddressesInRange()。大家请记住，此时的 offset 为 0。

13.7.6　EncodeForwardingAddressesInRange()

　　EncodeForwardingAddressesInRange() 负责把指定范围内的对象一个个取出来，设定 forwarding 指针。在此展开一部分函数内的模板来为大家介绍。

src/mark-compact.cc

```
1044  inline void EncodeForwardingAddressesInRange(Address start,
1045                                               Address end,
1046                                               int* offset) {
1052    Address free_start = NULL;
1053
1057    bool is_prev_alive = true;
1058
1059    int object_size;
1060    for (Address current = start; current < end; current += object_size) {
1061      HeapObject* object = HeapObject::FromAddress(current);
1062      if (object->IsMarked()) {
1063        object->ClearMark();
1065        object_size = object->Size();
1066
          Object* forwarded = MCAllocateFromOldPointerSpace(object, object_size);
```

```
              EncodeForwardingAddressInPagedSpace(object, object_size,
                                                  forwarded, offset);

1082      } else {
1083        object_size = object->Size();
1089      }
1090    }

1094  }
```

当对象被标记完毕的时候，在第 1063 行消去标记。

然后调用 MCAllocateFromOldPointerSpace()，获取 forwarded（对象的目标空间地址）。

接着在成员函数 EncodeForwardingAddressesInPagedSpace() 内生成编码化的 forwarding 指针，并将其存入 object 的 map 域里。

13.7.7　EncodeForwardingAddressInPagedSpace()

成员函数 EncodeForwardingAddressInPagedSpace() 的参数如下所示。

- old_object —— 对象的原空间地址
- object_size —— 对象大小
- new_object —— 对象的目标空间地址
- offset —— 指向 forwarding 偏移量的指针

在这个成员函数内第一次调用 EncodeForwardingAddressInPagedSpace() 时，*offset 为 0。

src/mark-compact.cc

```
1005  inline void EncodeForwardingAddressInPagedSpace(HeapObject* old_object,
1006                                                  int object_size,
1007                                                  Object* new_object,
1008                                                  int* offset) {
1010    if (*offset == 0) {
1011      Page::FromAddress(old_object->address())->mc_first_forwarded =
1012          HeapObject::cast(new_object)->address();
1013    }
1014
1015    MapWord encoding =
1016        MapWord::EncodeAddress(old_object->map()->address(), *offset);
1017    old_object->set_map_word(encoding);
1018    *offset += object_size;
1020  }
```

*offset 为 0，也就是说 old_object 是页面内开头的已标记对象的地址。因此在第 1011 行把页面 header 里的 mc_first_forwarded 设为目标空间地址。成员函数 FromAddress() 负责从对象的地址获取那些有对象的页面的地址。在第 1012 行调用成员函数 address()，它负责从指针除去 HeapObject 的标签，返回正确的地址。

第 1016 行负责调用成员函数 EncodeAddress()，生成编码化的 forwarding 指针。关于 EncodeAddress() 的详细内容我们会在后面介绍。

然后只要把用 MapWord::EncodeAddress() 生成的编码化的 forwarding 指针存入 map 域，forwarding 指针的设定就结束了。

最后在第 1018 行将 *offset 偏移对象大小，在设定同一页面内的下一个对象的 forwarding 指针时，会使用到已偏移的 *offset。

那么一起来看一下用于生成编码化的 forwarding 指针的 EncodeAddress() 吧。在此展开了一部分在成员函数内使用的常量。

src/mark-compact.cc

```
922   MapWord MapWord::EncodeAddress(Address map_address, int offset) {

         int compact_offset = offset >> 2;

         Page* map_page = Page::FromAddress(map_address);

         int map_page_offset = map_page->Offset(map_address) >> 2;

         uintptr_t encoding =
             (compact_offset << 21) |
             (map_page_offset << 10) |
             (map_page->mc_page_index << 0);
941      return MapWord(encoding);
942   }
```

EncodeAddress() 把 map 地址 (map_address) 和 forwarding 偏移量 (offset) 作为参数。

首先把 offset 右移 2 个位，将得到的值存入 compact_offset。

然后由 map_address 计算 map_page（存有 map_address 的页面），之后使用 map_page 的成员变量 Offset()，求出从页面开头的偏移量，将结果存入 map_page_offset。

最后把编码化的 forwarding 指针存入 encoding，将其变换成 MapWord 类，返回调用方。

13.7.8　(2) 更新指针

这里的"更新指针"就是把 VM Heap 内的各个对象所持有的指向子对象的指针，以及指向根的指针更新到各自的目标空间地址。

执行更新指针操作的是 UpdatePointers()，其调用图如代码清单 13.3 所示。

代码清单 13.3：UpdatePointers() 的调用图

```
UpdatePointers()
  IterateLiveObjects()                       —— 取出活动对象
    UpdatePointersInOldObject()
      IterateBody()                          —— 取出对象内的指针
        UpdatePointer()                      —— 更新指针
          GetForwardingAddressInOldSpace() —— 获得目标空间地址
```

下面来一起看看成员函数 UpdatePointers() 吧。

src/mark-compact.cc

```
1445 | void MarkCompactCollector::UpdatePointers() {

       /* 省略：更新根的指针的操作 */

1456 |   int live_pointer_olds = IterateLiveObjects(Heap::old_pointer_space(),
1457 |                                 &UpdatePointersInOldObject);

       /* 省略：更新其他内存空间内对象的指针的操作 */

1483 | }
```

第 1456 行的成员函数 IterateLiveObjects() 对内存空间内的所有活动对象调用作为参数的成员函数。这里调用的是成员函数 UpdatePointersInOldObject()。虽然本章中只介绍"老年代指针空间的指针更新"，不过对其他内存空间而言，要执行的操作基本是相同的。

此外，之前在 13.6.3 节中讲过 HandleScope 等内容，更新根的指针，也就是更新 HandleScope 管理的那些指针。指针的更新方法也和在本章中讲解的老年代指针空间的指针的更新方法基本相同，因此这里不再赘述。

src/mark-compact.cc

```
1515 | int MarkCompactCollector::UpdatePointersInOldObject(HeapObject* obj) {

       /* 省略：map 地址的更新操作 */

1540 |   UpdatingVisitor updating_visitor;
1541 |   obj->IterateBody(type, obj_size, &updating_visitor);
1542 |   return obj_size;
1543 | }
```

在这里使用成员函数 `UpdatePointersInOldObject()` 更新那些被传递给参数的对象的指针。
第 1541 行的 `IterateBody()` 是在 13.6 节中屡次出现过的成员函数，大家应该还有印象吧。这个
成员函数负责把指针群交给 visitor。visitor 使用用于更新指针的 `UpdatingVisitor` 类。

13.7.9　UpdatingVisitor

作为指针更新对象的那些对象内的指针群的开头和结尾地址会被传递给 `UpdatingVisitor` 类
的 `VisitorPointers`。

src/mark-compact.cc

```
1367  class UpdatingVisitor: public ObjectVisitor {
1368   public:

1373    void VisitPointers(Object** start, Object** end) {
1375      for (Object** p = start; p < end; p++) UpdatePointer(p);
1376    }

1386   private:
1387    void UpdatePointer(Object** p) {
1388      if (!(*p)->IsHeapObject()) return;
1389
1390      HeapObject* obj = HeapObject::cast(*p);

1427       new_addr = MarkCompactCollector::GetForwardingAddressInOldSpace(obj);
1432
1433      *p = HeapObject::FromAddress(new_addr);
1441    }
1442  };
```

最后把对象内的各个指针域地址传递给成员函数 `UpdatePointers()`。这个成员函数是指
针更新操作的核心部分。

成员函数 `GetForwardingAddressInOldSpace()` 负责把编码化的 forwarding 指针解密，并
返回目标空间地址。我们会在接下来的 13.7.10 节为大家解释这个函数。

在第 1433 行，通过成员函数 `FromAddress()` 给目标空间地址 `new_address` 打上
`HeapObject` 的标签，将其返回值存入 `*p`，以此来更新对象的指针。执行指针的更新操作的
正是这一行。

13.7.10　GetForwardingAddressInOldSpace()

`GetForwardingAddressInOldSpace()` 是把编码化的 forwarding 指针解密，返回目标空间
地址的成员函数。

src/mark-compact.cc

```
1546   Address
       MarkCompactCollector::GetForwardingAddressInOldSpace(HeapObject* obj) {
1548     MapWord encoding = obj->map_word();

         /* 获取forwarding偏移量 */
1551     int offset = encoding.DecodeOffset();

1552     Address obj_addr = obj->address();
1555     Page* p = Page::FromAddress(obj_addr);

         /* 获取位于原空间页面开头的已标记对象的目标空间地址 */
1556     Address first_forwarded = p->mc_first_forwarded;

         /* 获取开头对象的目标空间页面 */
1559     Page* forwarded_page = Page::FromAddress(first_forwarded);

         /* 从开头对象的目标空间地址的页面开头开始的偏移量 */
1560     int forwarded_offset = forwarded_page->Offset(first_forwarded);

         /* 开头对象的目标空间页面内最后的预定复制地址 */
1563     Address mc_top = forwarded_page->mc_relocation_top;
1564     int mc_top_offset = forwarded_page->Offset(mc_top);

         /* 是否在页面范围内？ */
1568     if (forwarded_offset + offset < mc_top_offset) {
1570       return first_forwarded + offset;
1571     }
1572

         /* 下一个页面 */
1574     Page* next_page = forwarded_page->next_page();
1576
1577     offset -= (mc_top_offset - forwarded_offset);
1578     offset += Page::kObjectStartOffset;
1579
1583     return next_page->OffsetToAddress(offset);
1584   }
```

第 1551 行的 DecodeOffset() 是从编码化的 forwarding 指针取出 forwarding 偏移量的成员函数。

第 1563 行的 mc_relocation_top 是被预定为 forwarded_page 最靠后的目标空间的地址。也就是说，如果 obj 的目标空间地址超过了 mc_relocation_top，那么 forwarded_page 的下一个页面就会是目标空间页面。obj 的目标空间地址指着下一个页面时的示意图如图 13.21 所示。

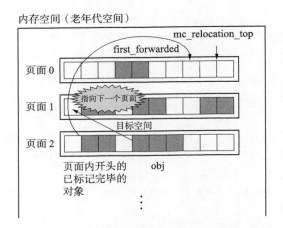

图 13.21　目标空间地址指着下一个页面时的情况

　　如果目标空间地址位于比 `mc_relocation_top` 还低的地址，就给 `first_forwarded`（开头对象的目标空间地址）加上 `offset`，并返回这个值（第 1570 行）。

　　另一方面，如果目标空间地址位于比 `mc_relocation_top` 更高的地址，就说明 `forwarded_page` 的下一个页面里有目标空间地址。因此从 `mc_top_offset` 里减去 `forwarded_offset`，加上 `Page::kObjectStartOffset`（页面的 header 大小），求出从下一个页面开头到目标空间地址的偏移量（`offset`）。然后在第 1583 行把 `offset` 传递给 `OffsetToAddress()`。第 1583 行的 `OffsetToAddress()` 正如其名，是一个把从页面开头开始的偏移量转换成地址的成员函数。

13.7.11　(3) 移动对象

　　这里的"移动对象"就是按照 VM Heap 内的各个对象被设定的 forwarding 指针（目标空间地址）来实际移动对象。

　　执行移动对象操作的是成员函数 `RelocateObjects()`。

src/mark-compact.cc

```
1590   void MarkCompactCollector::RelocateObjects() {

1598     int live_pointer_olds = IterateLiveObjects(Heap::old_pointer_space(),
1599                                                &RelocateOldPointerObject);

         /* 省略：其他内存空间内对象的移动操作 */

1634   }
```

函数的内容和 UpdatePointers() 基本一致，只是传递给 IterateLiveObjects() 的函数指针不同而已。

这里把成员函数 RelocateOldPointerObject() 传递给了 IterateLiveObjects()，下面一起来看看其内容吧。

src/mark-compact.cc

```
1718 | int MarkCompactCollector::RelocateOldPointerObject(HeapObject* obj) {
1719 |   return RelocateOldNonCodeObject(obj, Heap::old_pointer_space());
1720 | }

1693 | int MarkCompactCollector::RelocateOldNonCodeObject(HeapObject* obj,
1694 |                                                    PagedSpace* space) {
1696 |   MapWord encoding = obj->map_word();
1697 |   Address map_addr = encoding.DecodeMapAddress(Heap::map_space());
1699 |   /* 获取目标空间地址 */
1701 |   Address new_addr = GetForwardingAddressInOldSpace(obj);
1702 |   /* 设定 map 地址、获取对象大小 */
1704 |   int obj_size = RestoreMap(obj, space, new_addr, map_addr);
1705 |
1706 |   Address old_addr = obj->address();
1707 |
1708 |   if (new_addr != old_addr) {
1709 |     memmove(new_addr, old_addr, obj_size); // 移动对象
1710 |   }
1713 |
1714 |   return obj_size;
1715 | }
```

RelocateOldPointerObject() 在内部调用 RelocateOldNonCodeObject()。

成员函数 RelocateOldNonCodeObject() 的内容并没有那么难。第 1704 行的 RestoreMap() 函数是负责给 map 域设定 map_addr，并返回对象大小。之后从 old_addr（原空间地址）把 obj_size（对象大小）的量 memmove() 到 new_addr（目标空间地址）

13.7.12　(4) 更新记录集

V8 的垃圾回收是分代垃圾回收，因此 V8 里有负责记录从老年代空间到新生代空间引用的记录集。在这一节中我们将为大家说明如何更新这个记录集。

首先为大家说明的是为什么需要更新记录集。

当然更新记录集的原因之一就是对象通过压缩被移动，记录集内的地址变成了"旧的信息"（即移动前的地址）。不过除了这个，还有其他两个原因。

通过写入屏障，从老年代空间到新生代空间的引用会被记录到记录集。但是 V8 的写入

屏障虽然会往记录集里记录，但不会消除记录。把指向新生代空间内对象的指针存到老年代空间内的指针域，并通过写入屏障将其记录到记录集后，即使在这个指针域里放入其他任何值，记录集的记录都不会被消除。也就是说，如果不在某个时候更新记录集内的记录的话，记录集就会持续增大。

因此，我们在 GC 时会将所有记录集清空一次，重新把指向新生代空间的指针域记录到记录集里。

13.7.13　记录集的结构

记录集被作为位图表格配置在了各个页面的 header 部分（图 13.22）。

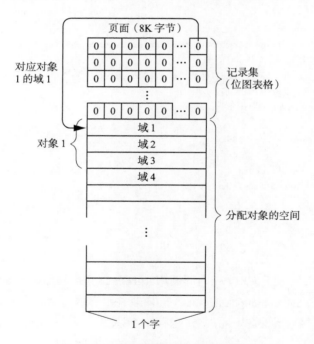

图 13.22　记录集（位图表格）的结构

这里的位图表格的用法和第 11 章中介绍的位图标记几乎一样。记录集内的各个位和页面内的域（如果 CPU 是 32 位的，则对应 4 个字节）相对应。一旦设立记录集内的位，跟位对应的域内就存入了指向新生代空间的指针（图 13.23）。

此外，通过以下计算还可以求出位图表格的大小。

8K 字节（页面大小）/4 字节（指针大小）= 2048（页面的最大域数量）
2048/8（1 字节中的位数）= 256 字节

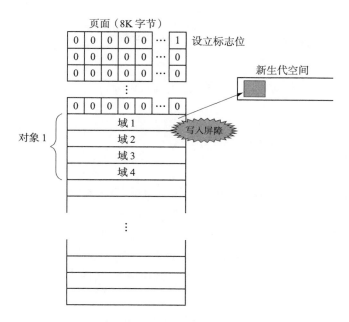

图13.23 把指向新生代空间的引用记录到记录集里

如果记录集的大小是 256 字节，那么就可以网罗页面内所有的指针域了（在 32 位 CPU 的情况下）。

13.7.14 RebuildRSets()

下面来看一下负责更新记录集的成员函数 RebuildRSets() 吧。

src/mark-compact.cc
```
1801  void MarkCompactCollector::RebuildRSets() {
1806    Heap::RebuildRSets();
1807  }
```

在内部调用 Heap 类的成员函数 RebuildRSets()。

src/heap.cc
```
857  void Heap::RebuildRSets() {

860    map_space_->ClearRSet();
861    RebuildRSets(map_space_);
862
863    old_pointer_space_->ClearRSet();
864    RebuildRSets(old_pointer_space_);
```

```
865
866      Heap::lo_space_->ClearRSet();
867      RebuildRSets(lo_space_);
868    }
```

只有那些具有指向新生代空间的引用的内存空间才有记录集。

- Map 空间（`map_space_`）
- 老年代指针空间（`old_pointer_space_`）
- 大型对象空间（`lo_space_`）

另外，记录集的更新方法基本上不会因空间不同而有所差别。这里以老年代指针空间（`old_pointer_space_`）为例，为大家讲一下如何更新记录集。

第 863 行的成员函数 `ClearRSet()` 被用来销毁记录集内的记录。因为记录集事实上是个位图表格，所以只要将其清零，就能清空记录集。这是非常高速的。

第 864 行调用的 `RebuildRSets()`（重载①）是用来重新构建记录集的成员函数。

src/heap.cc

```
871    void Heap::RebuildRSets(PagedSpace* space) {
872      HeapObjectIterator it(space);
873      while (it.has_next()) Heap::UpdateRSet(it.next());
874    }
```

在第 873 行对内存空间内的对象调用成员函数 `UpdateRSet()`。

src/heap.cc

```
831    int Heap::UpdateRSet(HeapObject* obj) {

850        UpdateRSetVisitor v;
851        obj->Iterate(&v);

853      return obj->Size();
854    }
```

关于第 831 行的成员函数 `UpdateRSet()`，我们把多余的部分省略掉了。事实上其中的操作内容只是把 `UpdateRSetVisitor` 类的 visitor 传递给了 obj 的 `Iterate()` 而已。`Iterate()` 这个成员函数用来对对象内的所有指针域调用 visitor 的 `VisitPointers()` 或 `VisitPointer()`。

---

① 重载：多重定义那些名称相同但返回值、参数数量和类型不同的函数。

13.7.15　UpdateRSetVisitor

`UpdateRSetVisitor` 类的内容非常简单。

src/heap.cc

```
804  class UpdateRSetVisitor: public ObjectVisitor {
805   public:
806
807    void VisitPointer(Object** p) {
808      UpdateRSet(p);
809    }
810
811    void VisitPointers(Object** start, Object** end) {
815      for (Object** p = start; p < end; p++) UpdateRSet(p);
816    }
817   private:
818
819    void UpdateRSet(Object** p) {
824      if (Heap::InNewSpace(*p)) {
825        Page::SetRSet(reinterpret_cast<Address>(p), 0);
826      }
827    }
828  };
```

第 807 行的 `VisitPointer()` 负责接收对象内的指针域地址，第 811 行的 `VisitPointers()` 则负责接收对象指针群的开头地址和结尾地址。这两个成员函数都只是在内部调用 `UpdateRSet()`。

用 `UpdateRSet()` 检查指针域里面是不是新生代空间的地址。如果是新生代空间的地址，就必须将其记录到记录集里。因此我们在第 825 行调用 `SetRSet()`。

13.7.16　SetRSet()

成员函数 `SetRSet()` 负责往记录集里记录指向新生代空间的引用。我们将代码内的一部分函数展开，如下所示。

src/spaces-inl.h

```
148  void Page::SetRSet(Address address, int offset) {
149    uint32_t bitmask = 0;
150    Address rset_address = ComputeRSetBitPosition(address, offset, &bitmask);
     *(reinterpret_cast<uint32_t*>(rset_address)) |= bitmask;
154  }
```

第 150 行的 `ComputeRSetBitPosition()` 返回与 `address` 对应的位图表格列的地址，往参数 `bitmask` 里存入位图标记。位图标记是用来设置与 `address` 对应的位的。

下面一起来看看成员函数 ComputeRSetBitPosition() 的定义。为了便于说明,我们展开了一部分常量。

src/spaces-inl.h

```
112   Address Page::ComputeRSetBitPosition(Address address,
113                                        uint32_t* bitmask) {

116     Page* page = Page::FromAddress(address);
        uint32_t bit_offset = page->Offset(address) >> 2;
        *bitmask = 1 << (bit_offset % 32);

        Address rset_address = page->address() + (bit_offset / 32) * 4;
144     return rset_address;
145   }
```

取从页面开头到 address 的偏移量,再用偏移量除以指针的大小,然后拿这个数除以位图表格的 1 列大小的位数求出余数,最后把 1 向左移,左移的量等于这个余数。

至于 rset_address(对应 address 的位图表格的列的地址),可以用 bit_offset 除以位图表格 1 列大小的位数,再乘以位图表格 1 列大小的字节数,然后将得到的结果与页面开头地址相加就可以求出来了。

之后只要计算 rset_address 跟 bitmask 的逻辑或(OR),并将结果存入在 rset_address 内的位列即可(图 13.24)。

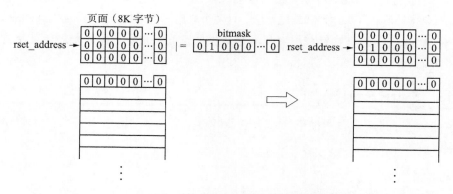

图13.24　在位图表格的列中对bitmask执行逻辑或操作

这样就成功地把指向新生代空间的引用记录到记录集里了。

13.8 Q&A

13.8.1 听说 V8 是在 Android 平台上运行的，是这样吗？

V8 是 Chrome（Web 浏览器）的 JavaScript 引擎。现在 Android 虽然搭载着其他非 Chrome 的 Web 浏览器，不过将来可能会将其替换成 Chrome（因为 V8 和 Android 都是 Google 公司的产品）。

因此，V8 是为将来能在 Android 平台上运作而设计的。笔者写作本书时虽然还没有消息说 V8 已经完全能在 Android 平台上运作了，不过大家在源代码内可以看到一些用于 Android 的描述。

在 Android 平台上运行 V8，或者进一步说在 Android 平台上运行 Chrome 的那一天应该不远了。

13.8.2 终结器是什么？

在 V8 所遵循的 JavaScript 的规格（ECMAScript 3rd Edition）中，对象是没有终结器的。也就是说，在语言规格方面是没有终结器的。因此 V8 的代码内没有任何关于对象终结器的操作。

这个规格令 GC 实现者大为欢心。因为对他们来说，问题一旦涉及终结器就会变得非常棘手。

不过从语言使用者的角度来说，没有终结器或许会很不好受吧。

附录

这里笔者将为大家补充一些内容，包括"实现篇"中未讲解的语言的简单说明等。

附录A　简单语言入门：Python篇

Python 由 Guido van Rossum 开发，是一种有着动态类型的面向对象的脚本语言。

内置数据类型

内置数据类型是 Python 中一开始就构建了的类型，它向用户提供字符串和列表等一般的功能。

在此为大家介绍几个具有代表性的内置数据类型，分别是数值型、序列型、映射型。

数值型

Python 中有整型、浮点型以及复数类型这三种不同的数值类型。

在 Python 中它们分别如下所示。

```
1            #整型
0.1          #浮点型
1j           #复数类型
```

在 Python 中没有 Java 中的 `int` 和 `long` 这样的"基本数据类型"。也就是说，1 和 2 这样的整数也全都会被当成对象来处理。

序列型

序列型是处理连续元素的类型。我们在此拿出几个具有代表性的序列为大家说明，分别是字符串、列表和元组。

字符串

字符排列成的串叫作字符串。"ab"这个字符串是由"a"和"b"这两个连续的元素（在这里是字符）构成的。也就是说，字符串也属于序列型。

在 Python 中是这样来表示字符串的。

```
"字符串"
```

此外，所定义的字符串每一个都是不同的实例。

也就是说，像下面这样重复定义的话，就会生成不同的字符串对象。

```
"字符串"
"字符串"
"字符串"
```

列表

对字符串而言，连续的元素是字符；但对列表而言，所有对象都可以作为其元素。

列表的定义如下所示。

```
list = ['l', 'i', 's', 't']
```

还可以像下面这样变更列表的元素。

```
list = ['l', 'a', 's', 't']
list[1] = 'i'
print(list) # => ['l', 'i', 's', 't']
```

代码注释中的 `=>` 部分表示执行结果。

在往列表中追加和删除元素的时候，可以使用 `append` 和 `pop`，如下所示。

```
list = ['l', 'i', 's', 't']
list.append('list')    # 追加
print(list) # => ['l', 'i', 's', 't', 'list']
list.pop()             # 删除
print(list) # => ['l', 'i', 's', 't']
```

元组

元组也和列表一样，可以将所有对象作为元素。

元组的定义如下所示。

```
tuple = ('t', 'u', 'p', 'l', 'e')
```

元组和列表虽然很像，不过元组有个特征，就是一旦生成了元组，我们就无法变更它。

```
tuple = ('t', 'u', 'p', 'l', 'e')
tuple[0] = 'g'
# TypeError: 'tuple' object does not support item assignment
```

映射型

在映射型中可以把无法变更的对象 —— 键和任意的对象对应。现在映射型只包括一种类型，即字典类型。

字典的定义如下所示。

```
dict = {"cat" : "猫", "dog" : "狗"}
```

"cat"的部分是键，键必须是无法变更的对象。也就是说，不能把列表和字典当成键来使用。

我们可以把键作为索引来取出添加到字典的对象。

```
dict = {"cat" : "猫", "dog" : "狗"}
dict["cat"] # => 猫
```

类

在这里为大家介绍一下如何简单地生成类和实例。

类的定义如下所示。

```
# 开始定义类
class Cat:

  # 构造函数
```

```
    def __init__(self, name):
        self.name = name # 设置实例变量

    # 定义方法
    def hello(self):
        print(self.name + ": Nyan!")
```

下面该生成实例、调用方法了。

```
tama = Cat("Tama") # 生成 Cat 类的实例
tama.hello()        # => "Tama : Nyan!"
```

附录B 简单语言入门：**Java** 篇

Java 由 James Gosling 等人开发，是一种面向对象的强静态类型语言。

基本数据类型和引用类型

Java 的数据类型大体上可分为两种，即"基本数据类型"和"引用类型"。

基本数据类型包括布尔型 boolean，字符型 char，整型 byte、short、int、long 以及浮点型 float、double。

引用类型包括数组和类等。

数组

数组是可以持有多个同一类型数据的对象。数组的大小在初始化时就已经被定好了，之后是无法变更的。

```
int intArray[] = new int[10];
String stringArray[] = new String[10]; // 字符串的数组
```

类

类的定义如下所示。

```
开始定义类
class Cat {
    // 实例变量
    String name;
```

```java
    // 构造函数
    Cat(String name) {
        this.name = name;
    }

    // 定义方法
    public void hello() {
        System.out.println(this.name + ": Nyan!");
    }
}
```

接下来生成实例，并调用方法。

```java
public static void main(String args[]) {
    Cat tama = new Cat("Tama"); // 生成Cat类的实例
    tama.hello();                // => "Tama : Nyan!"
}
```

附录C 简单语言入门：Ruby 篇

Ruby 由松本行弘开发，是一种面向对象的脚本语言。

全都是对象

整数和字符串等全都是 Ruby 的对象。举个例子，假设整数对象里已经定义了一个用来返回绝对值的方法 abs()。

```ruby
1        # 整数对象
-1.abs() # => 1
```

类

类的定义如下所示。

```ruby
# 开始定义类
class Cat
  # 构造函数
  def initialize(name)
    @name = name #设定实例变量
  end
```

```
  # 定义方法
  def hello
    puts @name + ": Nyan!"
  end
end
```

接下来生成实例，并调用方法。

```
tama = Cat.new("Tama") # 生成 Cat 类的实例
tama.hello              # => "Tama : Nyan!"
```

在 Ruby 中，如果调用方法时没有指定参数的话，就可以省略 ()。

附录 D　简单语言入门：JavaScript 篇

JavaScript 是一种基于原型的面向对象的脚本语言。因为几乎所有的 Web 浏览器都搭载有 JavaScript 引擎，所以大家应该都比较熟悉它了吧。

基本数据类型和引用类型

JavaScript 的数据类型和 Java 一样，也分成"基本数据类型"和"引用类型"。

基本数据类型包括布尔型、字符串、数值、未定义类型和 NULL 型。

引用类型包括对象和函数。

对象

在 JavaScript 里没有类这个概念。大家可以把 JavaScript 想象成一个只有实例化对象的世界。对象有属性和方法。

我们按照下面的操作来生成对象。

```
var tama = {};       // 生成对象
tama.name = "tama"; // 设定属性
// 定义方法
tama.hello = function(){ alert(this.name + ": Nyan!") }

// 调用方法
tama.hello();
```

如果使用构造函数（函数对象），就能更加简单地生成对象。

```
function Cat(name) {
  this.name = name;
  this.hello = function(){ alert(this.name + ": Nyan!"); };
}

var tama = new Cat("tama"); // 使用Cat构造函数生成对象
tama.hello();                   // => "Tama : Nyan!"
```

试着创建自己的 GC 吧

　　我们在"实现篇"中介绍的 GC 规模都很大。实用层面的 GC 很复杂，代码量往往会非常巨大。因此有很多人会想："仅凭一己之力应该很难创建 GC 吧？"

　　不过如果不考虑效率，单纯从学习目的出发的话，实际上要创建 GC 是很容易的。

　　笔者试着生成了一个简单的保守式 GC 库，包括测试在内总共做了 450 行。笔者将源代码命名为 minigc，上传到了 github 上。

　　http://github.com/authorNari/minigc

　　大家也试着自己来创建 GC 吧！这样不但有助于加深理解，还能深刻体会到语言搭载的 GC 有多么优秀。

后 记

对于我跟相川来说，写作本书就是在接受不间断的挑战。下面就从这些为数众多的挑战中选出几个介绍给大家，以此来为本书画上句号。

1. 第一本专门讲解 GC 的日语书

本书是第一本专门讲解 GC 的日语书。对我们来说，这是最大的挑战。

此外，自 McCarthy 发表第一篇关于 GC 的论文后，今年刚好是第 50 个年头。在时隔 GC 问世半个世纪之后，本书得以出版，真是不可思议的缘分。而有幸执笔本书，也令我们不胜惶恐。

2. 两人都是第一次写书

两位笔者都是第一次写书。刚开始时大家都抓不到写作的节奏，非常烦闷苦恼（虽然到最后也不能说抓到节奏了）。话说回来，我们虽然苦恼，不过也在一点一滴地努力，并在写作的过程中渐渐找到了自信，最后终于完成了本书。

另外，共同创作有乐也有苦，头一次知道两个人要合拍有多么难。

为了将本书写得更好，我们进行了认真的讨论。重新读一遍本书后，发现曾经的讨论都是个性的融汇碰撞，而这也在本书中以很好的形式体现了出来。这下我们终于可以自信满满地说："这本书只有我们两个人才写得出来！"

3. 算法介绍简明易懂

"算法篇"里用到了很多图示，基本上所有算法都是用伪代码描述的。内容之简单连我自己都感叹不已。在这方面，"算法篇"的执笔者相川着实花费了一番苦心。

如果各位读者也有同样的感慨，那多半是相川的功劳。

4. 用源代码写故事

在后半部分的"实现篇"里，我们解读了实际的源代码。源代码和小说等作品不一样，它的写作顺序让人读起来并不容易。源代码就像用乐高积木搭建的作品那样，给人以立体感。在"实现篇"中，我们分解了这些源代码，努力为大家呈现一个连续的故事。

此外，我们还尽可能地每次都引用较短的源代码，并把潜藏在源代码背后的"为什么"也写出来。

　　除了以上内容之外，本书中还尝试了各种各样的挑战。当然也有几次失败的经历。不，应该说失败经历比成功经历更多一些……虽然很想把这些都分享给大家，但是不得不收笔了。

　　我是在 3 年前开始学习 GC 的，那时候有关 GC 的日语资料非常少，学习的过程真的很艰难。就这样过了 3 年，现在的状况跟那时也相差无几。如果 3 年前就有本书的话，我想我肯定会毫不犹豫地买下吧。

　　我已经没法把本书送给过去的我了，但是我可以把本书分享给现在以及未来跟我有相似经历的人。而我之所以参与本书的创作，也就是出于这个原因。

　　衷心希望本书能到需要它的人手中。

笔者代表　中村成洋

2010 年 1 月 30 日

参考文献

论文

[1] McCarthy 1960

John McCarthy, *Recursive functions of symbolic expressions and their computation by machine*, Communications of the ACM, v.3 n.4, p.184-195, Apr. 1960

[2] Fenichel and Yochelson 1969

Robert R. Fenichel and Jerome C. Yochelson, *A LISP garbage-collector for virtual-memory computer systems*, Communications of the ACM, v.12 n.11, p.611-612, Nov. 1969

[3] Lang and Dupont 1987

Bernard Lang and Francis Dupont, *Incremental incrementally compacting garbage collection*, Papers of the Symposium on Interpreters and interpretive techniques, p.253-263, Jun. 24-26, 1987

[4] Cheney 1970

C. J. Cheney, *A nonrecursive list compacting algorithm*, Communications of the ACM, v.13 n.11, p.677-678, Nov. 1970

[5] Wilson et al. 1991

Paul R. Wilson , Michael S. Lam and Thomas G. Moher, *Effective "static-graph" reorganization to improve locality in garbage-collected systems*, Proceedings of the ACM SIGPLAN Conference on Programming Language Design and Implementation, p.177-191, Jun. 1991

[6] Collins 1960

George E. Collins, *A method for overlapping and erasure of lists*, Communications of the ACM, v.3 n.12, p.655-657, Dec. 1960

[7] Minsky 1963

Marvin L. Minsky, *A Lisp garbage collector algorithm using serial secondary storage*, Technical Report Memo 58(rev.), Project MAC, MIT, Cambridge, MA, Dec. 1963

[8] Deutsch and Bobrow 1976

L. Peter Deutsch and Daniel G. Bobrow, *An efficient, incremental, automatic garbage collector*, Communications of the ACM, v.19 n.9, p.522-526, Sep. 1976

[9] Lins 1992

Rafael D. Lins, *Cyclic reference counting with lazy mark-scan*, Information Process-ing Letters, v.44 n.4, p.215-220, Dec. 1992

[10] Clark and Green 1977

Douglas W. Clark and C. Cordell Green, *An empirical study of list structure in Lisp*, Communications of the ACM, v.20 n.2, p.78-87, Feb. 1977

[11] Stoye et al. 1984

Will R. Stoye, T. J. W. Clarke, Arthur C. Norman, *Some practical methods for rapid combinator reduction*, Proceedings of the 1984 ACM Symposium on LISP and functional programming, p.159-166, Aug. 1984

[12] Hughes 1982

R. John M. Hughes, *A semi-incremental garbage collection algorithm*, Software Practice and Experience, v.12 n.11, p.1081-1084, Nov. 1982

[13] Haddon and Waite 1967

B. K. Haddon and W. M. Waite, *A compaction procedure for variable length storage elements*, The Computer Journal, v.10, p.162-165, Aug. 1967

[14] Saunders 1974

Robert A. Saunders, *The LISP system for the Q-32 computer. In The Programming Language LISP: Its Operation and Applications*, Berkeley, E. C. and Bobrow, D. G., Eds., Information International, Cambridge, Mass., p.220-231, 1964

[15] Dijkstra et al. 1978

Edsger W. Dijkstra, Leslie Lamport, A. J. Martin, C. S. Scholten and E. F. M. Steffens, *On-the-fly garbage collection: an exercise in cooperation*, Communications of the ACM, v.21 n.11, p.966-975, Nov. 1978

[16] Baker 1978

Henry G. Baker, *List processing in real time on a serial computer*, Communications of the ACM, v.21 n.4, p280-294, 1978. Also AI Laboratory Workiing Paper p.139, 1977

[17] Bartlett 1988

Joel F. Bartlett, *Compacting garbage collection with ambiguous roots*, Technical Report 88/2, DEC Western Research Laboratory, Palo Alto, CA, Feb. 1988. Also in Lisp Pointers v.1 n.6 Apr. May Jun. 1988

[18] Boehm 1993

Hans J. Boehm, *Space efficient conservative garbage collection*, Proceedings of the ACM SIGPLAN Conference on Programming Language Design and Implementation, p.197-206, Jun. 1993

[19] Blackburn 2008

Stephen M. Blackburn, Kathryn S. McKinley, *Immix: A Mark-Region Garbage Collector with Space Efficiency, Fast Collection, and Mutator Performance*, Proceedings of the ACM SIGPLAN Conference on Programming Language Design and Implementation, p22-32, Jun. 2008

[20] Chambers et al. 1989

Craig Chambers, David Ungar and Elgin Lee, *An efficient implementation of SELF, a dynamically-typed object-oriented language based on prototypes*, Lisp and symbolic computation, v.4 n.3, p243-281, 1991

[21] Ungar 1984

David Ungar, *Generation Scavenging: A non-disruptive high performance storage reclamation algorithm*, ACM SIGPLAN Notices, v.19 n.5, p.157-167, May 1984

[22] Wilson and Moher 1989

Paul R. Wilson and Thomas G. Moher, A " *card-marking* " *scheme for controlling intergenerational references in generation-based garbage collection on stock hardware*, ACM SIGPLAN Notices, v.24 n.5, p.87-92, May 1989

[23] Hudson and Moss 1992

Richard L. Hudson and J. Eliot B. Moss, *Incremental Collection of Mature Objects*, Proceedings of the International Workshop on Memory Management, p.388-403, Sep. 1992

[24] Steele 1975

Guy L. Steele, Jr., *Multiprocessing compactifying garbage collection*, Communications of the ACM, v.18 n.9, p.495-508, Sep. 1975

[25] Yuasa 1990

Taiichi Yuasa, *Real-time garbage collection on general-purpose machines*, Journal of Systems and Software, v.11 n.3, p.181-198, Mar. 1990

[26] McBeth 1963

J. Harold McBeth, *On the reference counter method*, Communications of the ACM, v.6 n.9, p575, Sep. 1963

[27] Shahriyar 2013

R. Shahriyar, S. M.Blackburn, X. Yang, and K. S. McKinley, *Taking Off the Gloves with Reference Counting Immix*, in Proceedings of the 24th ACM SIGPLAN conference on Object-Oriented Programming Systems, Languages, and Applications, OOPSLA'13, Indianapolis, USA, 2013

[28] Levanoni and Petrank 2001

Y. Levanoni and E. Petrank, *An on-the-fly reference counting garbage collector for Java*. In ACM Conference on Object-Oriented Programming Systems, Languages, and Applications, OOPSLA'01, Tampa, FL, USA, Oct, 2001, pages 367-380. ACM, 2001

图书

[29] Davaid Patterson and John L. Hennessy, *Computer Organization and Design: The Hardware/software Interface*, Fifth Edition, Asian Edition, 2013

[30] Donald E. Knuth, *The Art of Computer Programming, vol. 1 Fundamental Algorithms*, Addison-Wesley, Reading, Mass., 1973

[31] Richard E. Jones and Rafael D. Lins, *Garbage Collection: Algorithms for Automatic Dynamic Memory Management*, John Wiley & Sons Ltd, 1996

[32] 石畑清,『アルゴリズムとデータ構造』, 岩波書店, 1989

[33] 結城浩,『増補改訂版 Java 言語で学ぶデザインパターン入門』, ソフトバンククリエイティブ, 2004

[34] Andrei Alexandrescu 著, 村上雅章訳,『Modern C++ Design』, ピアソンエデュケーション, 2001

[35] 青木峰郎著, まつもとゆきひろ監修,『Ruby ソースコード完全解説』, インプレスジャパン, 2002

版 权 声 明